高等学校信息技术
人才能力培养系列教材

微课版

大学计算机基础

（Windows 10+Office 2016）（第2版）

王秀友 闫攀 赵涛 ◉ 主编　杨翠平 盛魁 ◉ 副主编

Fundamentals of Computers

人 民 邮 电 出 版 社
北 京

图书在版编目（CIP）数据

大学计算机基础 : Windows 10+Office 2016 : 微课版 / 王秀友，闫攀，赵涛主编. -- 2版. -- 北京 : 人民邮电出版社，2023.1
高等学校信息技术人才能力培养系列教材
ISBN 978-7-115-60280-0

Ⅰ. ①大… Ⅱ. ①王… ②闫… ③赵… Ⅲ. ①Windows操作系统－高等学校－教材②办公自动化－应用软件－高等学校－教材 Ⅳ. ①TP316.7②TP317.1

中国版本图书馆CIP数据核字(2022)第192649号

内 容 提 要

本书基于 Windows 10 + Office 2016，讲解了大学计算机基础的相关知识。全书共 11 章，内容包括计算机与信息技术基础、计算机系统的构成、操作系统基础、计算机网络与 Internet、文档编辑软件 Word 2016、电子表格软件 Excel 2016、演示文稿软件 PowerPoint 2016、多媒体技术及应用、信息检索、信息安全与职业道德和计算机新技术及应用。本书配有“提示”与“注意”小栏目来补充讲解知识，同时各章末都附有练习。

本书既可作为本科、高职院校对应课程的教材，又可供职场中需要学习计算机基础知识的人员学习和参考。

◆ 主　　编　王秀友　闫　攀　赵　涛
副 主 编　杨翠平　盛　魁
责任编辑　李媛媛
责任印制　王　郁　陈　犇

◆ 人民邮电出版社出版发行　　北京市丰台区成寿寺路 11 号
邮编　100164　　电子邮件　315@ptpress.com.cn
网址　https://www.ptpress.com.cn
大厂回族自治县聚鑫印刷有限责任公司印刷

◆ 开本：787×1092　1/16
印张：14　　2023 年 1 月第 2 版
字数：403 千字　　2024 年 9 月河北第 6 次印刷

定价：49.80 元

读者服务热线：(010)81055256　印装质量热线：(010)81055316
反盗版热线：(010)81055315
广告经营许可证：京东市监广登字 20170147 号

前 言

PREFACE

在信息时代，随着计算机科学与信息技术的发展和广泛应用，计算机已经逐渐渗透到人们生活、工作和学习的各个方面。党的二十大报告提出，“推动战略性新兴产业融合集群发展，构建新一代信息技术、人工智能、生物技术、新能源、新材料、高端装备、绿色环保等一批新的增长引擎。”“加快发展物联网，建设高效顺畅的流通体系，降低物流成本。加快发展数字经济，促进数字经济和实体经济深度融合，打造具有国际竞争力的数字产业集群。”可见计算机在当今社会的发展中起着非常重要的作用，因此，使用计算机进行信息处理已成为大学生必备的基本能力。“大学计算机基础”课程的主要目标是帮助大学生掌握计算机的基本知识和应用技能，培养大学生的计算思维，以满足信息化社会对大学生基本素质的要求。

根据高等学校计算机基础教学的现状，结合大学计算机基础教学大纲中的教学要求，我们组织教学经验丰富的老师编写了本书。本书在第1版的基础上更新了部分案例，同时还补充了计算机新技术相关知识。通过学习本书，大学生不仅能掌握计算机基础知识，而且可以初步具备利用计算机分析和解决问题的能力，为今后在各专业领域中使用计算机和运用计算思维解决问题奠定良好的基础。

本书特点

本书基于“学用结合”的原则编写，主要有以下特点。

1. 从“零”开始，打好基础

“大学计算机基础”课程需要兼顾不同基础的学生，因此本书从“零”开始，注重对基础知识、基本原理和方法的介绍，讲解了计算机的结构、工作原理、操作系统、多媒体技术、网络基础等知识，为大学生学习其他计算机课程奠定基础。

2. 案例教学，注重实践

本书在讲解中对操作类知识和实践性要求比较高的知识采用案例教学方式，对Word、Excel、PowerPoint等软件的讲解配有综合案例。案例讲解可以培养大学生的动手实践能力，提高其计算机操作水平。此外，各章末的练习为大学生课下自主学习与实践提供了很好的参考。

3. 内容新颖，以大学生为中心

本书除了介绍计算机的基础知识及Word、Excel、PowerPoint等软件的使用方法外，还对多媒体技术及应用、信息检索、信息安全与职业道德、计算机新技术及应用等知识进行了讲解。通过学习，大学生可以初步具备利用计算机解决学习、工作、生活中常见问题的能力，重要的是可以养成独立思考和主动探索新知识、新技术的学习习惯，同时能遵守相关法律法规，自觉抵制网络上的不良信息，全面提升信息素养与职业素质。

4．配套实践教材，提升综合应用能力

本书提供配套的Windows 10+Office 2016版本的实践教材，教材围绕若干典型应用案例采用实验指导的方式进行讲解，同时还提供大量练习题，既可以帮助大学生全面掌握计算机综合应用技能，又可以为大学生考取计算机相关证书和达到今后的工作要求打下基础。

配套资源

本书配套资源包括微课视频、实例素材与效果文件、Office模板与案例、高清计算机组装视频。本书还提供习题答案与详细解析、PPT课件、教学大纲、教案、题库软件。其中的微课内容，读者可通过扫描书中的二维码随时查看；素材文件与效果文件等其他相关教学资源，读者可以登录人邮教育社区（www.ryjiaoyu.com），搜索本书，在相应的页面下载。

编者

2023年2月

目录

CONTENTS

目录

目录

第 8 章 多媒体技术及应用

第 9 章 信息检索

目录

CHAPTER 1

第1章 计算机与信息技术基础

我国信息技术产业蓬勃发展，已经成为推动国民经济高质量发展的重要产业之一。计算机作为现代信息技术的核心，也是处理数据信息非常便捷且重要的工具，能够实现对信息社会中爆炸式增长的信息的收集、整理、保存、修改和查询等各项操作。所以，学习和应用计算机已成为各行业对从业人员的基本要求之一。本章将介绍计算机的基础知识，包括计算机的发展、基本概念、科学思维，以及信息表示和算法等基础知识，为大学生后面学习计算机其他知识打下基础。

学习目标

- 了解计算机的发展和基本概念
- 熟悉计算机的结构和工作原理
- 了解科学思维的相关知识
- 掌握不同数制之间的转换方法
- 了解算法的概念和基本特征

素养目标

- 培养科学的世界观和人生观
- 注重培养计算思维
- 具备基础的计算机应用能力

课堂案例展示

个人计算机

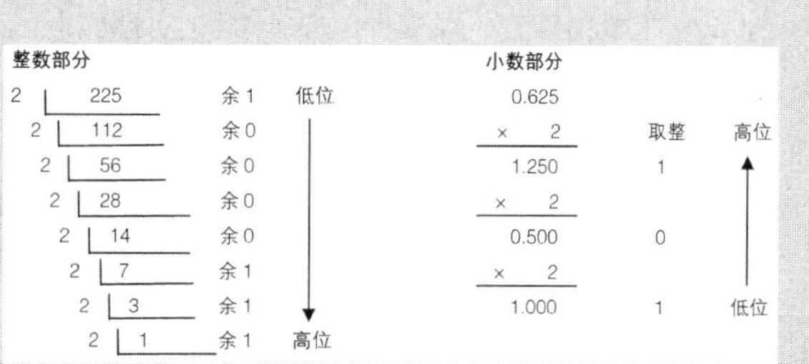

不同数制间的转换

1.1 计算机的发展

计算机在发展变化过程中出现过很多类型，现在所说的计算机通常是指电子计算机。计算机的发展十分迅速，从1946年第一台通用电子计算机诞生至今，计算机已经渗透社会的各个领域，而计算机的发展也对人类社会的发展产生了深刻的影响。

1.1.1 早期的计算工具

按时间顺序来划分，早期的计算工具有以下4种。

1. 小石头

计算工具是用来计算数的，数的历史早于人类的语言和文字历史，人类早期便有大、小、多、少等量的概念。人们用手指数数进行度量，于是出现了手指计数的方式。手指计数的缺陷是手会被占用，于是，人们采用小石头代替手指来计算。所以，小石头是最早的计算工具。

2. 算筹

社会在不断进步，计数和计算变得越发复杂，人们想用一种工具代替小石头，使计算更方便。到了春秋战国时期，计算工具有了变化，人们开始用小木棍代替小石头进行计算，便形成了算筹。算筹被分为横式和竖式两种，横式的算筹每根代表1，竖式的算筹每根代表5。

3. 算盘

随着人类社会的发展和进步，算筹已不能适应各种场景。由于算筹中的小木棍易丢、易散，所以到了唐宋时期，人们把珠子串在竹签上并将其固定形成了算盘。算盘是在算筹的基础上发展起来的，算盘在当时是世界上领先的计算工具。

4. 计算尺

在17世纪初，航海业的快速发展对天文和历法提出了新的要求，要求人们制作精密的航海仪器，这需要很复杂的计算才能实现。为了解决复杂的计算问题，人们发明了计算尺，计算尺分为直算尺和圆算尺两种类型。

提示 计算尺采用的是对数原理，对数的概念是苏格兰数学家纳皮尔提出的，计算尺通常被认为是一种模拟计算机。

1.1.2 机械计算机和机电计算机的发展

机械计算机是由一些机械部件，如齿轮、杆、轴等构成的计算机。早期的机械计算机是一种名为加法器的设备，其利用一个有10个齿的齿轮表示1位数字，几个齿轮并排起来表示一个数，通过齿轮与齿轮之间的关系来表示数的进位。多位科学家经过对加法器的改进，制造出了能直接进行乘法运算的乘法器。接下来，人们设计了机器来代替人工计算，以避免人工计算的错误，并由查尔斯·巴贝奇提出了差分机的概念。1822年，在英国政府的支持下，巴贝奇开始研制差分机，在研制完成1/7时，政府停止了对他的支持，但巴贝奇并未放弃，并设计了更高级的分析机。分析机主要有3个设计思路：一是用程序来控制分析机的工作，二是包括计算单元和记忆单元，三是根据中间结果的正负号，进行不同的处理。分析机已经具备了现代计算机的核心部件和主要设计思路，遗憾的是当时的工艺满足不了分析机的制造要求，因此最终未能研制成功。

机电计算机的发展历程较短，主要代表人物有楚泽和艾肯。1938年，楚泽设计出一台纯机械结构的Z-1计算机，数制采用了二进制；1939年，楚泽设计了Z-2计算机，它是在Z-1计算机的基础上用继电器改进的；1941年，楚泽研制出Z-3计算机；1944年，楚泽研制出Z-4计算机。1944年，艾肯在巴贝奇设计的差分机的基础上，在IBM公司（International Business Machines Corporation，国际商业机器公司）的资助下研制出马克一号计算机；1947年，艾肯研制出马克二号计算机，其基本部件仍然采用继电器；1949年，艾肯研制出马克三号计算机，基本部件部分采用电子元件；1952年，艾肯研制出马克四号计算机，该计算机是全电子元件的计算机。

1.1.3 电子计算机的发展——探索奠基期

电子计算机就是以电子管、晶体管、集成电路等电子元件为主要部件的计算机，在电子计算机的探索奠基期，出现了以下重要事件和计算机类型。

- **技术基础的建立：**1883年，美国发明家爱迪生发现了热电子效应。1904年，英国电气工程师弗莱明发明了真空二极管。1906年，美国发明家德弗雷斯特发明了真空三极管。1906年后，具有各种性能的多极真空管、复合真空管相继被发明。
- **理论基础的建立：**1847年，英国数学家布尔出版了《逻辑的数学分析》一书，建立了“布尔代数”，并创造了一套符号系统。1936年，英国数学家图灵在发表的《论数字计算在决断难题中的应用》一文中提出了被称为“图灵机”的抽象计算机模型，为现代计算机的逻辑工作方式奠定了基础。
- **阿塔纳索夫-贝瑞计算机（Atanasoff-Berry Computer，ABC）：**1940年，阿塔纳索夫和贝瑞成功发明了有300个电子管、能做加法和减法运算的ABC，这是有史以来第一台以电子管为元件的有记忆功能的数字计算机。
- **Colossus计算机：**1936年，图灵研制出译码计算机。1943年，弗劳尔斯设计出更先进的译码计算机“巨人”（Colossus），这台计算机用了1 500个电子管。
- **电子数字积分计算机（Electronic Numerical Integrator And Calculator，ENIAC）：**1946年，美国研制出世界上第一台通用电子计算机ENIAC，ENIAC以电子管作为元器件，所以又被称为电子管计算机。

提示 冯·诺依曼针对ENIAC的不足和缺陷提出了电子离散变量自动计算机（Electronic Discrete Variable Automatic Computer，EDVAC）方案。EDVAC方案针对ENIAC做了两项重大改进：第一，将机内数制由原来的十进制改为二进制；第二，采用了“存储程序”方式控制计算机的运行过程。冯·诺依曼的设计思想奠定了现代计算机的体系结构。现代计算机仍然采用这种设计思想，因此，人们将冯·诺依曼称为现代电子计算机之父。

1.1.4 电子计算机的发展——蓬勃发展期

世界上第一台现代电子计算机诞生后，计算机技术成为发展最快的现代技术之一。电子计算机的蓬勃发展期持续了30年左右，共经历了4个阶段，诞生了4代计算机。计算机发展的4个阶段如表1-1所示。

表 1-1 计算机发展的 4 个阶段

阶段	具体时间	采用的元器件	运算速度（每秒指令数）	主要特点	应用领域
第一代计算机	1946—1957 年	电子管	几千条	主存储器采用磁鼓，体积庞大、耗电量大、运行速度低、可靠性较差、内存容量小	国防 科学研究

续表

阶段	具体时间	采用的元器件	运算速度（每秒指令数）	主要特点	应用领域
第二代计算机	1958—1964 年	晶体管	几万至几十万条	主存储器采用磁芯，使用高级程序及操作系统，运算速度提高、体积减小	工程设计 数据处理
第三代计算机	1965—1970 年	中小规模集成电路	几十万至几百万条	主存储器采用半导体存储器，集成度高、功能增强、价格下降	工业控制 数据处理
第四代计算机	1971 年至今	大规模、超大规模集成电路	上千万至万亿条	计算机走向微型化，性能大幅度提高，软件也越来越丰富，为网络的发展创造了条件；同时计算机逐渐走向人工智能化，并采用了多媒体技术，具有听、说、读、写等功能	工业 生活等各个方面

1.1.5 计算机的发展展望

下面从计算机的发展趋势和研制中的新型计算机两个方面来展望计算机的发展。

1. 计算机的发展趋势

计算机的发展趋势主要有巨型化、微型化、网络化和智能化4个方向。

- **巨型化**：巨型化是指计算机的计算速度更快、存储容量更大、功能更强大、可靠性更高。巨型化计算机的应用范围主要包括天文、天气预报、军事、生物仿真等，这些领域需进行大量的数据处理和运算，需要性能强大的计算机。
- **微型化**：随着超大规模集成电路的进一步发展，个人计算机将更加微型化。膝上型、书本型、笔记本型、掌上型等微型化计算机不断涌现，并受到越来越多用户的喜爱。
- **网络化**：随着计算机的普及，计算机网络也逐步深入人们工作和生活的各个方面。人们通过计算机网络可以连接世界上的各种终端设备，共享信息资源。计算机网络化可以让人们足不出户就能获得大量信息，完成全世界范围内的通信、交易等活动。
- **智能化**：早期的计算机只能按照人的意愿和指令处理数据，而智能化的计算机能够代替人的脑力劳动，具有类似人的智能。例如，能听懂人类的语言、能看懂各种图形、可以自己学习等。这类计算机可以自主进行知识的处理，从而代替人的部分工作。

2. 研制中的新型计算机

新型计算机的特点主要体现在新的原理、新的元器件等方面，研制中的新型计算机包括以下3种。

- **DNA生物计算机**：DNA生物计算机以DNA作为基本的运算单元，通过控制DNA分子间的生化反应来完成运算，具有体积小、存储量大、运算快、耗能低等优点。
- **光计算机**：光计算机是以光作为载体来进行信息处理的计算机。光计算机具有3个优点——光器件的带宽非常大，传输和处理的信息量极大；信息传输中畸变和失真小，信息运算速度高；光传输和转换时，能量消耗极低。
- **量子计算机**：量子计算机是遵循物理学的量子规律进行高速的数学和逻辑运算，并进行信息处理的计算机，具有运算速度快、存储量大、功耗低等优点。

1.2 计算机的基本概念

计算机的基本概念包括计算机的定义、特点、性能指标、分类、应用领域、工作模式、结构和工作原理等。

1.2.1 计算机的定义和特点

随着我国科学技术的飞速发展，计算机已被广泛应用于各个领域，在人们的生活和工作中起着重要的作用，那么什么是计算机？计算机有哪些特点呢？

1. 计算机的定义

广义的计算机是指能够辅助或自动计算的工具。早期的机械计算机、机电计算机和电子计算机都属于自动计算的工具。狭义的计算机则是指现代电子计算机，即基本部件由电子器件构成，内部能存储二进制信息，处理过程由内部存储的程序自动控制的计算工具。

2. 计算机的特点

计算机具有如此强大的功能，是由它的特点决定的，其特点主要包括以下6项。

- **运算速度快**：计算机的运算速度表现为单位时间内能执行的指令条数，一般以每秒能执行多少条指令来描述。集成电路技术的发展加快了计算机的运算速度，以我国的神威·太湖之光超级计算机为例，其运算速度超过了每秒3 000万亿次。
- **计算精度高**：计算机的运算精度取决于所采用机器码（二进制码）的字长，字长分为8位、16位、32位和64位等。计算机所采用机器码的字长越长，有效位数越多，计算精度就越高。
- **逻辑判断准确**：除了计算能力外，计算机还具备数据分析和逻辑判断能力，高级计算机还具有推理、诊断和联想等模拟人类思维的能力。逻辑判断准确、可靠是计算机能够实现信息处理自动化的重要原因之一。
- **存储能力强大**：计算机具有存储记忆载体，可以将数据、指令程序和运算的结果存储起来，供计算机本身或用户使用，还可以将其输出为文字、图像、声音和视频等。
- **自动化程度高**：计算机内具有运算单元、控制单元、存储单元和输入/输出单元，可以按照编写的程序（一组指令）实现工作自动化，不需要人的干预，而且还可反复执行指令。
- **具有网络与通信功能**：利用计算机网络技术可以将世界上的计算机连接成一个网络，在该计算机网络中可以共享资料和交流信息，这改变了人类的交流方式和信息获取方式。

1.2.2 计算机的性能指标和分类

下面介绍计算机的性能指标和分类。

1. 计算机的性能指标

计算机的性能指标就是衡量一台计算机工作能力的指标，通常有以下4个指标。

- **CPU性能**：计算机的中央处理器（Central Processing Unit，CPU），是计算机进行信息处理、程序运行的最终执行单元。CPU是决定计算机性能的主要因素之一，CPU的性能又由自身的核心数量、主频、总线和高速缓存等性能指标决定。通常情况下，核心数量越多、主频越高、总线越高、高速缓存越大，CPU的性能就越强，对应计算机的性能也就越强。
- **存储容量**：计算机的存储容量包括内存容量和外存容量，内存容量是影响计算机性能的主要因素之一。存储容量的单位是字节（Byte），1个字节是8个二进制位。内存容量指内存储器能够存储数据的总字节数，内存容量的大小体现了计算机工作时存储程序和数据能力的强弱，通常内存容量越大，计算机的性能越强。外存容量指外存储器所能存储数据的总字节数。外存容量的大小体现了计算机长期存储程序和数据能力的强弱。

- **外部设备的配置**：计算机的外部设备是指连接在计算机主机上的外部硬件设备，简称外设，如显示器、打印机和键盘、鼠标等。外部设备的主要功能是输入/输出数据。计算机所配置的外部设备的数量和性能，也会在一定程度上影响计算机的综合性能。
- **软件的配置**：软件就是计算机所运行的程序及其相关的数据和文档。计算机所配置软件的数量和功能，能够决定计算机的综合性能。

2. 计算机的分类

计算机的种类非常多，划分的方法也有多种，按计算机的性能、规模和处理能力，可以将计算机分为巨型机、大型机、中型机、小型机和微型机5类。

- **巨型机**：巨型机也称超级计算机或高性能计算机，其运算速度快、数据处理能力强，如图1-1所示。巨型机多用于国家高科技领域和尖端技术研究，是一个国家科研实力的体现，现有超级计算机的运算速度大多可以达到每秒万亿次以上。例如，我国的天河二号超级计算机的峰值速度可达到每秒5.49亿亿次。
- **大型机**：大型机的特点是运算速度快、存储量大、通用性强，如图1-2所示。大型机主要适用于计算量大、信息流通量多、通信能力强的用户，例如，银行、政府部门和大型企业等。

图1-1 巨型机

图1-2 大型机

- **中型机**：中型机的性能弱于大型机，其特点是处理能力强，常用于中小型企业。
- **小型机**：小型机是指采用精简指令集处理器，性能和价格介于微型机和中型机之间的一种高性能计算机。小型机的特点是结构简单、可靠性高、维护费用低，常用于中小型企业。随着微型机性能的飞速提升，小型机逐步被微型机取代。
- **微型机**：微型机简称微机，是应用非常广泛的机型，占计算机总数中的绝大部分，价格便宜、功能齐全，被广泛应用于机关、学校、企事业单位和家庭中。微型机按结构和性能可以划分为单片机、单板机、个人计算机、工作站和服务器等，其中个人计算机又可分为台式机、笔记本和平板3种类型，如图1-3所示。

图1-3 个人计算机

提示 工作站是一种通用微型机，它可以提供比个人计算机更强大的性能，通常配有高分辨率的大屏、多屏显示器及容量很大的内存储器和外存储器，并具有极强的信息处理功能和高性能的图形、图像处理功能，主要用于图像处理和计算机辅助设计领域。服务器是提供计算服务的设备，它可以是大型机、小型机或高档微型机。在网络环境下，服务器根据提供服务类型的不同，可分为文件服务器、数据库服务器、应用程序服务器和Web服务器等。

1.2.3 计算机的应用领域和工作模式

在计算机诞生初期，计算机主要应用于科研和军事等领域，如大型的高科技研发活动。随着社会的发展和科技的进步，计算机的性能不断提升，在社会的各个领域都得到了广泛的应用，下面讲解计算机的应用领域和工作模式。

1. 计算机的应用领域

计算机的应用领域主要包括以下7个方面。

- **科学计算：** 科学计算即通常所说的数值计算，是指利用计算机来完成科学研究和工程设计中提出的一系列复杂的数学问题的计算。计算机不仅能进行数字运算，还可以解答微积分方程以及不等式。计算机具有较高的运算速度，对于以往人工难以完成甚至无法完成的数值计算，计算机都可以完成，如气象资料分析和卫星轨道测算等。目前，基于互联网的云计算，甚至可以完成每秒10万亿次的超强运算。
- **数据处理和信息管理：** 对大量数据进行分析、加工和处理等工作早已开始使用计算机来完成，这些数据不仅包括“数”，还包括文字、图像和声音等数据形式。现代计算机运算速度快、存储容量大，使得计算机在数据处理和信息管理方面的应用十分广泛，如企业的财务管理、事务管理、资料和人事档案的文字处理等。利用计算机进行信息管理，为实现办公自动化和管理自动化创造了有利条件。
- **过程控制：** 过程控制也称为实时控制，它是利用计算机对生产过程和其他过程进行自动监测以及自动控制设备工作状态的一种控制方式，被广泛应用于各种工业环境中，并替代人在危险、有害的环境中作业，不受疲劳等因素的影响，还可完成人所不能完成的有高精度和高速度要求的操作，从而节省了大量的人力、物力，大大提高了经济效益。
- **人工智能：** 人工智能（Artificial Intelligence，AI）是指设计有智能特性的计算机系统，让计算机具有人类的智能特性，模拟人类的某些智力活动。例如，学习、识别图形和声音、推理、适应环境等。目前，人工智能方面的计算机应用包括无人驾驶汽车、人脸和声纹识别、机器翻译、智能机器人、医学图像处理和个性化推荐等。
- **计算机辅助：** 计算机辅助也称为计算机辅助工程应用，是指利用计算机协助人们完成各种设计工作。计算机辅助是目前正在迅速发展并不断取得成果的重要应用领域，主要包括计算机辅助设计（Computer Aided Design，CAD）、计算机辅助制造（Computer Aided Manufacturing，CAM）、计算机辅助教学（Computer Assisted Instruction，CAI）和计算机辅助测试（Computer Aided Testing，CAT）等。
- **网络通信：** 网络通信是计算机技术与现代信息技术相结合的产物，随着网络技术和信息技术的快速发展，人们可以通过计算机实现日常生活中的各种通信活动。
- **多媒体技术：** 多媒体技术（Multimedia Technology）是指计算机对文字、数据、图形、图像、动画和声音等多种媒体信息进行综合处理和管理，使用户可以通过多种感官与计算机进行实时信息交互的技术。多媒体技术拓宽了计算机的应用领域，使计算机广泛应用于教育、广告宣传、视频会议、服务业和文化娱乐业等。

2. 计算机的工作模式

计算机的工作模式也称为计算模式，是指计算应用系统中数据和应用程序的分布方式，主要包括单机和网络两种工作模式。

- **单机模式**：单机模式是指以单台计算机构成的应用模式。在计算机网络没有出现前，计算机的工作模式都是单机模式。
- **网络模式**：网络模式是指多台计算机连接在一起，完成某一任务的应用模式。网络模式有客户机/服务器模式和浏览器/服务器模式两种类型。在客户机/服务器模式下，应用系统的数据存放在服务器中，应用系统的程序通常存放在每一台客户机上。客户机上的应用程序对数据进行采集和初次处理，再将数据传递到服务器端。用户必须使用客户端应用程序才能对数据进行操作。浏览器/服务器模式是在客户机/服务器模式的基础上发展而来的，其结构由原来的两层结构（客户机/服务器）变成3层结构：浏览器/Web服务器/数据库服务器。浏览器/服务器模式的系统以服务器为核心，程序处理和数据存储基本都在服务器端完成，用户无须安装专门的客户端软件，只需要一个浏览器软件，大大方便了系统的部署。

提示 在计算机网络中，计算机被分为两种类型：一种是向其他计算机提供各种服务（主要有数据库服务、打印服务等）的计算机，被称为服务器；另一种是享受服务器提供服务的计算机，被称为客户机。

1.2.4 计算机的结构与工作原理

要更深入地了解计算机，还需要了解计算机的结构与工作原理。

1. 计算机的结构

计算机的结构是指计算机各功能部件之间的相互连接关系。计算机的结构主要有3种类型，包括以运算器为核心的结构、以存储器为核心的结构和以总线为核心的结构。

- **以运算器为核心的结构**：以运算器为核心的结构如图1-4所示，在这一结构下，运算器是整个系统的核心，控制器、存储器、输入设备和输出设备都与运算器相连。这种结构具有两个特点：输入/输出都要经过运算器；运算器承载过多负载，利用率低。
- **以存储器为核心的结构**：以存储器为核心的结构如图1-5所示，在这一结构下，存储器是整个系统的核心，运算器、控制器、输入设备和输出设备都与存储器相连。这种结构具有两个特点：输入/输出不经过运算器；各部件各司其职，CPU利用率高。

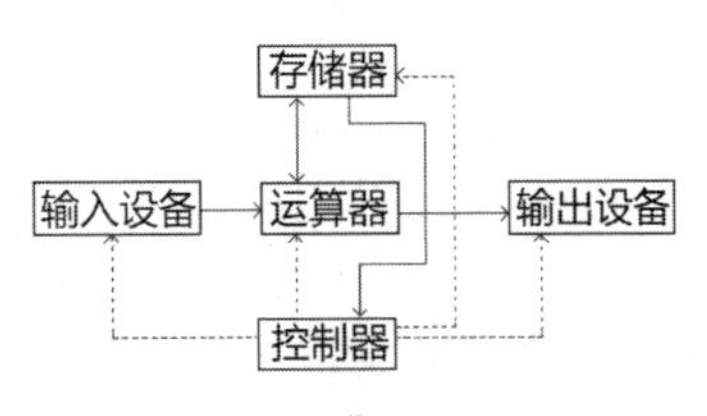

图1-4 以运算器为核心的结构

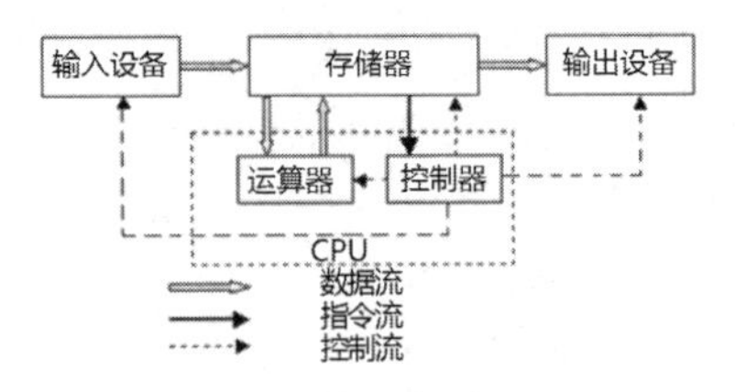

图1-5 以存储器为核心的结构

- **以总线为核心的结构**：总线（Bus）是计算机各种功能部件之间传送信息的公共通信干线，它是由导线组成的传输线束。总线可以传送4类信息：数据、指令、地址和控制信息。计算机的总线有3种：数据总线、地址总线和控制总线。CPU读写内存时，必须指定内存单元的地址，地址信息就是内存单元的地址信息。以总线为核心的结构有4个特点：①各部件都与总线相连接，或通过接口与总线相连接；②便于模块化结构设计，简化了系统设计；③便于系统的扩充和升级；④便于故障的诊断和维修。

2. 计算机的工作原理

计算机的工作原理是冯·诺依曼在EDVAC方案中提出的“存储程序”原理，包括两个方面：一是计算机将编写好的程序和原始数据存储在存储器中，即“存储程序”；二是计算机按照存储程序逐条取出指令加以分析，并执行指令所规定的操作，即“程序控制”。指令是由CPU中的控制器执行的，控制器执行一条指令有取出指令、分析指令、执行指令3个步骤。

提示 控制器根据程序计数器的内容（即指令在内存中的地址），把指令从内存中取出，保存到控制器的指令寄存器中，然后程序计数器的内容自动加“1”形成下一条指令的地址。控制器将指令寄存器中的指令送到指令译码器，指令译码器翻译出该指令对应的操作，把操作控制信号传输给操作控制器。

1.3 科学思维

科学思维也叫科学逻辑，是指在科学活动中，对感性认识材料进行加工处理的方式与方法的理论体系，是对各种思维方法的有机整合，是人类实践活动的产物。

科学思维有以下3个基本原则。

- **逻辑性原则**：在逻辑上要求严密，达到归纳和演绎的统一。
- **方法论原则**：在方法上要求严谨，达到分析和综合的统一。
- **历史性原则**：在体系上要求一致，到达历史与现实的统一。

科学思维有实证思维、逻辑思维和计算思维3种思维方式。

1.3.1 实证思维

实证思维就是运用观察、测量等一系列实验手段来揭示事物本质与规律的认识过程。实证思维起源于物理学研究，运用实证思维的代表人物有开普勒、伽利略和牛顿。开普勒是现代科学中第一个有意识地将自然观察总结成规律，并表述出来的人。伽利略建立了现代实证的科学体系，强调通过观察和实验获取自然规律的法则。牛顿把观察、归纳和推论完美地结合起来，形成了现代科学大厦的框架。实证思维有以下3个特征。

- **自洽性**：思维结论在逻辑上不能自相矛盾。
- **合理性**：思维结论既能合理解释以往发生的现象，又能合理解释未来发生的现象。
- **检验性**：思维结论能经得起不同人的重复检验。

1.3.2 逻辑思维

逻辑思维就是运用概念、判断、推理等思维方式揭示事物本质与规律的认识过程。逻辑思维起源于古希腊时期，运用逻辑思维的代表人物有苏格拉底、柏拉图和亚里士多德，这些人物基本构建了逻辑学的体系。逻辑思维又经过众多数学家（包括莱布尼茨、布尔、希尔伯特和哥德尔）的贡献，形成了现代逻辑学的体系。逻辑思维有以下3个特征。

- **同一律**：在同一个思维过程中，一个对象必须始终保持同一个含义，不能随便改变。
- **矛盾律**：在同一个思维过程中，一个结论必须始终保持一致，不能自相矛盾。
- **排中律**：在同一个思维过程中，两个相互矛盾的结论只能一真一假，不能都真，也不能都假。

1.3.3 计算思维

计算思维是与人类思维活动同步发展的思维模式，但是计算思维的明确和建立，经历了较长的时期。计算思维是一直存在的科学思维方式，计算机的出现和应用促进了计算思维的发展和应用。运用计算思维的代表人物有笛卡儿、莱布尼茨、希尔伯特、戴克斯特拉和周以真。计算思维具有抽象和自动化两大特征。

- **抽象**：抽象就是对要解决的问题，分离问题所涉及的其他特性，提取出其量的关系、空间形式和内部逻辑，并用简明的数学语言描述出来。
- **自动化**：自动化就是对要解决的问题，在抽象的基础上，找到一个可行的算法，使得计算机能够运行相应的程序，解决该问题。

提示 应用计算思维的经典案例有数值天气预报、“四色定理”的证明、“吴方法”。

实证思维、逻辑思维和计算思维之间的关系主要表现在以下3个方面。

- **目标一致**：实证思维、逻辑思维和计算思维的共同目标都是揭示事物的本质与规律。
- **侧重点不同**：实证思维注重的是验证，逻辑思维注重的是推理，计算思维注重的是自动求解。
- **互补结合**：在现今的科学体系中，仅使用一种思维方式根本无法完成科学研究，需配合使用各思维方式。

1.4 计算机中的信息表示

计算机中存在的各种信息需要以计算机能够识别和处理的二进制数据形式存在，而人们使用计算机时习惯采用十进制的数据形式，所以，计算机至少需要具备二进制数据和十进制数据的转换功能，才能保证正常使用。

1.4.1 计算机中数的表示

计算机中的信息都是用二进制数表示的，在二进制中进行数的编码时，将数分为定点数和浮点数。在计算过程中小数点位置固定的数叫定点数，小数点位置浮动的数叫浮点数。

定点数常用的编码方案有原码、反码、补码、移码4种。

- **原码**：原码的编码原则是，正数符号位为0，数据部分照抄；负数符号位为1，数据部分照抄。0既可以看成正数，也可以看成负数。
- **反码**：反码的编码原则是，正数符号位为0，数据部分照抄；负数符号位为1，数据部分求反（0变1，1变0）。0既可以看成正数，也可以看成负数。反码有两个特点——一是0有两种表示方法；二是在进行反码加法运算时，符号位可以作为数值参与运算，但运算后，某些情况下需要调整符号位。
- **补码**：补码的编码原则是，正数符号位为0，数据部分照抄；负数符号位为1，数据部分求反（0变1，1变0），再在最后一位上加1。
- **移码**：移码的编码原则是，不管是什么数，都统一加上一个数（称偏移值），通常n位的移码，偏移值为$2^{n-1}-1$。用移码表示浮点数的阶码，方便了浮点数中指数的比较，简化了浮点运算部件的设计。

一个浮点数用两个定点数表示。计算机中浮点数的表示普遍采用IEEE 754标准。该标准定义了两种基本类型的浮点数：单精度浮点数（简称单精度数）和双精度浮点数（简称双精度数）。双精度数所表示的数的范围要比单精度数大，其精度（有效位数）比单精度数高，所占用的存储空间是单精度数的2倍。

单精度数和双精度数的阶码采用移码表示，尾数采用原码表示。单精度数共32位，包括1位符号位、8位阶码、23位尾数。双精度数共64位，包括1位符号位、11位阶码、52位尾数。

1.4.2 计算机中非数值数据的表示

信息一般表示为数据、图形、声音、文本和图像，由于计算机只能识别二进制数，因此需要对信息进行编码。

- **字母和常用符号的编码**：常用的英文字母有大、小写字母各26个，数码10个，数学运算符号、标点符号及其他无图形符号等共128个。这些符号所采用的编码方案不同，ASCII编码方案是使用最广泛的编码方案。ASCII编码在初期主要在远距离通信和无线通信中使用，为及时发现传输中电磁干扰导致的代码出错，人们设计了几种校验的方法，但采用最多的是奇偶校验，即在7位ASCII编码前加1位作为校验位，形成8位编码。其中，偶校验用于选择校验位的状态，让包括校验位在内的编码所有为“1”的位数的和是偶数。
- **汉字编码**：根据处理阶段的不同，可将汉字编码分为输入码、显示字形码、机内码和交换码。汉字输入码如今已经有数百种，广泛应用的包括自然码、全/双拼音码、五笔字型码等。目前，表示汉字字形常用矢量法与点阵字形法。汉字的输入码、字形码、机内码均不是唯一的，不方便进行不同计算机系统之间的汉字信息交换。

1.4.3 进位计数制

数制是指用一组固定的符号和统一的规则来表示数值的方法。其中，按照进位方式计数的数制称为进位计数制。在日常生活中，人们习惯用的进位计数制是十进制，而计算机则使用二进制，除此以外，进位计数制还有八进制和十六进制等。顾名思义，二进制就是逢二进一的数字表示方法；依此类推，十进制就是逢十进一的数字表示方法，八进制就是逢八进一的数字表示方法。

进位计数制中每个数码的数值不仅取决于数码本身，还取决于该数码在数中的位置，如十进制数828.41，整数部分的第1个数码“8”处在百位，表示800，第2个数码“2”处在十位，表示20，第3个数码“8”处在个位，表示8，小数点后第1个数码“4”处在十分位，表示0.4，小数点后第2个数码“1”处在百分位，表示0.01。也就是说，处在不同位置的数码所代表的数值不相同，具有不同的位权值。数制中数码的个数称为数制的基数，十进制数有0、1、2、3、4、5、6、7、8、9共10个数码，其基数为10。无论在何种进位计数制中，数都可写成按位权展开的形式，如十进制数828.41可写成下式。

$828.41=8\times100+2\times10+8\times1+4\times0.1+1\times0.01$

或者写成下式。

$828.41=8\times10^2+2\times10^1+8\times10^0+4\times10^{-1}+1\times10^{-2}$

上式称为数值的按位权展开式，其中10^i称为十进制数的位权数，其基数为10，使用不同的基数，便可得到不同的进位计数制。若R表示基数，进位计数制则称为R进制，使用R个基本的数码，R^i就是位权，其加法运算规则是“逢R进一”，任意一个R进制数D均可以展开如下。

$$(D)_R=\sum_{i=-m}^{n-1}K_i\times R^i$$

上式中的K_i为第i位的系数，可以为$0,1,2,\cdots,R-1$中的任何一个数，R^i表示第i位的权。表1-2所示为计算机中常用的几种进位计数制的表示。

表 1-2 计算机中常用的几种进位计数制的表示

进位计数制	基数	基本符号（采用的数码）	位权	表示形式
二进制	2	0,1	2^i	B
八进制	8	0,1,2,3,4,5,6,7	8^i	O
十进制	10	0,1,2,3,4,5,6,7,8,9	10^i	D
十六进制	16	0,1,2,3,4,5,6,7,8,9,A,B,C,D,E,F	16^i	H

1.4.4 不同数制之间的相互转换

下面将具体介绍4种常用数制之间的转换方法。

1. 非十进制数转换成十进制数

将二进制数、八进制数和十六进制数转换成十进制数时，只需用该数制的各位数乘以各自位权数，然后将乘积相加，用按权展开的方法即可得到对应的结果。

【例1-1】将二进制数11010转换成十进制数。

先将二进制数11010按位权展开，再将乘积相加，转换过程如下。

$(11010)_2=(1\times2^4+1\times2^3+0\times2^2+1\times2^1+0\times2^0)_{10}$

$=(16+8+2)_{10}$

$=(26)_{10}$

【例1-2】将八进制数952转换成十进制数。

先将八进制数952按位权展开，再将乘积相加，转换过程如下。

$(952)_8=(9\times8^2+5\times8^1+2\times8^0)_{10}$

$=(576+40+2)_{10}$

$=(618)_{10}$

【例1-3】将十六进制数527转换成十进制数。

先将十六进制数527按位权展开，再将乘积相加，转换过程如下。

$(527)_{16}=(5\times16^2+2\times16^1+7\times16^0)_{10}$

$=(1280+32+7)_{10}$

$=(1319)_{10}$

2. 十进制数转换成其他进制数

将十进制数转换成二进制数、八进制数和十六进制数时，可先将数字分成整数和小数分别转换，再拼接起来。

例如，将某十进制数转换成二进制数时，整数部分采用“除2取余倒读法”，即将该十进制数除以2，得到一个商和余数（K_0），再将商除以2，又得到一个新的商和余数（K_1），如此反复，直到商是0时得到余数（K_{n-1}），然后将得到的各次余数，以最后余数为最高位、最初余数为最低位依次排列，即$K_{n-1}\cdots K_1 K_0$，这就是该十进制数对应的二进制数的整数部分。

小数部分采用“乘2取整正读法”，即将十进制的小数乘2，取乘积中的整数部分作为相应二进制小数点后最高位K_{-1}，取乘积中的小数部分反复乘2，逐次得到$K_{-2}K_{-3}\cdots K_{-m}$，直到乘积的小数部分为0或位数达到所需的精确度要求为止，然后把每次乘积所得的整数部分由上而下（即从小数点自左往右）依次排列起来（$K_{-1}K_{-2}\cdots K_{-m}$），即为所求二进制数的小数部分。

同理，将十进制数转换成八进制数时，整数部分除以8取余，小数部分乘8取整；将十进制数转换成十六进制数时，整数部分除以16取余，小数部分乘16取整。

【例1-4】将十进制数225.625转换成二进制数。

先用除2取余倒读法进行整数部分的转换，再用乘2取整正读法进行小数部分的转换，具体转换过程如图1-6所示。

$(225.625)_{10}=(11100001.101)_2$

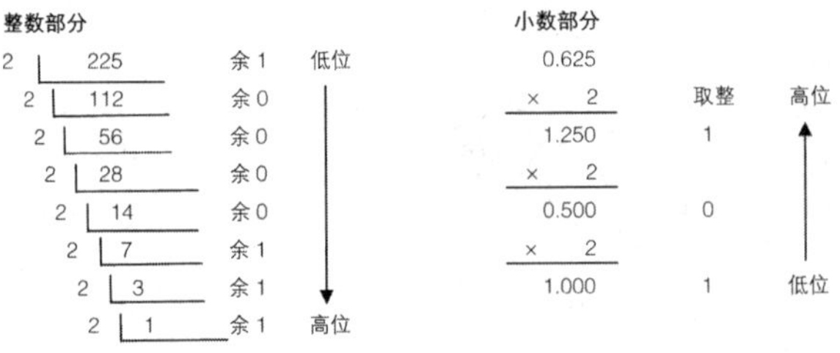

图1-6 十进制数转二进制数的过程

注意 在进行小数部分的转换时，有些十进制小数不能转换为有限位的二进制小数，此时只能用近似值表示。例如，$(0.57)_{10}$不能用有限位二进制数表示，如果要求5位小数近似值，则得到$(0.57)_{10} \approx (0.10010)_2$。

3. 二进制数转换成八进制数、十六进制数

二进制数转换成八进制数所采用的转换原则是“3位分一组”，即以小数点为界，整数部分从右向左每3位为一组，若最后一组不足3位，则在最高位前面添0补足3位；小数部分从左向右每3位分为一组，最后一组不足3位时，尾部用0补足3位，然后将每组中的二进制数按权相加得到对应的八进制数。

【例1-5】将二进制数10101110.001转换成八进制数，转换过程如下。

二进制数　010　101　110 . 001

八进制数　 2　 5　 6 . 1

得到的结果：$(10101110.001)_2 = (256.1)_8$

二进制数转换成十六进制数所采用的转换原则与上面类似，具体为“4位分一组”，即以小数点为界，整数部分从右向左、小数部分从左向右每4位一组，不足4位用0补齐。

【例1-6】将二进制数100111110110101转换成十六进制数，转换过程如下。

二进制数　0100　1111　1011　0101

十六进制数　4　F　B　5

得到的结果：$(100111110110101)_2 = (4FB5)_{16}$

二进制数与八进制数、十六进制数的关系如表1-3所示。

表1-3　二进制数与八进制数、十六进制数的关系

二进制数	对应八进制数	二进制数	对应十六进制数	二进制数	对应十六进制数
000	0	0000	0	1000	8
001	1	0001	1	1001	9
010	2	0010	2	1010	A
011	3	0011	3	1011	B
100	4	0100	4	1100	C
101	5	0101	5	1101	D
110	6	0110	6	1110	E
111	7	0111	7	1111	F

4. 八进制数、十六进制数转换成二进制数

八进制数转换成二进制数的转换原则是“一分为三”，即从八进制数的低位开始，将每一位上的八进制数写成对应的3位二进制数。如有小数部分，则从小数点开始，分别向左右两边按上述方法进行转换。

【例1-7】将八进制数231.6转换成二进制数，转换过程如下。

八进制数　2　3　1 . 6

二进制数　010　011　001 . 110

得到的结果：$(231.6)_8 = (10011001.11)_2$

十六进制数转换成二进制数的转换原则是“一分为四”，即把每一位上的十六进制数写成对应的4位二进制数。

【例1-8】将十六进制数2A6E转换成二进制数，转换过程如下。

十六进制数　2　A　6　E

二进制数　0010　1010　0110　1110

得到的结果：$(2A6E)_{16} = (10101001101110)_2$

1.4.5 二进制的算术运算和逻辑运算

计算机内部采用二进制表示数据，其主要原因是电路容易实现、二进制运算法则简单，可以方便地利用逻辑代数分析和设计计算机的逻辑电路等。

1. 二进制的算术运算

二进制的算术运算也就是通常所说的四则运算，包括加、减、乘、除，运算比较简单，其具体运算规则如下。

- **加法运算**：按“逢二进一”法，向高位进位，运算规则为0+0=0、0+1=1、1+0=1、1+1=10。例如，$(10011.01)_2+(100011.11)_2=(110111.00)_2$。
- **减法运算**：减法实质上是加上一个负数，主要应用于补码运算，运算规则为0-0=0、1-0=1、0-1=1（向高位借位，结果本位为1）、1-1=0。例如，$(110011)_2-(001101)_2=(100110)_2$。
- **乘法运算**：乘法运算与常见的十进制数对应的运算规则类似，规则为0×0=0、1×0=0、0×1=0、1×1=1。例如，$(1110)_2\times(1101)_2=(10110110)_2$。
- **除法运算**：除法运算也与十进制数对应的运算规则类似，规则为0÷1=0、1÷1=1，而0÷0和1÷0是无意义的。例如，$(1101.1)_2\div(110)_2=(10.01)_2$。

2. 二进制的逻辑运算

计算机所采用的二进制数1和0可以代表逻辑运算中的“真”与“假”、“是”与“否”和“有”与“无”。二进制的逻辑运算包括“与”“或”“非”“异或”4种。

- **“与”运算**：“与”运算又称为逻辑乘，通常用符号“×”“∧”“·”来表示。其运算法则为0∧0=0、0∧1=0、1∧0=0、1∧1=1。从上述法则可以看出，当两个参与运算的数中有一个数为0时，其结果也为0，此时是没有意义的，只有当数中的数值都为1时，结果为1，即只有当符合所有条件时，逻辑结果才为肯定值。例如，假定某一个公益组织规定加入成员的条件是女性与慈善家，那么只有既是女性又是慈善家的人才能加入该组织。
- **“或”运算**：“或”运算又称为逻辑加，通常用符号“+”或“∨”来表示。其运算法则为0∨0=0、0∨1=1、1∨0=1、1∨1=1。该法则表明参与运算的数中只要有一个数为1，则结果就是1，即只要符合其中任意一个条件，逻辑结果便为肯定值。例如，假定某一个公益组织规定加入成员的条件是女性或慈善家，那么只要符合其中任意一个条件的人都可以加入该组织。
- **“非”运算**：“非”运算又称为逻辑否运算，通常是在逻辑变量上加上画线来表示，如变量为A，则其非运算结果用$\overline{A}$表示。其运算法则为$\overline{0}=1$、$\overline{1}=0$。例如，假定A变量表示男性，$\overline{A}$就表示非男性，即指女性。
- **“异或”运算**：“异或”运算通常用符号“⊕”表示，其运算法则为0⊕0=0、0⊕1=1、1⊕0=1、1⊕1=0。该法则表明，当逻辑运算中变量的值不同时，结果为1，而变量的值相同时，结果为0。

1.5 算法

计算机进行各种操作和运算需要根据某些固定的步骤进行，这些步骤被称为算法。算法在计算机基础和程序设计中起着非常重要的作用。

1.5.1 算法的概念

计算机的运行是按照程序执行一系列指令的结果，算法则是程序设计的基础，程序是与计算机兼容的算法实现的。简单地说，算法就是解决计算机运行问题的一系列步骤。其中包含两层含义：一是算法的步骤必须是有限的；二是能够将这些步骤设计为计算机所执行的程序。算法是计算科学基本的概念之一，算法是计算机领域中的一个重要研究内容。

【例1-9】下面举一个简单的算法例子。有两个瓶子A和B，分别装满了橙汁和水，现在需要交换两个瓶子中的液体，这时就需要利用一个杯子C来辅助完成，其具体操作如下。

步骤1 将B瓶中的水倒入C杯中。

步骤2 将A瓶中的橙汁倒入B瓶中。

步骤3 将C杯中的水倒入A瓶中。

得出的结论就是交换两个瓶子中的液体的算法就是以上3个步骤。

1.5.2 算法的基本特征

算法是千变万化、类型多样的，但一般具有以下特征。

- **可行性：**一个算法的所有操作都必须能在计算机的能力范围之内实现，并能得到一个明确的结果。
- **有穷性：**一个算法必须能在有限的时间内做完，即一个算法必须在执行有限个步骤之后终止。
- **确定性：**一个算法的所有步骤都必须是精确的定义，不允许有模棱两可的解释和多义性。
- **有输入与输出：**一个算法有零个或多个输入，一个或多个输出，输出包括结果或者产生相应的动作指令，没有输出的算法是毫无意义的。

1.5.3 算法的描述

算法的描述是指使用一种方法详细地描述设计的算法，常用的有以下3种方法。

1. 形式化描述

算法的形式化描述是指主要以符号形式描述算法，常用的方法称为类语言描述，又称“伪程序”描述或“伪代码”描述。伪代码是一种介于自然语言和程序设计语言之间的用文字和符号来描述算法的工具，以某种程序设计语言为主体，选取其基本操作与基本控制语句为主要成分，屏蔽其实现细节与语法规则，书写方便、格式紧凑、易于理解。目前，常用的形式化描述有类C、类C++及类Java等。

2. 非形式化描述

算法的非形式化描述是一种很原始的算法表示，一般以自然语言为主，辅以少量类语言。这种算法的描述通俗易懂、使用简单，但容易出现歧义，且比较冗长，例1-9中就是使用非形式化描述的算法。

3. 半角化描述

算法的半角化描述是指以符号与自然语言混合的方式描述算法。半角化描述的主要表现形式为流程图，不同的图形表示不同性质的操作，流程线表示算法的执行方向，使得算法直观形象且易于理解。流程图又分为传统流程图与结构流程图两种类型。

（1）传统流程图

传统流程图用不同的基本图形表示不同类型的操作，在图形中写出步骤，通过带箭头的流程线连接图形，表示执行的先后顺序。传统流程图的基本图形如表1-4所示。

表 1-4 传统流程图的基本图形

功能	图形	功能	图形
起止框	圆角矩形	输入 / 输出框	平行四边形
处理框	矩形	连接点	圆形
判断框	菱形	流程线	→

需要注意的是，在使用传统流程图时，应做到足够严谨，在设计好算法后才能使用流程图表示，避免出现逻辑错误。同时，当算法过于复杂时，则需避免使用传统流程图，因为采用复杂的算法设计出的流程图同样复杂。若失去了简洁易懂的特性，则传统流程图将失去本来的作用。

（2）结构流程图

1973年，美国学者提出了一种新的流程图形式：结构流程图。它又被称为N-S流程图。这种流程图完全去掉了带箭头的流程线，将算法写在矩形框内，把一个个矩形框按执行次序连接起来，表示执行的先后顺序。结构流程图的基本形式如图1-7所示。

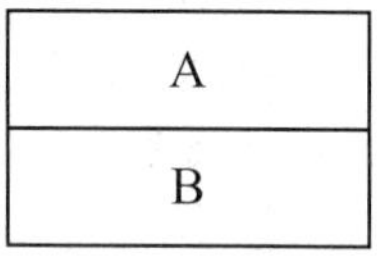

A
B

图1-7　结构流程图的基本形式

1.6 本章小结

本章主要介绍了计算机与信息技术的基础知识，包括计算机的发展历程和概念、科学思维、计算机中的数据表示和数制转换、算法等。现代人可以使用计算机来辅助完成数据计算，在古代，我国的先辈们发明了一种简单快捷的计算工具——算盘，算盘集硬件（算具）和软件（算法、口诀）于一体，它是我国古代主要的计算工具之一。在算盘出现之前，我国古代还有一种由木棍、竹条或兽骨做成的计算工具，它被称为算筹，早在《汉书·律历志》中就有有关算筹的记载。算筹主要通过排列和摆放进行加、减、乘、除、开方等运算，还可以表示分数和小数，甚至可以求解方程。算筹在南宋演变为珠算，并在与珠算并用了两三百年后，在明朝中期才被珠算完全取代。我国古代在传统数学方面的很多成就，大都是使用算筹作为计算工具获得的。

1.7 练习

练习
查看答案和解析

（1）1946年诞生的世界上第一台通用电子计算机是（　　）。

A．UNIVAC-I　　B．EDVAC
C．ENIAC　　D．IBM

（2）第二代计算机诞生阶段的具体时间是（　　）。

A．1946—1957年　　B．1958—1964年
C．1965—1970年　　D．1971年至今

（3）在关于数制的转换中，下列叙述正确的是（　　）。

A．采用不同的数制表示同一个数时，基数（R）越大，则使用的位数越少
B．采用不同的数制表示同一个数时，基数（R）越大，则使用的位数越多
C．不同数制采用的数码是各不相同的，没有一个数码是一样的
D．进位计数制中每个数码的数值取决于数码本身

（4）十六进制数E8转换成二进制数等于（　　）。

A．11101000　　B．11101100　　C．10101000　　D．11001000

（5）十进制数55转换成二进制数等于（　　）。

A．111111　　B．110111　　C．111001　　D．111011

（6）与二进制数101101等值的十六进制数是（　　）。

A．2D　　B．2C　　C．1D　　D．B4

（7）二进制数111+1等于（　　）。

A．10000　　B．100　　C．1111　　D．1000

CHAPTER 2

第2章 计算机系统的构成

计算机系统是由不同组件组成的。计算机系统由硬件设备系统和在其中运行的软件系统两部分构成，硬件设备系统是指组成计算机的所有物理实体，软件系统则是指控制计算机的各种程序，以操作系统为主。本章将介绍计算机硬件系统构成的相关知识，包括微型计算机的主要硬件，操作系统的含义、基本功能、分类和演化过程，以及国产操作系统等内容。

学习目标

- 了解微型计算机硬件系统
- 了解计算机操作系统
- 认识国产操作系统

素养目标

- 认识操作系统自主可控工作的重要性
- 激发对国家科学技术的认同感和自豪感
- 培养投身发展国家高精尖事业的奉献精神和家国情怀

课堂案例展示

CPU

国产操作系统

2.1 微型计算机硬件系统

微型计算机硬件系统是指微型计算机中看得见、摸得着的实体设备，从微型计算机外观上看，主要由主机、显示器、鼠标和键盘等部分组成，主机背面有许多插孔和接口，用于接通电源和连接键盘、鼠标等外部设备，主机箱内包含CPU、主板、内存和硬盘等硬件。图2-1所示为微型计算机主机内部硬件。

图2-1 微型计算机主机内部硬件

2.1.1 中央处理器

中央处理器是由一片或少数几片大规模集成电路组成的，这些电路执行控制部件和算术逻辑部件的功能。CPU是中央处理器的英文简称，它既是计算机的指令中枢，也是系统的最高执行单位。CPU中不仅有运算器、控制器，还有寄存器与高速缓冲存储器。一个CPU可包含几个甚至几十个内部寄存器，内部寄存器包括数据寄存器、地址寄存器和状态寄存器等。进行算术逻辑运算的运算器以加法器为核心，它能根据二进制法则进行补码的加法运算，可传送、移位和比较数据。控制器由程序计数器、指令译码器、指令寄存器与定时控制逻辑电路组成，可分析和执行指令、统一指挥计算机各部分按时序进行协调操作。新型CPU中集成了超高速缓冲存储器，它的工作速度和运算器的速度相同。CPU主要负责指令的执行，作为计算机系统的核心组件，在计算机系统中占有举足轻重的地位。目前，市场上销售的CPU产品主要有Intel和AMD两大类，国产的CPU产品则有飞腾（Phytium）和龙芯（LOONGSON）等，如图2-2所示。

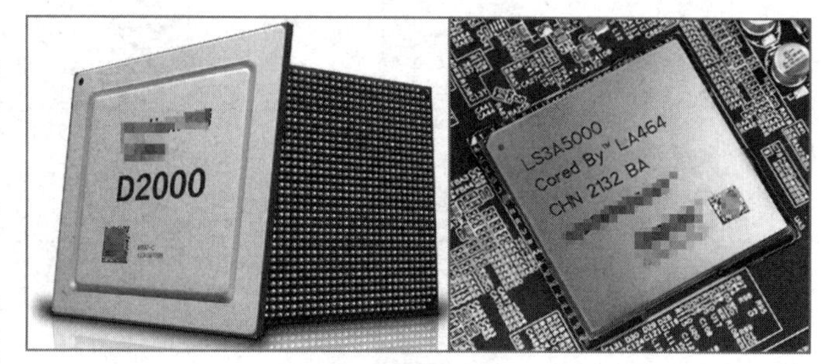

图2-2 国产CPU

2.1.2 内存储器

计算机中的存储器包括内存储器和外存储器两种，其中内存储器也叫主存储器，简称内存。内存是计算机用来临时存放数据的地方，也是CPU处理数据的中转站，内存的容量和存取速度直接影响CPU处理数据的速度。内存主要由内存芯片、印制电路板等部分组成。

从工作原理上说，内存一般采用半导体存储单元，包括随机存储器（Random Access Memory，RAM）、只读存储器（Read-Only Memory，ROM）和高速缓冲存储器（Cache）。平常所说的内存通常是指随机存储器，它既可以读取数据，也可以写入数据，当关闭计算机电源时，存于内存的数据会丢失。只读存储器的信息只能读出，一般不能写入，即使停电，这些数据也不会丢失，如BIOS ROM。高速缓冲存储器在计算机中通常指CPU的缓存。

内存按工作性能分类，主要有双倍数据速率（Double Data Rate，DDR）同步动态随机存储器（Synchronous Dynamic Random Access Memory，SDRAM）、DDR2、DDR3、DDR4、DDR5等几种。目前，市场上的主流内存为DDR4和DDR5，如图2-3所示。一般而言，内存容量越大，越有利于系统的运行。

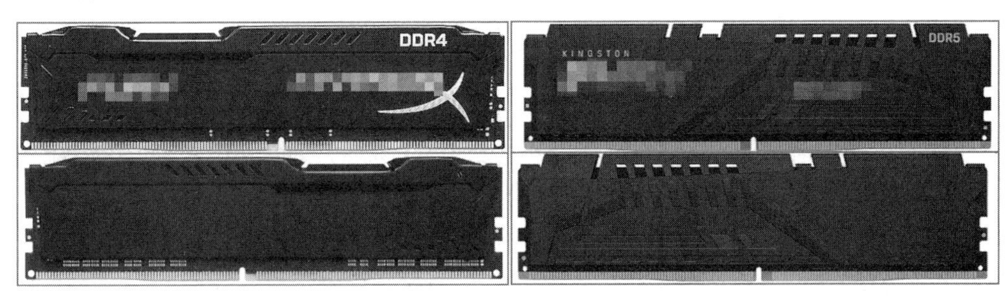

图2-3 主流内存

2.1.3 主板

主板（Mainboard）也称为“母板”（Motherboard）或“系统板”（Systemboard），它是机箱中最重要的部件之一，如图2-4所示。主板上布满了各种电子元器件、插座、插槽和各种外部接口，它可以为计算机的所有部件提供插槽和接口，并通过其中的线路统一协调所有部件的工作。主板上主要的芯片包括BIOS芯片和芯片组等。其中BIOS芯片是一块矩形的存储器，里面存有与该主板搭配的基本输入/输出系统程序，能够让主板识别各种硬件，还可以设置引导系统的设备和调整CPU外频等。芯片组（Chipset）是主板的核心组成部分，通常由南桥（South Bridge）芯片和北桥（North Bridge）芯片组成。现在大部分主板都将南北桥芯片封装到一起形成一个芯片组，称为主芯片组。图2-5所示为封装的芯片组（这里拆卸了主芯片组上面的散热装甲，图2-4中的主芯片组则被散热装甲保护着）。

图2-4 主板

图2-5 芯片组

2.1.4 硬盘

硬盘是计算机中主要的外部存储设备，通常用于存放永久性的数据和程序。硬盘的盘符通常为“C:”，若系统配有多个硬盘或将一个物理硬盘划分为多个逻辑分区，则盘符依次为“C:”“D:”“E:”“F:”等。目前，常用的硬盘是机械硬盘和固态硬盘。

- **机械硬盘**：机械硬盘由主轴电机、盘片、磁头和传动臂等部件组成，如图2-6所示。通常将磁性物质附着在盘片上，并将盘片安装在主轴电机上，当硬盘开始工作时，主轴电机将带动盘片一起转动，在盘片表面的磁头将在电路和传动臂的控制下移动，并将指定位置的数据读取出来，或将数据写入指定的位置。机械硬盘的可靠性高，存储容量大。
- **固态硬盘**：固态硬盘（Solid State Drive，SSD）是用固态电子存储芯片阵列制成的硬盘。区别于机械硬盘由盘片、磁头等机械部件构成，整个固态硬盘无机械装置，由电子芯片及电路板组成，图2-7所示为使用M.2接口的固态硬盘。固态硬盘在接口的规范和定义、功能及使用方法上与机械硬盘完全相同，一些固态硬盘甚至在产品外形和尺寸上也与机械硬盘一致。但固态硬盘的读写速度远远高于机械硬盘，且功耗比机械硬盘低，比机械硬盘轻便，防震抗摔，目前通常作为计算机的系统盘。

图2-6 机械硬盘

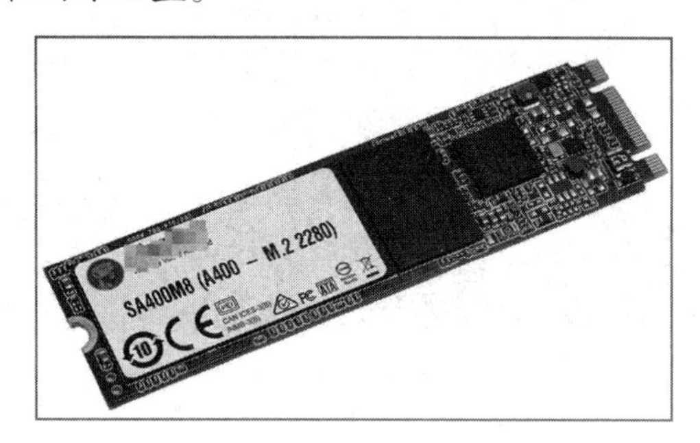

图2-7 使用M.2接口的固态硬盘

硬盘容量是硬盘的主要性能指标之一，包括总容量、单碟容量和盘片数3个参数。其中，总容量是表示硬盘数据存储量的一项重要指标，通常以GB为单位。目前，市场上销售的主流硬盘的容量为500GB～18TB（1TB=1024GB）。

2.1.5 键盘和鼠标

计算机中常用的输入设备有键盘和鼠标。

- **键盘**：键盘是用户和计算机进行交流的工具，如图2-8所示。用户通过键盘可以直接向计算机输入各种字符和命令，简化计算机的操作。
- **鼠标**：鼠标因其外形与老鼠类似而得名，如图2-9所示。根据鼠标按键来分，可以将鼠标分为3键鼠标和2键鼠标；根据鼠标的工作原理又可将其分为机械鼠标和光电鼠标。另外，鼠标还可分为无线鼠标和有线鼠标等。

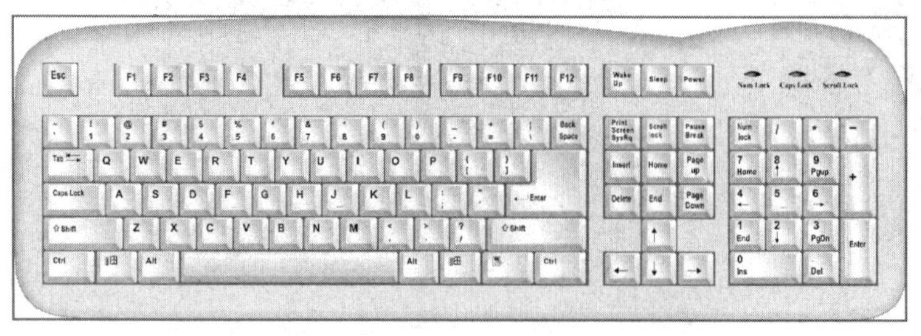

图2-8 键盘

图2-9 鼠标

2.1.6 显示卡与显示器

显示卡与显示器不是同一个产品，显示卡是CPU与显示器之间的接口电路，显示器则是人机交互的重要界面，这两个硬件是计算机系统的主要输出设备。

- **显示卡**：显示卡又称显示适配器或图形加速卡，简称显卡，如图2-10所示，其功能主要是将计算机中的数字信号转换成显示器能够识别的信号（模拟信号或数字信号），再处理和输出显示的数据，可分担CPU的图形处理工作。对于用于专业图形设计的计算机而言，显示卡十分重要。
- **显示器**：显示器的主要功能是将显示卡输出的信号（如数字信号）以肉眼可见的形式表现出来。现在市面上的显示器大多是液晶显示器（Liquid Crystal Display，LCD），具有辐射危害小、屏幕不会闪烁、工作电压低、功耗小等优点，如图2-11所示。

图2-10　显示卡

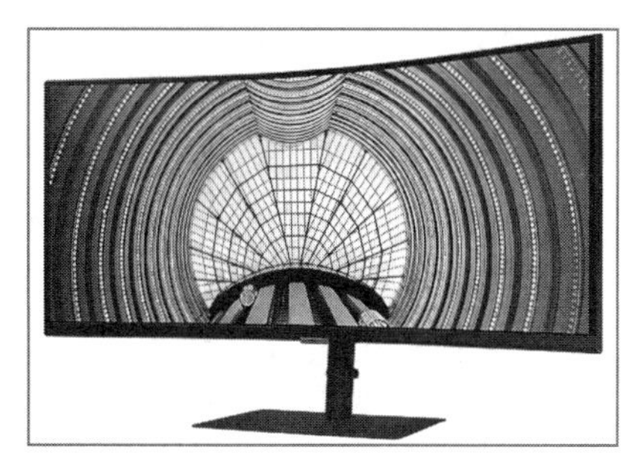

图2-11　LCD

2.1.7 其他硬件

微型计算机的硬件还包括电源和机箱这两个主机设备，以及打印机、多功能一体机等外部设备。

- **电源**：电源的功能是为计算机工作提供动力，电源的质量不仅直接影响着计算机的工作稳定程度，还与计算机使用寿命息息相关，如图2-12所示。
- **机箱**：从外观上看，机箱一般为矩形框架结构，主要用于为主板、各种输入卡或输出卡、硬盘驱动器、电源等部件提供安装支架，并保护这些硬件设备。
- **打印机**：打印机也是一种常见的输出设备，在日常生活或办公中经常会用到，其主要功能是打印输出文字和图像，如图2-13所示。
- **多功能一体机**：多功能一体机是一种综合多种功能的计算机外部输出和输入设备，主要功能是打印，并至少同时具备复印、扫描或传真中的任何一种功能，如图2-14所示。

图2-12　电源

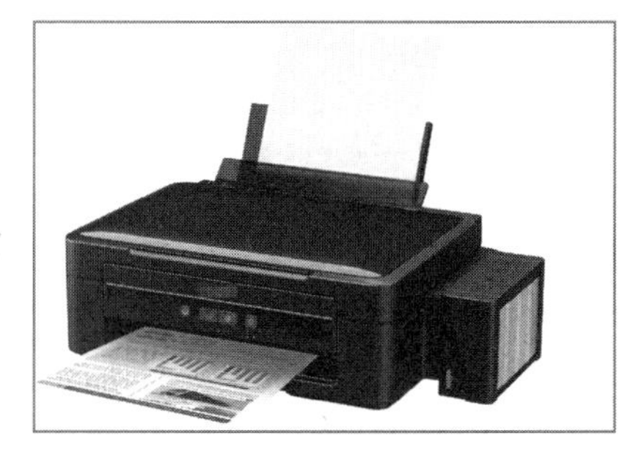

图2-13　打印机

图2-14　多功能一体机

2.2 计算机操作系统

从广义上讲，系统软件包括汇编程序、编译程序、操作系统、数据库管理软件等。但通常所说的系统软件仅指操作系统，操作系统的功能是管理计算机的全部硬件和软件。

2.2.1 操作系统的含义

操作系统（Operating System，OS）是一种系统软件，它的主要作用是管理计算机系统的硬件与软件资源，控制程序的运行，改善人机操作界面，为其他应用软件提供支持等，从而使计算机系统的所有资源得到最大限度的应用，并为用户提供方便、有效、友善的服务界面。操作系统是一个庞大的管理控制程序，它直接运行在计算机硬件上，是基本的系统软件，也是计算机系统软件的核心，同时还是靠近计算机硬件的第一层软件。其所处的地位如图2-15所示。

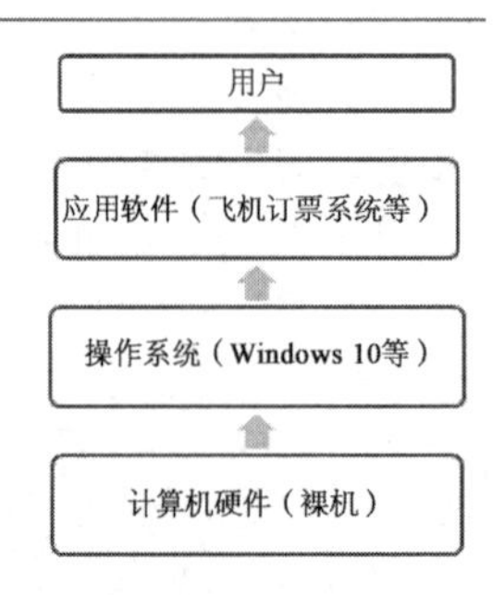

图2-15 操作系统的地位

2.2.2 操作系统的基本功能

通过前面介绍的操作系统的概念，可以看出操作系统的功能是控制和管理计算机的硬件资源和软件资源，从而提高计算机的利用率，方便用户使用。操作系统是计算机与用户之间的接口，因此，操作系统必须为用户提供良好的界面。操作系统具有处理器管理、存储管理、设备管理、文件管理、网络管理等基本功能。

1. 处理器管理

处理器管理又称进程管理，计算机通过操作系统处理器管理模块来确定对处理器的分配策略，实施对进程或线程的调度和管理，包括调度（作业调度、进程调度）、进程控制、进程同步和进程通信等内容。进程与程序的区别如下。

- 程序是静止的，它是指静态指令集合与相关的数据结构，因此程序是无生命周期的；而进程是动态的，它是系统进行资源调度与分配的动态行为，因此进程是有生命周期的。
- 不执行的程序仍然存在，而进程是正在执行的程序，若程序执行完毕，进程也将不存在。
- 程序没有并发特征，不占用CPU、存储器、输入/输出设备等系统资源，所以不受其他程序的影响和制约；而进程具有并发性，由于在执行时需使用CPU、存储器等系统资源，所以受其他进程的影响与制约。
- 进程与程序并非一一对应。多次执行一个程序能产生多个不同的进程，一个进程也能对应多个程序。

进程一般包括就绪状态、运行状态和等待状态。就绪状态是指进程已获取除CPU以外的必需资源，一旦获取CPU将立即执行程序。运行状态是指进程获得了CPU和其他所需资源，是正在运行的状态。等待状态是指因为无法获取某种资源，进程运行受阻而处于暂停状态，等分配到所需资源后再执行程序。

注意 操作系统对进程的管理主要体现在进程从创建到消亡的整个生命周期的所有活动，如创建进程、转变进程的状态、执行进程与撤销进程等。

2. 存储管理

存储管理的实质是对存储空间的管理，主要指对内存的管理。操作系统的存储管理功能的主要作用是：将内存单元分配给需要内存的程序以便让它执行程序，在程序执行结束后再将程序占用的内存单元收回以便再使用；保证各用户进程之间互不影响，保证用户进程不能破坏系统进程，提供内存保护。

3. 设备管理

外部设备是系统中非常具有多样性和变化性的部分，设备管理指对硬件设备的管理，包括对各种输入/输出设备的分配、启动、完成和回收，常通过缓冲、中断、使用虚拟设备等手段尽可能地使外部设备与主机共同工作。

4. 文件管理

文件管理又称信息管理，指利用操作系统的文件管理子系统，为用户提供方便、快捷、可共享、可保护的文件使用环境，包括文件存储空间管理、文件操作管理、目录管理、读写管理及存取控制管理。

5. 网络管理

随着计算机网络功能的不断加强，网络应用不断深入人们生活的各个方面，因此操作系统必须提供计算机与网络进行数据传输和网络安全防护的功能。

2.2.3 操作系统的分类

经过多年的升级换代，操作系统已发展出了众多种类，其功能也相差较大。根据不同的分类方法，操作系统可分为不同的类型。

- 根据使用界面分类，操作系统可分为命令行界面操作系统和图形界面操作系统。在命令行界面操作系统中，用户在命令符后（如C:\>）输入命令才可操作计算机，用户需要记住各种命令才能使用操作系统，如DOS。在图形界面操作系统中，用户不需要记忆命令，可按界面的提示进行操作，如Windows操作系统。
- 根据用户数目分类，操作系统可分为多用户操作系统和单用户操作系统。如果在一台计算机上可以建立多个用户，则这样的操作系统被称为多用户操作系统。如果在一台计算机上只能建立一个用户，则这样的操作系统被称为单用户操作系统。单用户操作系统可分为多任务操作系统和单任务操作系统。
- 根据能否运行多个任务分类，操作系统可分为多任务操作系统和单任务操作系统。如果用户在同一时间可以运行多个应用程序（每个应用程序被称作一个任务），则这样的操作系统被称为多任务操作系统；若用户在同一时间只能运行一个应用程序，则这样的操作系统被称为单任务操作系统。
- 根据使用环境分类，操作系统可分为批处理操作系统、分时操作系统、实时操作系统。批处理操作系统是指计算机根据一定的顺序自由地完成若干作业的系统。分时操作系统是一台主机包含若干台终端，CPU根据预先分配给各终端的时间段，轮流为各个终端进行服务的系统。实时操作系统是指计算机在规定的时间内对外来信息及时响应并进行处理的系统。
- 根据硬件结构分类，操作系统可分为网络操作系统、分布式操作系统、多媒体操作系统。网络操作系统是指管理连接在计算机网络上的若干独立的计算机系统，能实现多个计算机之间的数据交换、资源共享、相互操作等网络管理与网络应用的操作系统。分布式操作系统是指通过通信网络将物理上分布存在、具有独立运算能力的计算机系统或数据处理系统相连接，实现信息交换、资源共享与协作完成任务的系统。多媒体操作系统是对文字、图形、声音、活动图像等信息与资源进行管理的系统。

2.2.4 操作系统的演化过程

微型计算机的操作系统经历了DOS、Windows操作系统和网络操作系统3个阶段。

1. DOS

磁盘操作系统（Disk Operating System，DOS），是配置在PC上的单用户命令行界面操作系统，曾广泛应用于PC上，其主要作用是进行文件管理与设备管理。

在DOS中，每个文件都有文件名，按文件名对文件进行识别与管理，即“按名存取”。文件名包括主文件名与扩展名两部分，主文件名不能省略，扩展名可省略，二者之间用圆点“.”隔开。主文件名表示不同的文件，可由1~8个字符组成，扩展名表示文件的类型，最多可包含3个字符。操作文件时，在文件名中可使用“*”和“？”符号，“*”表示所在位置上连续合法的零个至多个字符，“？”表示所在位置上的任意一个合法字符。在DOS中，文件名中的字母不区分大小写，数字和字母均可作为文件名的首个字符。

注意 在文件名中可使用“¥”“~”“-”“&”“#”“@”“（”“）”等特殊字符，但不能使用“！”“、”“空格”等字符。

DOS采用树形结构的方式对所有文件进行组织与管理，即在目录下可存放文件，也可创建不同名称的子目录，在子目录中又可继续创建子目录用于存放文件，上级目录与下级目录之间存在一种父子关系。路径表示文件所在的位置，包括文件所在的驱动器与目录名，通过路径能指定1个文件。

2. Windows 操作系统

Microsoft公司自1985年推出Windows操作系统以来，其版本从最初运行在DOS下的Windows 3.0，发展至图形化操作系统Windows XP、Windows 7、Windows 8、Windows 10和Windows 11，Windows操作系统的发展主要经历了以下几个阶段。

- 1983年11月，Microsoft公司宣布推出Windows操作系统，并在1985年11月正式发行，标志着计算机进入了图形用户界面时代。1987年11月，Microsoft公司正式在市场上推出Windows 2.0操作系统，并增强了键盘和鼠标的功能、优化了界面。
- 1990年5月，Microsoft公司发布了Windows 3.0，这是第一个同时在家用和办公市场上立足的Windows操作系统版本。
- 1992年4月，Microsoft公司发布了Windows 3.1，该版本只能在保护模式下运行，并且要求计算机至少配置1MB内存的286或386 CPU。1993年7月，Microsoft公司发布的Windows NT是第一个支持Intel 386、486和Pentium CPU的操作系统版本。
- 1995年8月，Microsoft公司发布了Windows 95，该版本的操作系统具有需要较少硬件资源的优点，是完整的、集成化的32位操作系统。
- 1998年6月，Microsoft公司发布了Windows 98，该版本的操作系统加强了多方面的功能，包括执行效能的提高、更好的硬件支持以及网络功能的扩展。
- 2000年2月，Microsoft公司发布的Windows 2000是由Windows NT发展而来的，同时从该版本的操作系统开始，Microsoft公司发布的操作系统正式抛弃了Windows 9X的内核。
- 2001年10月，Microsoft公司发布了Windows XP，其在Windows 2000的基础上增强了安全特性，同时增加了验证盗版的技术，Windows XP是实用性很强的操作系统。此后，Microsoft公司于2006年发布了Windows Vista，该版本的操作系统具有华丽的界面和炫目的特效。
- 2009年10月，Microsoft公司发布了Windows 7，该版本的操作系统吸收了Windows XP的优点，在很长一段时间内都是市场上的主流操作系统之一。
- 2012年10月，Microsoft公司发布了Windows 8，该版本的操作系统采用全新的用户界面，多应用于平板电脑等移动终端上，且启动速度更快、占用内存更少。

- 2015年，Microsoft公司发布了Windows 10，这个版本的操作系统是目前较常用的。
- 2021年6月，Microsoft公司发布了Windows 11，这是目前较新版本的Windows操作系统，提供了许多创新功能，侧重于提供灵活多变的体验，提高用户的工作效率。

3. 网络操作系统

网络操作系统是实现网络通信的相关协议与为网络中各类用户提供网络服务的软件的合称。网络操作系统的主要目标是使用户能通过网络上各个站点，高效地享用与管理网络上的数据与信息资源、软件与硬件资源。网络操作系统主要有以下3种类型。

- **Windows系列的网络操作系统：** Windows系列的网络操作系统包括Windows NT、Windows 2000、Windows Server 2003、Windows Server 2008、Windows Server 2012、Windows Server 2016、Windows Server 2019和Windows Server 2022等。
- **UNIX网络操作系统：** UNIX网络操作系统支持网络文件系统服务，提供数据等应用，功能强大，且稳定和安全性能非常好，一般用于大型的网站或大型的企事业单位局域网中。常用的UNIX网络操作系统版本有Unix SUR4.0、HP-UX 11.0、SUN的Solaris8.0等。
- **Linux网络操作系统：** Linux网络操作系统最大的特点就是源代码开放，可以免费使用许多应用程序，其安全性和稳定性较好，主要应用于中、高档服务器中。目前有很多中文版本的Linux网络操作系统，例如，红帽Linux、红旗Linux等。

2.2.5 国产操作系统

随着互联网信息技术和移动通信技术的快速发展、普及，以及物联网和云计算等前沿科技的不断突破，国产操作系统也得到了发展。国产操作系统主要是以Linux网络操作系统为基础进行二次开发的操作系统，发展目标是打破国外操作系统的垄断局面，代表系统包括银河麒麟操作系统、红旗Linux操作系统、中兴新支点操作系统、深度（deepin）操作系统、中标麒麟（NeoKylin）操作系统、AliOS（阿里云系统）、一铭操作系统和鸿蒙 HarmonyOS等。国产操作系统的界面如图2-16所示。目前，国产操作系统在易用性、价格等方面已经具备了优势，也在天问一号、嫦娥五号等中有所应用，并在发电配电、高铁飞机等各个重要领域广泛应用。随着鸿蒙HarmonyOS在移动端的逐步普及，有望在未来实现计算机操作系统的国产化。

图2-16 国产操作系统的界面

2.3 本章小结

本章主要介绍了计算机系统构成的相关知识，包括微型计算机的CPU、内存、主板、硬盘、键盘和鼠标、显示卡与显示器等硬件设备的相关知识，以及操作系统的含义、基本功能、分类、演化过程和国产操作系统的内容。

在过去很长一段时间里，国内使用的计算机系统都以国外产品为主，例如，CPU多为Intel或AMD的，内存多为金士顿或三星的等。虽然这些产品性能优良，但价格昂贵，且核心技术和核心部件的生产都掌握在他人手中。所以，需要将计算机系统国产化，即使初期国产计算机系统的性能还不够好，但是国产化计算机系统对未来国产计算机的开发发展起到至关重要的作用。2020年6月，我国首台国产化的计算机在重庆下线，这台计算机从CPU到操作系统，再到主板等核心部件实现了全部国产化，这也标志着我国具备了独立制造整台计算机的能力。在积累了一定经验后，国产计算机的发展将更加迅速，并将逐渐应用到国防、工业和办公等领域。

2.4 练习

练习
查看答案和解析

（1）计算机的硬件系统主要包括运算器、控制器、存储器、输出设备和（　　）。

A. 键盘　　B. 鼠标

C. 输入设备　　D. 显示器

（2）计算机的操作系统是（　　）。

A. 计算机中使用最广的应用软件　　B. 计算机系统软件的核心

C. 微机的专用软件　　D. 微机的通用软件

（3）下列叙述中，错误的是（　　）。

A. 内存储器一般由ROM、RAM和高速缓存存储器（Cache）组成

B. RAM中存储的数据一旦断电就全部丢失

C. CPU不可以直接存取硬盘中的数据

D. 存储在ROM中的数据断电后也不会丢失

（4）能直接与CPU交换信息的存储器是（　　）。

A. 硬盘存储器　　B. 光盘驱动器

C. 内存储器　　D. U盘存储器

（5）下列设备组中，全部属于外部设备的一组是（　　）。

A. 打印机、移动硬盘、鼠标

B. CPU、键盘、显示器

C. SRAM内存条、光盘驱动器、扫描仪

D. U盘、内存储器、硬盘

（6）下列国产操作系统中，主要用于移动端的是（　　）。

A. 银河麒麟　　B. 红旗Linux

C. 中兴新支点　　D. 鸿蒙 Harmony OS

CHAPTER 3

第3章 操作系统基础

虽然发展与应用国产操作系统和软件是现阶段发展国产计算机的主要任务，但我们仍然要学习和研究国外先进的操作系统，掌握操作系统的基本操作，从而为学习其他计算机知识做好准备。目前，常用的操作系统就是由Microsoft公司开发的Windows 10，它是一款跨平台及设备应用的操作系统，具有操作简单、启动速度快、安全和连接方便等特点。本章将介绍Windows 10的相关知识，包括Windows 10的基础知识、程序的启动与窗口操作、汉字输入、文件管理、系统管理、网络功能、备份与还原等内容。

学习目标

- 了解Windows 10
- 掌握窗口操作和设置汉字输入法的方法
- 掌握Windows 10文件管理、系统管理、备份与还原的相关操作
- 掌握Windows 10网络设置的操作

素养目标

- 培养完成计算机日常操作和使用计算机的能力
- 提升无纸化办公能力
- 具备一定的计算机维护和故障处理技术

课堂案例展示

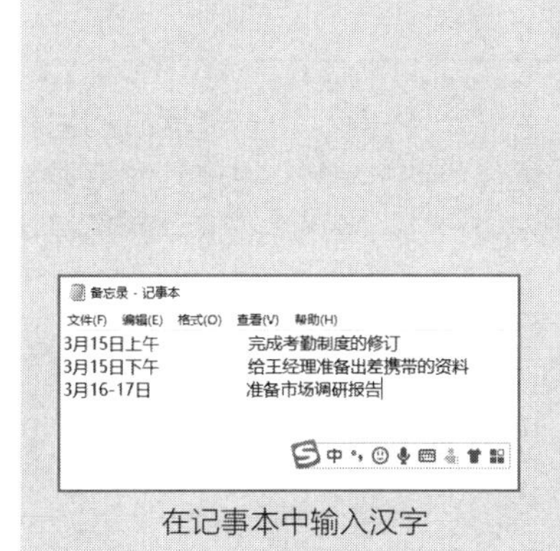

在记事本中输入汉字

网络共享设置

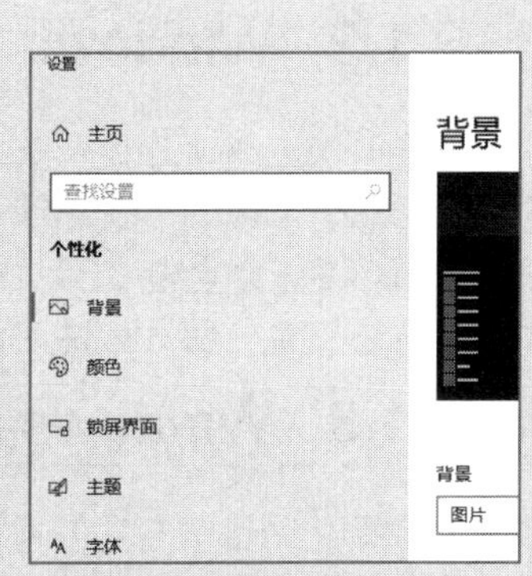

个性化设置

3.1 Windows 10入门

学习Windows 10需要先了解一些入门知识和计算机的基础操作，包括Windows 10的启动与退出、Windows 10的桌面组成，以及键盘和鼠标的使用方法。

3.1.1 Windows 10 的不同版本

Windows 10共有7个不同的版本，支持计算机和手机等多种设备。

- Windows 10家庭版（Windows 10 Home）：Windows 10家庭版是面向普通用户的版本，具备Windows全部核心功能，支持台式机、平板、笔记本、二合一计算机等多种设备。
- Windows 10专业版（Windows 10 Pro）：Windows 10专业版是面向计算机技术爱好者和企业技术人员的版本，在Windows 10家庭版的基础上增加了一些安全类和办公类功能。例如，允许用户管理设备及应用、保护敏感企业数据、提供云技术支持等。此外，Windows 10专业版还内置了组策略、BitLocker驱动器加密、远程访问服务及域名连接等增强技术功能。
- Windows 10企业版（Windows 10 Enterprise）：Windows 10企业版是面向企业和单位用户的版本，在Windows 10专业版的基础上新增了无须VPN即可连接的DirectAccess、通过点对点连接与其他个人计算机共享下载与更新的BranchCache、支持应用白名单的AppLocker以及基于组策略控制的开始屏幕等特别为大型企业设计的功能。
- Windows 10教育版（Windows 10 Education）：Windows 10教育版是面向大型学术机构的版本，除了更新选项方面的差异之外，基本与Windows 10企业版相同。
- Windows 10移动版（Windows 10 Mobile）：Windows 10移动版是面向平板和手机等移动设备的版本，向用户提供了全新的Microsoft Edge浏览器，以及针对触控操作优化的办公软件，并且支持手机和平板直接连接显示设备，向用户呈现Continuum界面。
- Windows 10企业移动版（Windows 10 Mobile Enterprise）：Windows 10企业移动版是面向大规模企业用户的移动版本，采用了与Windows 10企业版类似的批量授权许可模式，提供给批量许可用户使用，增添了企业管理更新，以及及时获得更新和安全补丁软件等功能。
- Windows 10 物联网核心版（Windows 10 IoT Core）：Windows 10物联网核心版是面向嵌入式设备构建的版本，支持树莓派2和Intel MinnowBoard MAX开发板等嵌入式设备，在系统功能、代码方面进行了较大程度的精简和优化，没有统一的用户界面，也没有桌面的概念。

3.1.2 Windows 10 的启动

开启计算机主机和显示器的电源开关，Windows 10将载入内存，接着开始对计算机的主板和内存等进行检测，系统启动完成后将进入Windows 10欢迎界面。若只有一个用户且没有设置用户密码，则将直接进入系统桌面。如果系统存在多个用户且设置了用户密码，则需要选择用户并输入正确的密码才能进入系统。

3.1.3 Windows 10 的键盘使用

用户要使用键盘输入信息，需要了解键盘的结构，掌握各个按键的作用和键盘指法，这样能达到快速输入的目的。

1. 认识键盘的结构

以常用的107键键盘为例，键盘按照各键功能的不同可以分成主键盘区、功能键区、编辑键区、小键盘区和状态指示灯区5个部分，如图3-1所示。

图3-1 键盘的5个部分

- **主键盘区**：主键盘区用于输入文字和符号，包括字母键、数字键、符号键、控制键和Windows功能键（简称Win键），共5排61个键。数字键由上下两种字符组成，又称为双字符键，单独按数字键，将输入下档字符，即数字；如果按住“Shift”键再按该键，将输入上档字符，即特殊符号。符号键除了~位于主键盘区的左上角外，其余都位于主键盘区的右侧。控制键与Win键的作用如表3-1所示。

表3-1 控制键和Win键的作用

按键	作用
“Tab”键	Tab是英文单词“Table”的缩写，也称制表定位键。每按一次该键，光标向右移动8个字符，常用于文字处理中的对齐操作
“Caps Lock”键	该键为大写字母锁定键，系统默认状态下输入的英文字母为小写，按该键后输入的字母为大写字母，再次按该键可以取消大写字母锁定状态
“Shift”键	主键盘区左右各有一个“Shift”键，它们的功能完全相同，主要用于输入上档字符和字母键的大写英文字符。例如，在键盘处于输入英文小写字母的状态下，按住“Shift”键再按“A”键，可以输入大写字母“A”
“Ctrl”键和“Alt”键	这两个键都分别在主键盘区左右下角各有一个，常与其他键组合使用，在不同的应用软件中，其作用也各不相同
空格键	空格键“Space”键位于主键盘区的下方，每按一次该键，将在光标的当前位置上产生一个空字符，同时光标向右移动一个位置
“BackSpace”键	每按一次该键，可使光标向左移动一个位置，若光标位置左边有字符，将删除该位置上的字符
“Enter”键	“Enter”键也称回车键。它有两个作用：一是确认并执行输入的命令；二是在输入文字过程中使光标移至下一行行首
Win键	主键盘区左右各有一个Win键，其键面上印有Windows窗口图案，也被称为“开始菜单”键，在Windows操作系统中，按该键后将打开“开始”菜单。主键盘右下角的▤称为“快捷菜单”键，在Windows操作系统中，按该键后会打开相应的快捷菜单，其功能相当于右击

- **功能键区**：功能键区中的“Esc”键用于取消已输入的命令或字符串，在一些应用软件中常起到退出的作用；“F1”~“F12”键称为功能键，在不同的软件中，各个键的功能有所不同，通常在程序窗口中按“F1”键可以获取该程序的帮助信息；“Power”键、“Sleep”键和“Wake Up”键分别用来控制电源、转入睡眠状态和退出睡眠状态。
- **编辑键区**：编辑键区主要用于编辑过程中的光标控制，各键的作用如图3-2所示。

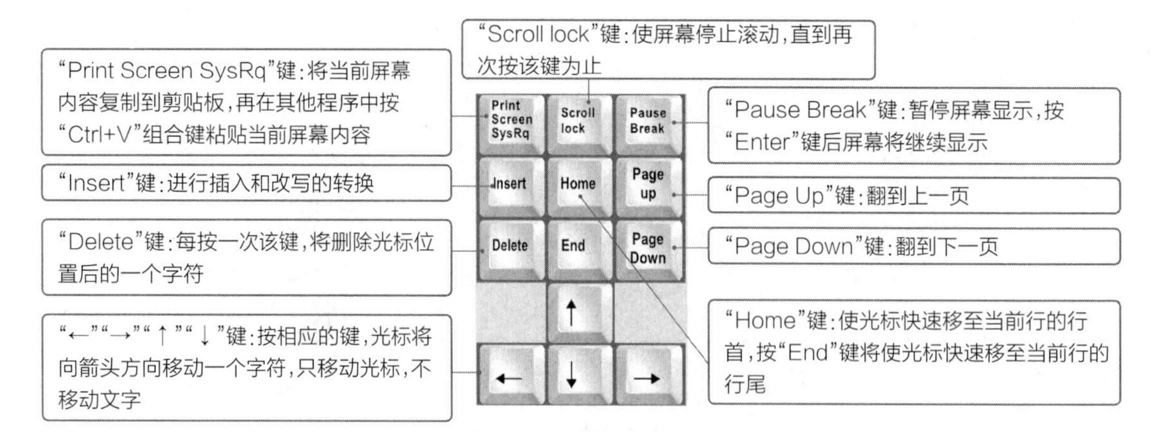

图3-2　编辑键区各键的作用

- **小键盘区**：小键盘区主要用于快速输入数字及进行光标的移动控制。使用前应先按左上角的"Num Lock"键，当状态指示灯区第1个指示灯亮时表示进入数字输入状态，此时可输入数字。
- **状态指示灯区**：该区的按键主要用于提示小键盘的工作状态、大小写状态及"Scroll lock"键的状态。

2. 键盘的操作

键盘的操作需要具备正确的打字姿势，如图3-3所示。正确的打字姿势通常为身体坐正，双手自然放在键盘上，腰部挺直，上身微前倾；双脚的脚尖和脚跟自然地放在地面上，大腿自然平直；座椅的高度与计算机键盘、显示器的放置高度要适宜，一般以双手自然垂放在键盘上时肘关节略高于手腕为宜。

准备打字时，将左手的食指放在"F"键上，右手的食指放在"J"键上，其他手指（除拇指外）按顺序分别放置在相邻的8个基准键位上，双手的拇指放在空格键上。8个基准键位是指主键盘区第3排字母键中的"A""S""D""F""J""K""L"";"8个键。打字时，键盘的指法分区原则为除拇指外，其余8根手指各有一定的活动范围，把字符键位划分成8个区域，每根手指负责相应区域字符的输入。键盘的指法分区如图3-4所示。

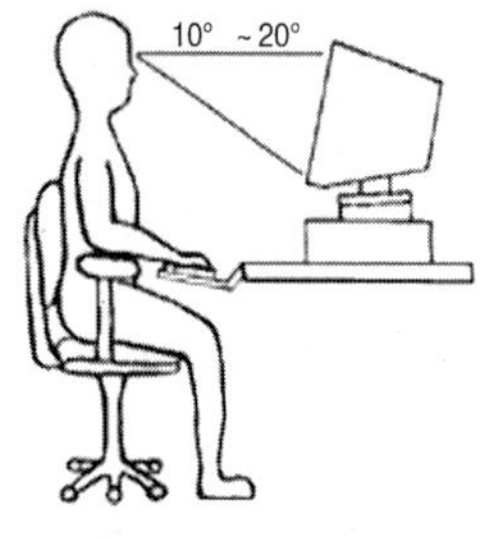

图3-3　打字姿势

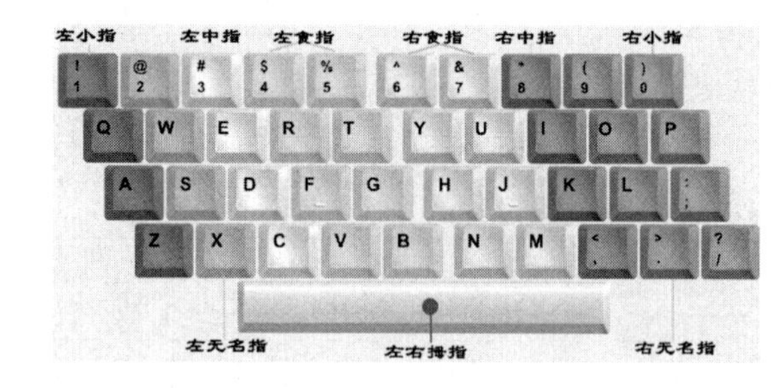

图3-4　键盘的指法分区

按键的要点及注意事项包括以下6点。

- 手腕要平直，胳膊应尽可能保持不动。
- 严格按照手指的键位分工按键，不能随意按键。
- 按键时手指指尖垂直向键位适当用力，并立即反弹，不可用力太大。
- 左手按键时，右手手指应放在基准键位上保持不动；右手按键时，左手手指也应放在基准键位上保持不动。
- 按键后手指要迅速返回相应的基准键位。

● 不要长时间按住一个键，按键时应尽量不看键盘，以养成“盲打”的习惯。

3.1.4 Windows 10 的鼠标使用

计算机的操作通常以鼠标为主，因此，学习鼠标操作是学习计算机的基本技能之一。

1. 手握鼠标的方法

鼠标左边的按键称为鼠标左键，右边的按键称为鼠标右键，中间可以滚动的按键称为鼠标中键或鼠标滚轮。手握鼠标的正确方法是：食指和中指自然放置在鼠标的左键和右键上，拇指横向放于鼠标左侧，无名指和小指放在鼠标右侧，拇指与无名指及小指轻轻握住鼠标，手掌心轻轻贴住鼠标后部，手腕自然垂放在桌面上，其中食指控制鼠标左键，中指控制鼠标右键和滚轮，如图3-5所示。当需要使用鼠标滚动页面时，用中指滚动鼠标滚轮。

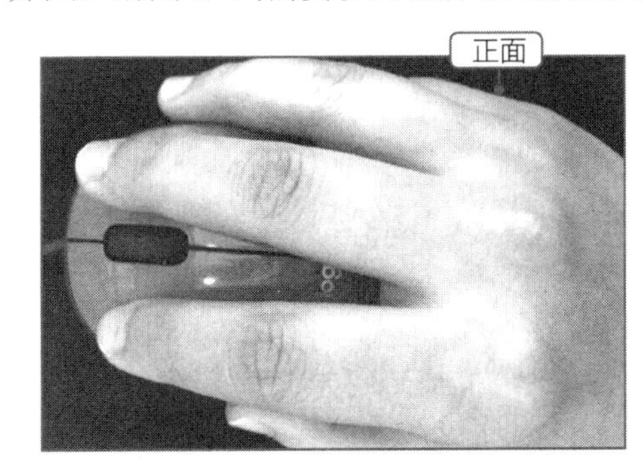

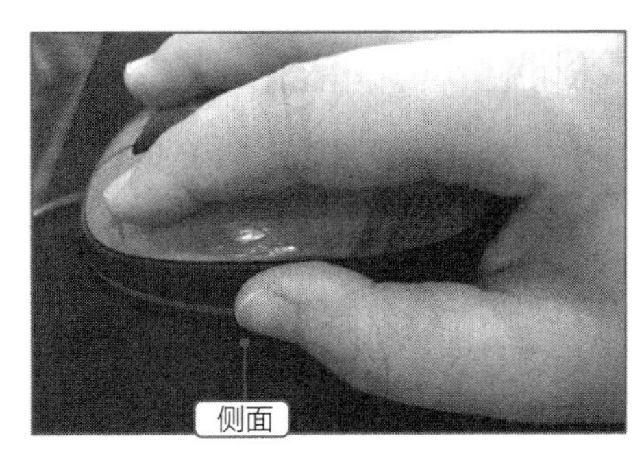

图3-5 手握鼠标的方法

2. 鼠标的 5 种基本操作

使用鼠标的基本操作包括移动定位、单击、拖动、右击和双击5种。

- **移动定位**：移动是指握住鼠标，在光滑的桌面或鼠标垫上随意移动鼠标，此时，在显示屏幕上的鼠标指针会同步移动；定位则是将鼠标指针移到桌面上的某一对象上并停留片刻，同时，被定位的对象通常会出现相应的提示信息。
- **单击**：单击是指先移动鼠标，让鼠标指针指向某个对象，然后用食指按一下鼠标左键后快速松开按键。单击操作常用于选择对象，被选择的对象呈高亮显示。
- **拖动**：拖动是指将鼠标指针指向某个对象后按住鼠标左键，然后把对象从一个位置移动到另一个位置，最后释放鼠标左键。拖动操作常用于移动对象。
- **右击**：右击是指单击鼠标右键，方法是用中指按一下鼠标右键后快速释放。右击操作常用于打开右击对象的相关快捷菜单。
- **双击**：双击是指用食指快速、连续地按鼠标左键两次。双击操作常用于启动某个程序、执行任务和打开某个窗口或文件夹。

提示 在执行双击操作时，不能移动鼠标。另外，在移动鼠标时，鼠标指针可能不会一次性移动到指定位置，当手臂感觉不方便伸展时，可提起鼠标使其离开桌面，再把鼠标放到易于移动的位置上继续移动，这个过程中鼠标实际上经历了“移动、提起、回位、放下、再移动”的过程，屏幕上鼠标指针的移动便是依靠这一系列操作完成的。

3.1.5 Windows 10 的桌面组成

启动Windows 10后，用户在屏幕上即可看到Windows 10的桌面。不同版本的Windows 10的桌面有所区别，下面以Windows 10专业版为例介绍其桌面，默认Windows 10的桌面由桌面图标、鼠标指针和任务栏3个部分组成，如图3-6所示。

图3-6 Windows 10的桌面

- **桌面图标**：桌面图标一般是程序或文件的快捷方式图标，程序或文件的快捷方式图标左下角有一个小箭头。默认情况下，桌面上仅显示“回收站”这一个系统图标。双击桌面上的某个图标可以打开该图标对应的窗口或程序。
- **鼠标指针**：在Windows 10中，鼠标指针在不同的状态下有不同的形状，这样可直观地告诉用户当前可进行的操作或系统状态。常见鼠标指针形态及其对应的含义如表3-2所示。

表3-2 常见鼠标指针形态及其对应的含义

鼠标指针形态	对应含义	鼠标指针形态	对应含义	鼠标指针形态	对应含义
↖	正常状态	↕	调整对象垂直大小	+	精确调整对象
↖?	帮助选择	↔	调整对象水平大小	I	文本输入状态
↖○	后台处理	↘	沿对角线调整对象 1	⊘	禁用状态
○	忙碌状态	↗	沿对角线调整对象 2	✎	手写状态
✥	移动对象	↑	候选	☝	链接选择

- **任务栏**：任务栏默认情况下位于桌面的最下方，由“开始”按钮、“Cortana搜索”按钮、“任务视图”按钮、任务区、通知区域和“显示桌面”按钮（单击可快速显示桌面）6个部分组成，如图3-7所示。其中，单击“Cortana搜索”按钮，将展开图3-8所示的搜索界面，用户在该界面中可以通过打字或语音输入方式快速打开某一个应用。单击“任务视图”按钮，可以让一台计算机同时拥有多个桌面，如图3-9所示，其中“桌面1”将显示当前该桌面运行的应用窗口，如果想要使用一个干净的桌面，可直接单击“桌面2”图标。

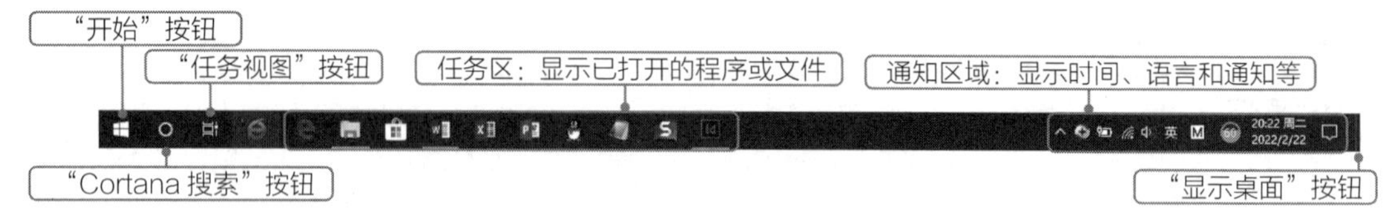

图3-7 任务栏

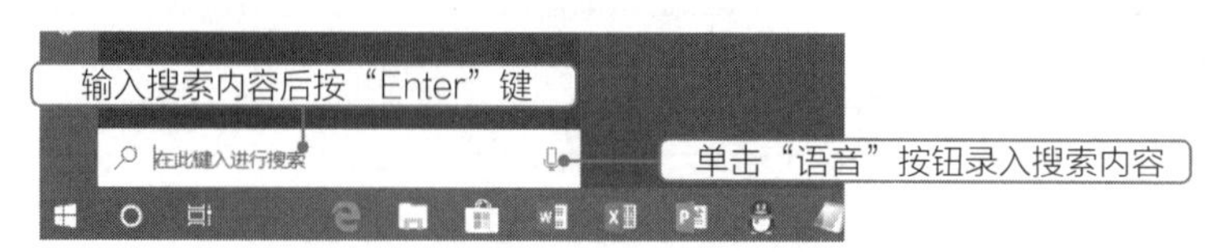

图3-8 Cortana搜索

提示 Windows 10默认只显示一个桌面。若想添加一个桌面，首先要单击任务栏中的“任务视图”按钮，然后单击桌面左上角的“新建桌面”按钮。若想添加多个桌面，则应继续单击“新建桌面”按钮，每单击一次该按钮就增加一个桌面。

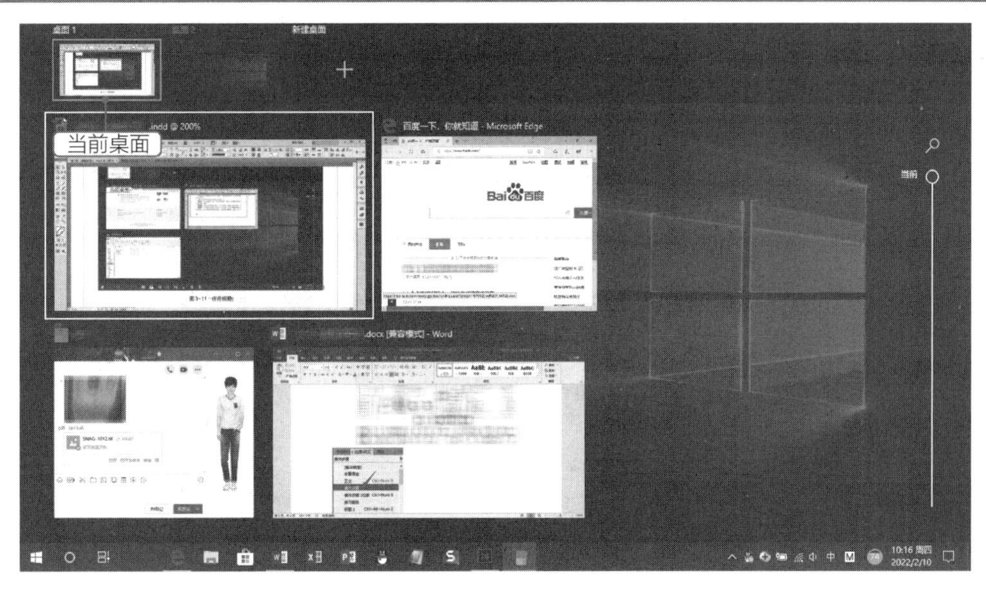

图3-9　任务视图

3.1.6　Windows 10 的退出

操作结束后需要退出Windows 10，退出的方法为保存文件或数据，关闭所有打开的应用程序，然后单击“开始”按钮⊞，在打开的“开始”菜单中单击“电源”按钮⏻，在打开的列表中选择“关机”选项。退出Windows 10后，再关闭显示器的电源。

3.2　Windows 10程序的启动与窗口操作

在使用计算机的过程中，用户大多数的操作都是在程序和窗口中进行的，下面就介绍Windows 10的程序启动与窗口操作。

3.2.1　Windows 10 的程序启动

“开始”菜单是操作计算机的重要门户，通过“开始”菜单能轻松找到计算机中几乎所有应用程序，如图3-10所示。单击桌面任务栏左下角的“开始”按钮⊞，即可打开“开始”菜单。“开始”菜单中各个部分的功能分别如下。

- **高频使用区**：根据用户使用程序的频率，Windows会自动将使用频率较高的程序显示在该区域中，以便用户能快速地启动所需程序。
- **所有程序区**：所有程序区将显示计算机中已安装的所有程序的启动图标或程序文件夹，选择某个选项可启动相应的程序。
- **搜索区**：在搜索区的文本框中输入文本后，操作系统将搜索计算机中所有与该文本相关的文件和程序，并将搜索结果显示在上方的区域中，单击即可打开相应的文件或程序。
- **“切换”按钮**：如果用户不适应Windows 10的“开始”菜单，可单击“切换”按钮，在打开的列表中选择相应选项后，切换至Windows 7的菜单样式。

- **“账户”按钮**：单击“账户”按钮，可以在打开的列表中进行账户注销、账户锁定和更改用户设置3种操作。
- **“文件资源管理器”按钮**：文件资源管理器主要用来组织和操作系统中的文件和文件夹，用于完成新建文件、选择文件、移动文件、复制文件、删除文件以及重命名文件等操作。

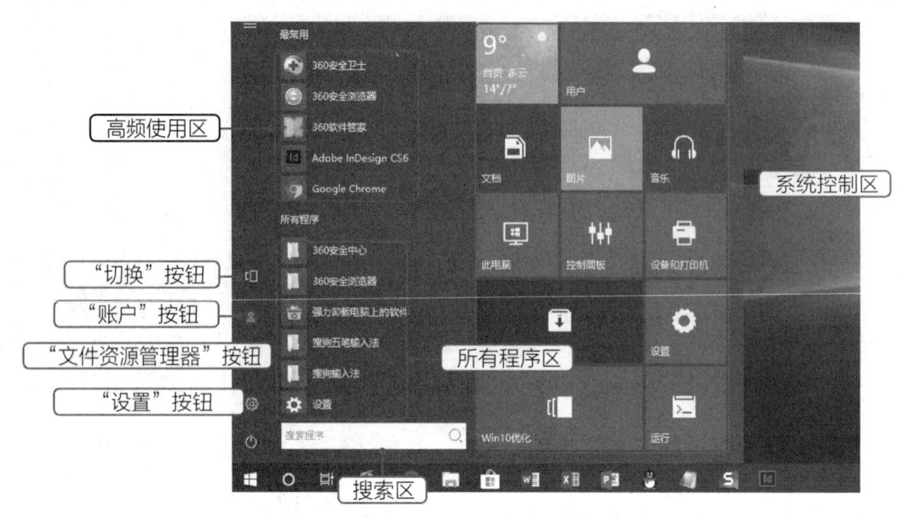

图3-10 “开始”菜单

- **“设置”按钮**：用于各种操作系统的功能设置，包括网络和Internet、个性化、更新和安全、Cortana、设备、隐私以及应用等。
- **系统控制区**：显示了“此电脑”“控制面板”“设置”“运行”等系统选项，选择相应的选项可以快速打开或运行程序，便于用户管理计算机中的资源。

Windows 10的程序启动有4种方法。

- **方法一**：单击“开始”按钮⊞，打开“开始”菜单，此时可以先在“开始”菜单左侧的高频使用区中查看是否有需要打开的程序选项，如果有则选择该程序选项启动程序；若没有，则在“所有程序”列表中依次单击展开程序所在的文件夹，选择需执行的程序选项启动程序。
- **方法二**：在“此电脑”窗口中找到需要执行的应用程序文件并双击；也可在其上右击，在弹出的快捷菜单中选择“打开”命令。
- **方法三**：双击应用程序对应的快捷方式图标。
- **方法四**：单击“开始”按钮⊞，打开“开始”菜单，在“搜索程序”文本框中输入程序的名称，选择程序后按“Enter”键打开程序，如图3-11所示。

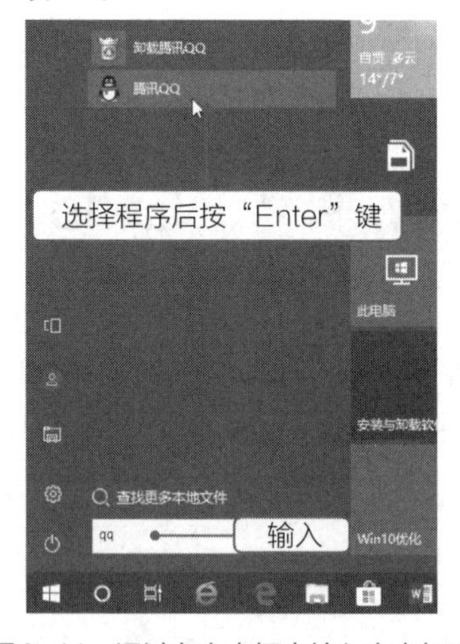

图3-11 通过在文本框中输入内容打开

提示 在“开始”菜单中要打开的程序上右击，在弹出的快捷菜单中选择“固定到任务栏”命令，此时，在任务栏中单击程序图标即可快速启动程序。

3.2.2 Windows 10 的窗口操作

在Windows 10中，几乎所有的操作都要在窗口中完成，在窗口中的相关操作一般是通过鼠标和键盘来进行的，下面将介绍窗口的组成及相关操作。

1. Windows 10 的窗口组成

双击桌面上的“此电脑”图标，将打开“此电脑”窗口，如图3-12所示，这是一个典型的Windows 10窗口，各个组成部分的作用介绍如下。

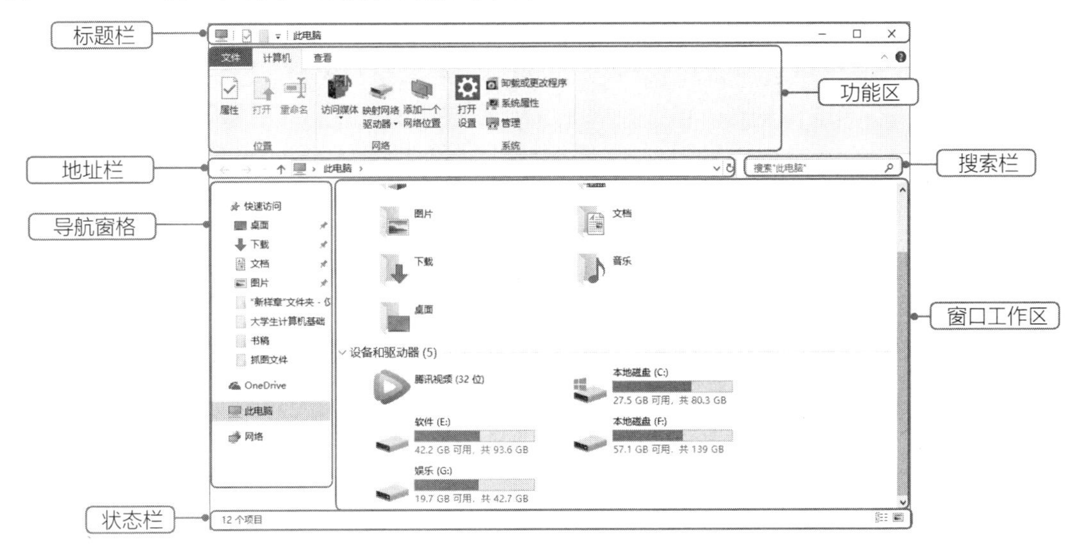

图3-12 “此电脑”窗口

- **标题栏**：标题栏左侧有一个控制窗口大小和关闭窗口的“文件资源管理器”按钮，该按钮右侧是快速访问工具栏，通过该工具栏可以快速实现设置所选项目属性和新建文件夹等操作，最右侧是“最小化”按钮－、“最大化”按钮□和“关闭”按钮×。
- **功能区**：功能区是以选项卡的方式显示的，其中存放了各种操作命令，要执行功能区中的操作命令，只需单击对应按钮。
- **地址栏**：显示当前窗口文件在系统中的位置。其左侧包括“返回”按钮←、“前进”按钮→和“上移”按钮↑，用于打开最近浏览过的窗口。
- **搜索栏**：用于快速搜索计算机中的文件。
- **导航窗格**：单击相应图标可快速切换或打开其他窗口。
- **窗口工作区**：用于显示当前窗口中存放的文件和文件夹内容。
- **状态栏**：用于显示当前窗口所包含项目的个数和项目的排列方式。

注意 Windows 10的桌面上默认只有一个“回收站”图标，如果要通过双击“此电脑”图标的方式打开“此电脑”窗口，需要先将该图标添加到桌面上。其方法为：在Windows 10桌面上的空白区域右击，在弹出的快捷菜单中选择“个性化”命令，打开“个性化”窗口，在左侧的窗格中单击“主题”选项卡，在右侧的“相关的设置”栏中单击“桌面图标设置”超链接，打开“桌面图标设置”对话框，在“桌面图标”栏中单击选中“计算机”复选框，单击“确定”按钮，并关闭“个性化”窗口。

2. 打开窗口及窗口中的对象

视频教学
打开窗口及窗口中的对象

在Windows 10中，每当用户启动一个程序、打开一个文件或文件夹时都将打开一个窗口，而一个窗口中又包括多个对象，对不同的对象进行操作又可以打开相应的窗口。

【例3-1】打开“此电脑”窗口中“本地磁盘(C:)”下的Windows目录。

步骤1 双击桌面上的“此电脑”图标，或在“此电脑”图标上右击，在弹出的快捷菜单中选择“打开”命令，打开“此电脑”窗口。

步骤2 双击“此电脑”窗口中的“本地磁盘(C:)”图标，或选择“本地磁盘(C:)”图标后按“Enter”键，打开“本地磁盘(C:)”窗口，如图3-13所示。

步骤3 双击“本地磁盘(C:)”窗口中的“Windows”文件夹图标，打开其下的Windows目录。

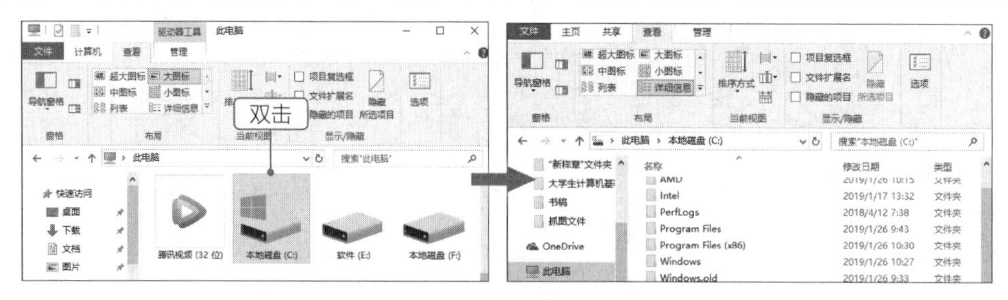

图3-13 打开窗口及窗口中的对象

步骤4 单击地址栏左侧的“返回”按钮←，将返回上一级“本地磁盘(C:)”窗口。

3. 最大化或最小化窗口

最大化窗口可以将当前窗口放大到整个屏幕显示，这样可以显示更多窗口内容，而最小化后的窗口将以图标按钮形式缩放到任务栏的任务区。

打开任意窗口，单击窗口标题栏右侧的“最大化”按钮□，此时窗口将铺满整个显示屏幕，同时“最大化”按钮□变成“还原”按钮⧉；单击“还原”⧉即可将最大化窗口还原成原始大小；单击窗口右上角的“最小化”按钮－，将隐藏该窗口，并在任务栏的任务区中显示图标，单击该图标，窗口将还原到屏幕显示状态。

4. 移动和调整窗口大小

打开窗口后，有些窗口会遮盖屏幕上的其他窗口内容，为了查看被遮盖的部分，需要适当移动窗口位置或调整窗口大小。

视频教学
移动和调整窗口大小

【例3-2】将桌面上的当前窗口移至桌面的左侧位置，呈半屏显示，再调整窗口大小。

步骤1 在窗口标题栏中按住鼠标左键，拖动窗口，将窗口向上拖动到屏幕顶部，窗口会最大化显示；向屏幕最左侧或最右侧拖动时，窗口会半屏显示在桌面左侧或右侧。这里拖动当前窗口到桌面最左侧后再释放鼠标左键，窗口会以半屏状态显示在桌面左侧，如图3-14所示。

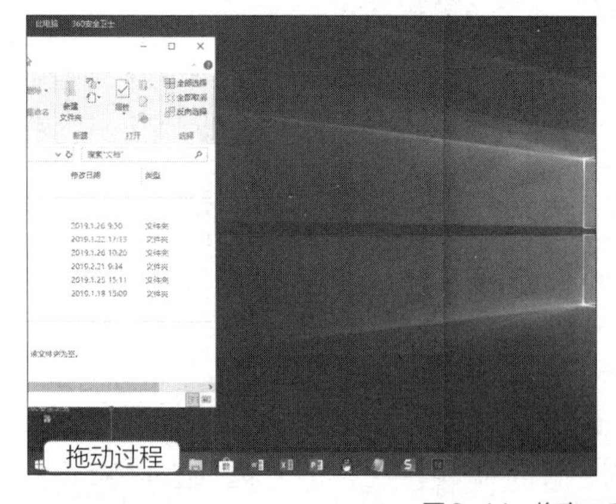

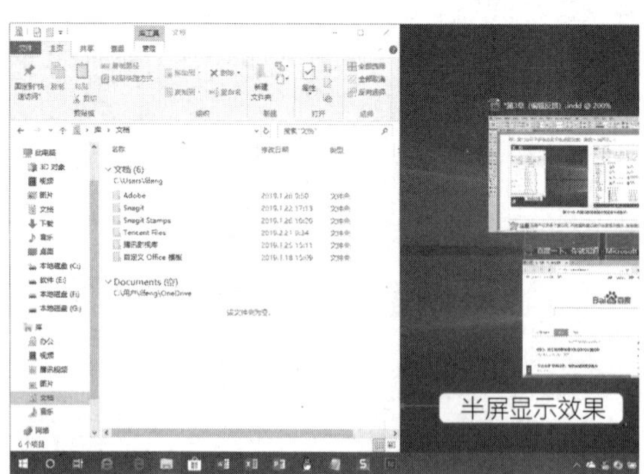

图3-14 将窗口移至桌面左侧呈半屏显示

步骤2 将鼠标指针移至窗口的外边框上，当鼠标指针变为⇔或⇕形状时，按住鼠标左键拖动鼠标指针，调整窗口到所需大小。

注意 将鼠标指针移至窗口的4个角上，当其变为↗或↘形状时，按住鼠标左键拖动鼠标指针，可调整窗口大小。

5. 排列窗口

视频教学
排列窗口

在使用计算机的过程中常常需要打开多个窗口，为了保证操作系统桌面的整洁，可以设置打开的窗口以层叠、堆叠和并排等方式进行显示。

【例3-3】将打开的所有窗口以层叠和并排两种方式进行显示。

步骤1 在任务栏空白处右击，在弹出的快捷菜单中选择“层叠窗口”命令，即可以层叠的方式排列窗口，层叠的效果如图3-15所示。

步骤2 在任务栏空白处右击，在弹出的快捷菜单中选择“并排显示窗口”命令，即可以并排的方式排列窗口，并排的效果如图3-16所示。

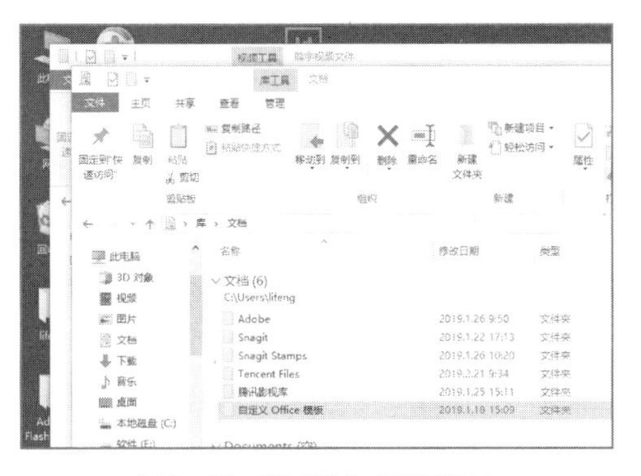

图3-15 以层叠方式显示窗口

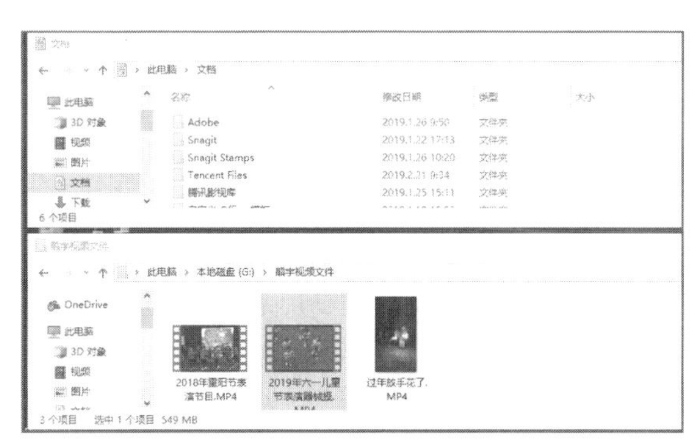

图3-16 以并排方式显示窗口

6. 切换窗口

在Windows 10中，当前窗口只有一个，且所有操作都是针对当前窗口进行的。除了通过单击窗口的方式将某个窗口切换成当前窗口外，Windows 10还提供了以下3种切换窗口的方法。

- **通过任务栏中的按钮切换：**将鼠标指针移至任务栏左侧按钮区中的某个任务图标上，此时将展开所有打开的该类型文件的缩略图，单击某个缩略图即可切换到该窗口，切换后其他同时打开的窗口将自动隐藏，如图3-17所示。

图3-17 通过任务栏中的按钮切换窗口

- **按“Alt+Tab”组合键切换：**按“Alt+Tab”组合键后，屏幕上将出现任务切换栏，系统当前打开的窗口都以缩略图的形式排列在任务切换栏中，此时按住“Alt”键，再反复按“Tab”键，将显示一个白色方框，其在所有图标之间轮流切换，当方框移动到需要打开的窗口的缩略图上后释放“Alt”键，即可切换到该窗口。
- **按“Win+Tab”组合键切换：**按“Win+Tab”组合键后，屏幕上将出现操作记录时间线，系统当前和稍早前的操作记录都以缩略图的形式在时间线中排列出来，若想打开某一个窗口，可将鼠标指针定位至要打开的窗口的缩略图上，如图3-18所示，当窗口显示白色方框后单击即可打开该窗口。

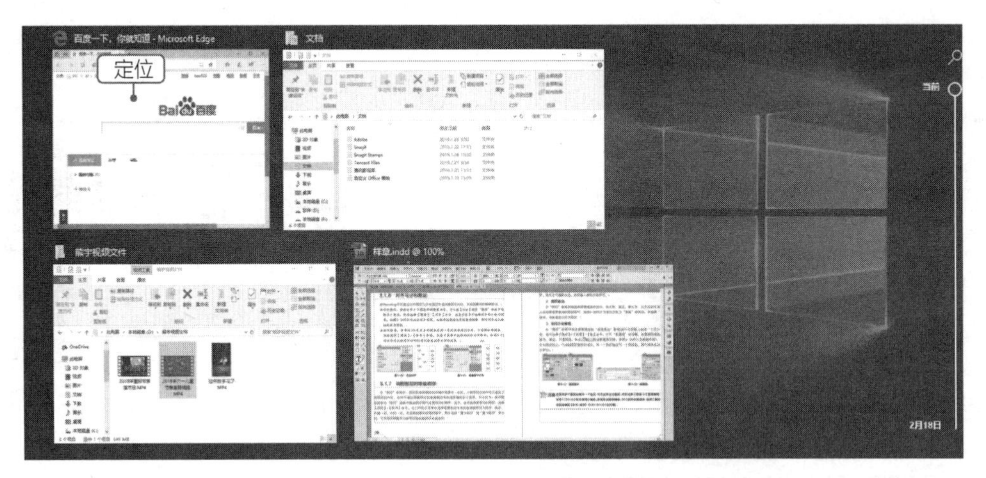

图3-18 按“Win+Tab”组合键切换窗口

7. 关闭窗口

对窗口的操作结束后应关闭窗口，关闭窗口有以下5种方法。

- 单击窗口标题栏右上角的“关闭”按钮×。
- 在窗口的标题栏上右击，在弹出的快捷菜单中选择“关闭”命令。
- 将鼠标指针移动到任务栏中某个任务缩略图上，单击其右上角的☒按钮。
- 将鼠标指针移动到任务栏中需要关闭窗口的任务图标上，右击，在弹出的快捷菜单中选择“关闭窗口”命令或“关闭所有窗口”命令。
- 按“Alt+F4”组合键。

3.3 Windows 10的汉字输入

汉字是起源于我国的世界上最古老的文字之一，在计算机中输入汉字时，需要使用汉字输入法。常用的汉字输入法有微软拼音输入法、搜狗拼音输入法和五笔字型输入法等。

3.3.1 中文输入法的选择

用户可通过Windows 10任务栏右侧的通知区域来选择输入法，方法为单击语言栏中的“输入法”按钮M，在打开的列表中可以选择需切换的输入法，如图3-19所示，选择相应的输入法后，该图标将变成所选输入法的徽标。

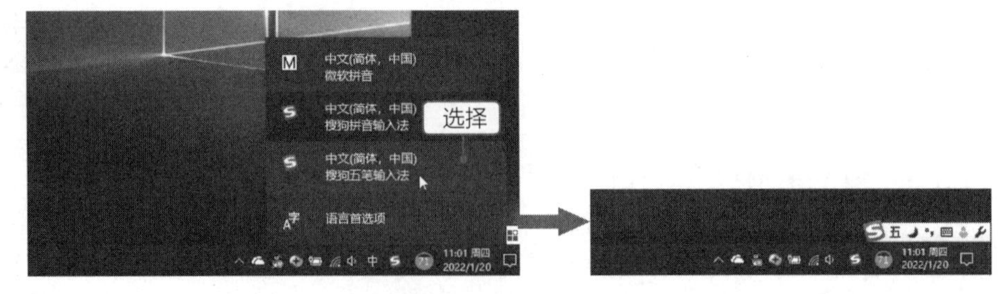

图3-19 选择输入法

提示 Windows 10中默认安装了微软拼音输入法，用户也可根据使用习惯，下载和安装其他输入法，如搜狗拼音输入法、搜狗五笔输入法等。除了通过任务栏的通知区域选择输入法外，用户还可以通过按“Win+Space”组合键在不同输入法之间进行切换。

3.3.2 搜狗拼音输入法状态栏的操作

切换至某一种汉字输入法后，将打开其对应的汉字输入法状态栏，图3-20所示为搜狗拼音输入法的状态栏，各图标的作用介绍如下。

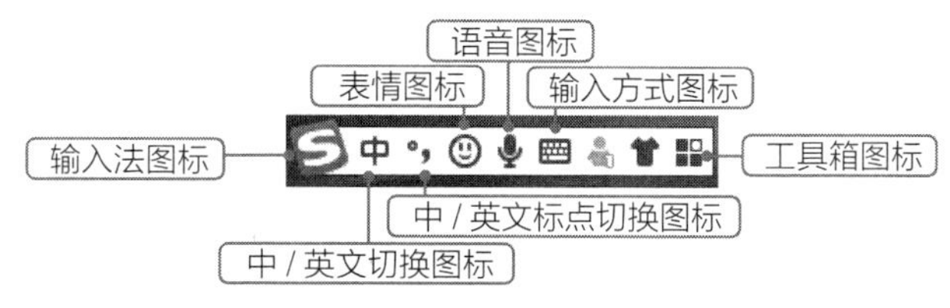

图3-20 搜狗拼音输入法的状态栏

- **输入法图标**：该图标用于显示当前输入法徽标，单击该图标可以切换至其他输入法。
- **中/英文切换图标**：单击该图标，可以在中文输入法与英文输入法之间进行切换。当图标为中时表示中文输入状态，当图标为英时表示英文输入状态。
- **中/英文标点切换图标**：默认状态下的•,图标用于输入中文标点符号，单击该图标，图标将变为•,，此时可输入英文标点符号。
- **表情图标**：单击该图标，在打开的“图片表情”对话框中，可以选择表情进行输入。
- **语音图标**：单击该图标，在打开的“语音输入”对话框中录入音频信息后，单击“完成”按钮，即可成功输入通过语音表达的文字信息。
- **输入方式图标**：通过单击输入方式图标可以输入特殊符号、标点符号和数字序号等多种字符，还可进行语音或手写输入。

  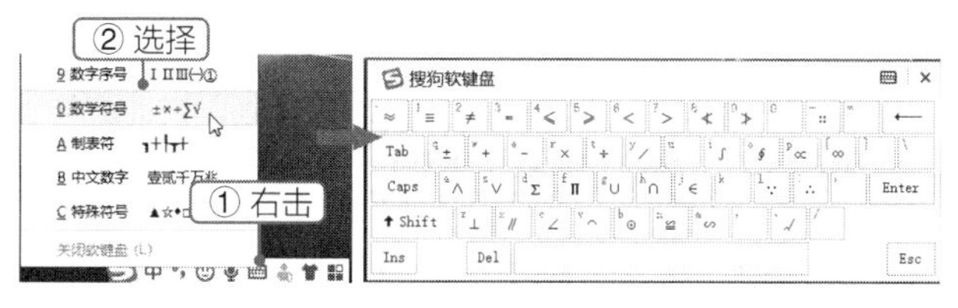

  图3-21 软键盘输入

  其步骤为：①在输入方式图标⌨上右击；②在弹出的快捷菜单中选择相应的命令，然后在打开的软键盘中单击相应的按钮或按键盘上对应的按键，输入对应的特殊符号。具体操作如图3-21所示。输入完成后，单击右上角的×按钮或单击输入方式图标⌨可退出软键盘输入状态。
- **工具箱图标**：不同的输入法自带不同的输入选项设置功能，单击▦图标，便可对该输入法的属性、皮肤、常用诗词、在线翻译等功能进行相应设置。

3.3.3 使用搜狗拼音输入法输入汉字

选择好输入法后，即可输入汉字。

【例3-4】启动记事本程序，创建一个“备忘录”文档，并使用搜狗拼音输入法输入数字与汉字内容。

步骤1 在桌面上的空白区域右击，在弹出的快捷菜单中选择“新建”/“文本文档”命令，在桌面上新建一个名为“新建文本文档.txt”的文件，且文件名呈可编辑状态。

步骤2 按“Win+Space”组合键，切换至搜狗拼音输入法，然后输入拼音“beiwanglu”，此时在汉字状态条中将显示出所需的“备忘录”文本，如图3-22所示。

步骤3 单击状态条中的“备忘录”或按“Space”键输入文本，按“Enter”键完成输入。

图3-22 输入“备忘录”

步骤4 双击桌面上新建的“备忘录”记事本文件，启动记事本程序，在编辑区定位文本插入点，按数字键“3”输入数字“3”，按“Ctrl+Shift”组合键切换至“中文（简体）-搜狗拼音输入法”，输入拼音“yue”，单击状态条中的“月”或按“Space”键输入文本“月”。

步骤5 输入数字“15”，再输入拼音“ri”，按“Space”键输入“日”字，继续输入简拼编码“shwu”，单击状态条中的“上午”或按“Space”键输入词组“上午”，如图3-23所示。

步骤6 连续按多次“Space”键，输入空字符串，接着继续使用搜狗拼音输入法输入后面的内容，输入过程中按“Enter”键可分段换行，如图3-24所示。

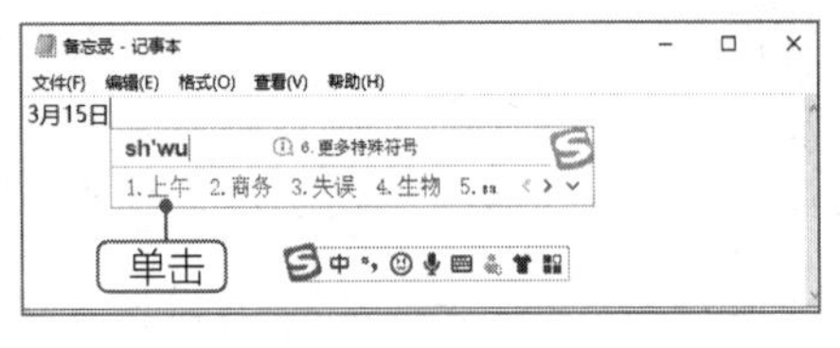

图3-23　输入词组“上午”

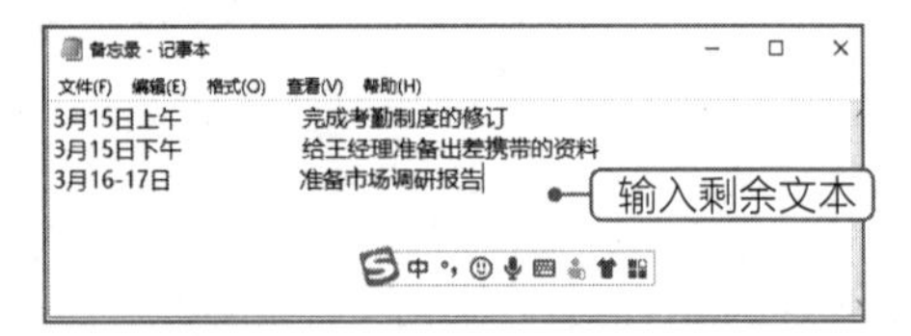

图3-24　输入其他内容

3.3.4　使用搜狗拼音输入法输入特殊字符

通过搜狗拼音输入法还可以输入特殊字符，其操作方法为单击搜狗拼音输入法状态条上的输入方式图标，在打开的列表中选择“特殊符号”选项，打开“符号大全”对话框，在其中选择一种需要输入的特殊符号并单击将其插入文档。

3.4　Windows 10的文件管理

信息和数据在操作系统中都以文件的形式保存，Windows 10也通过文件系统进行文件管理。

3.4.1　文件系统的概念

操作系统中负责管理和存储文件中信息的软件机构称为文件系统。文件管理是在资源管理器中实现的，在此之前，需要先了解硬盘分区与盘符、文件、文件夹、文件路径等词汇的含义。

- **硬盘分区与盘符**：硬盘分区是指将硬盘的存储空间划分为几个独立的区域，以方便存储和管理数据。盘符是操作系统对硬盘分区的标识符，一般使用一个英文字符和一个冒号来标识，如“本地磁盘(C:)”中，“C：”就是该硬盘分区的盘符。
- **文件**：文件是指保存在计算机中的各种信息和数据，文件的类型很多，例如，文档、表格、图片、音乐和应用程序等。文件在计算机中默认以图标形式显示，由文件图标和文件名称两部分组成，例如，学生课程安排表示一个名为“学生课程安排”的Excel文件。
- **文件夹**：文件夹用于保存和管理各种文件，文件夹本身没有任何内容，却可放置多个文件和子文件夹，让用户能够快速地找到需要的信息或数据。文件夹通常也以图标形式显示，由文件夹图标和文件夹名称两部分组成。
- **文件路径**：用户在对文件进行操作时，除了要知道文件名外，还需要指出文件所在的盘符和文件夹，即文件在计算机中的位置，标记这个位置的一系列字符称为文件路径。文件路径包括相对路径和绝对路径两种。其中，相对路径以“.”（表示当前文件夹）、“..”（表示上级文件夹）或文件夹名称（表示当前文件夹中的子文件名）开头；绝对路径是指文件或目录在硬盘中存放的绝对位置，如“D:\图片\标志.jpg”，表示“标志.jpg”文件存放于D盘的“图片”文件夹中。在Windows 10中单击地址栏的空白处，即可查看打开的文件夹路径。

3.4.2 文件管理

文件管理主要是在资源管理器中实现的。资源管理器是指“此电脑”窗口左侧的导航窗格，它将计算机资源分为快速访问、OneDrive、此电脑、网络4个类别，便于用户更好、更快地组织、管理及应用资源。打开资源管理器的方法为：双击桌面上的“此电脑”图标或单击任务栏上的“文件资源管理器”按钮。打开“文件资源管理器”窗口，单击导航窗格中各类别图标左侧的›图标，可依次按层级展开文件夹，选择某个需要的文件夹后，其右侧将显示相应的文件内容，如图3-25所示。

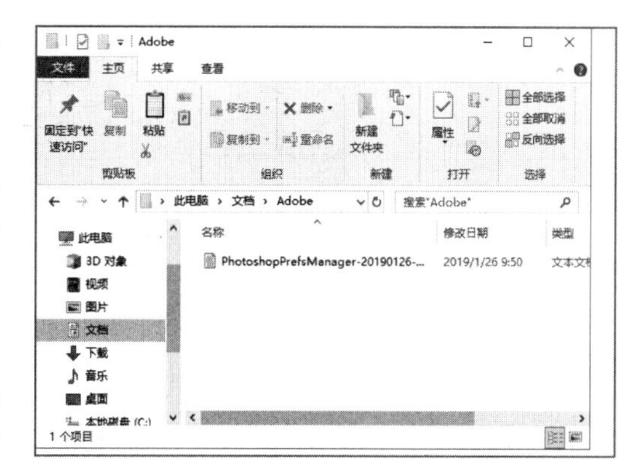

图3-25　文件资源管理器

为了方便查看和管理文件，用户可根据窗口中文件和文件夹的数量、文件的类型来更改当前窗口中文件和文件夹的视图方式。其方法为在文件夹窗口中单击右下角的按钮，窗口中将显示每一项相关信息。如果单击按钮，则会以缩略图方式在窗口中显示每一项内容。

3.4.3 文件 / 文件夹操作

文件或文件夹操作包括选择、新建、移动、复制、重命名、删除、还原和搜索等。

1. 选择文件和文件夹

对文件或文件夹进行操作前，需要先选择文件或文件夹。

- **选择单个文件或文件夹：**单击文件或文件夹图标即可将其选择，被选择的文件或文件夹的周围将呈蓝色透明状显示。
- **选择多个相邻的文件或文件夹：**在窗口空白处按住鼠标左键，通过拖动鼠标指针选择所需的多个对象后，释放鼠标左键。
- **选择多个连续的文件或文件夹：**选择第一个对象，按住“Shift”键，再选择最后一个对象，可选择两个对象中间的所有对象。
- **选择多个不连续的文件或文件夹：**按住“Ctrl”键，再依次单击所要选择的文件或文件夹，可选择多个不连续的文件或文件夹。
- **选择所有文件或文件夹：**按“Ctrl+A”组合键，或选择“编辑”/“全选”命令，可以选择当前窗口中的所有文件或文件夹。

2. 新建文件和文件夹

在日常工作中经常需要新建文件或文件夹，其中，新建文件的类型必须是计算机中已安装的程序类型。

视频教学
新建文件和文件夹

【例3-5】新建文本文档、Excel文件与文件夹。

步骤1　双击桌面上的“此电脑”图标，打开“此电脑”窗口，双击“本地磁盘(G:)”图标，打开“本地磁盘（G:）”窗口。

步骤2　在“主页”/“新建”组中单击“新建项目”下拉按钮，在打开的下拉列表中选择“文本文档”选项，或在窗口的空白处右击，在弹出的快捷菜单中选择“新建”/“文本文档”命令，如图3-26所示。

步骤3　系统将在文件夹中新建一个默认名为“新建文本文档”的文件，且文件名呈可编辑状态，切换到汉字输入法更改文件名为“公司简介”，然后单击空白处或按“Enter”键完成更改，新建文档的效果如图3-27所示。

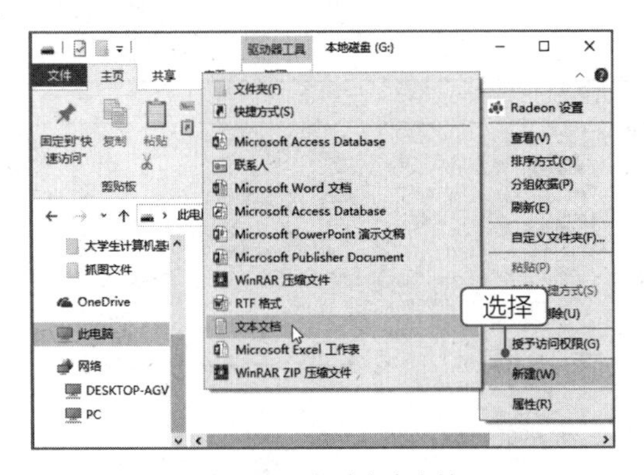

图3-26 新建文本文档

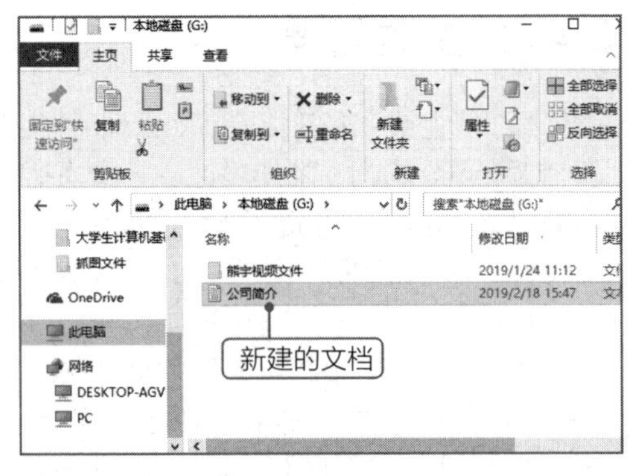

图3-27 新建文档

步骤4 在“主页”/“新建”组中单击“新建项目”下拉按钮，在打开的下拉列表中选择“Microsoft Excel工作表”选项，或在窗口的空白处右击，在弹出的快捷菜单中选择“新建”/“Microsoft Excel工作表”命令，此时将新建一个Excel文件，输入文件名“公司员工名单”，按“Enter”键，效果如图3-28所示。

步骤5 在“主页”/“新建”组中单击“新建文件夹”按钮，或在右侧文件显示区中的空白处右击，在弹出的快捷菜单中选择“新建”/“文件夹”命令，输入文件夹的名称“办公”后，按“Enter”键，完成新文件夹的创建，效果如图3-29所示。

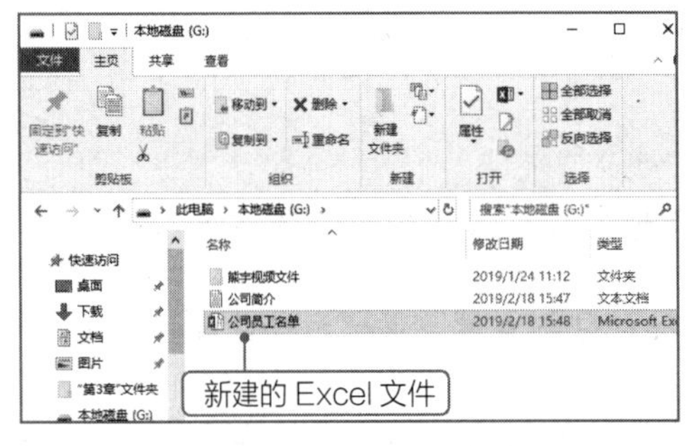

图3-28 新建Excel文件

图3-29 新建文件夹

3. 移动、复制、重命名文件和文件夹

移动是将文件或文件夹移动到另一个文件夹中，复制相当于备份文件或文件夹，原文件夹下的文件或文件夹仍然存在，重命名即为文件或文件夹更换一个新的名称。

【例3-6】移动“公司员工名单”文件，复制“公司简介”文件，并将复制的文件重命名为“招聘信息”。

步骤1 在导航窗格中单击“此电脑”图标，然后在展开的列表中选择“本地磁盘(G:)”图标。

步骤2 在右侧窗口中选择“公司员工名单”文件并右击，在弹出的快捷菜单中选择“剪切”命令，或在“主页”/“剪贴板”组中单击“剪切”按钮（可直接按“Ctrl+X”组合键），将选择的文件剪切到剪贴板中，此时文件呈灰色透明显示效果。

步骤3 在导航窗格中单击展开“办公”文件夹，再选择其下的“表格”子文件夹，在右侧打开的“表格”窗口中右击，在弹出的快捷菜单中选择“粘贴”命令，或在“主页”/“剪贴板”组中单击“粘贴”按钮（可直接按“Ctrl+V”组合键），如图3-30所示，将剪切到剪贴板中的“公司员工名单”文件粘贴到“表格”窗口中。

步骤4 单击地址栏左侧的← 按钮，返回上一级窗口，可发现此时该窗口中已经没有“公司员工名单”文件了。

步骤5 选择“公司简介”文件并右击，在弹出的快捷菜单中选择“复制”命令。具体操作如图3-31所示。或在“主页”/“剪贴板”组中单击“复制”按钮（可直接按“Ctrl+C”组合键），将选择的文件复制到剪贴板中，此时窗口中的文件不会发生任何变化。

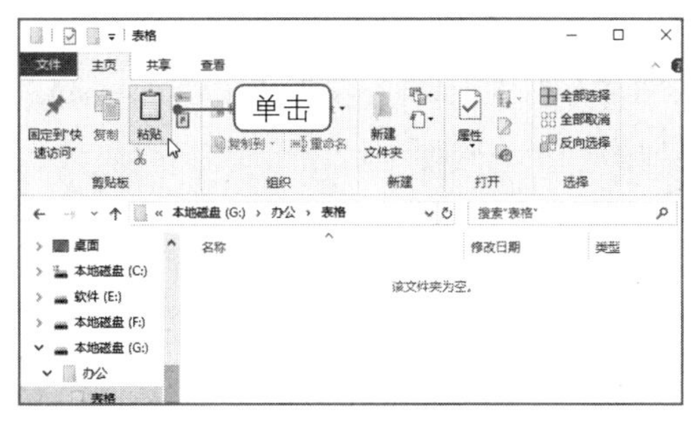

图3-30 粘贴文件到指定文件夹中

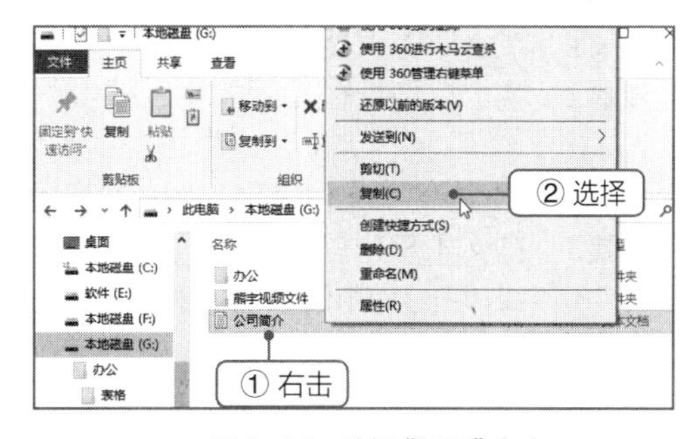

图3-31 选择“复制”命令

提示 将选择的文件或文件夹拖动到同一磁盘分区下的其他文件夹中，或拖动到左侧导航窗格中的某个文件夹中，可以移动文件或文件夹。在拖动过程中按住“Ctrl”键，则可实现复制文件或文件夹的操作。

步骤6 在导航窗格中选择“文档”文件夹，在右侧打开的“文档”窗口中右击，在弹出的快捷菜单中选择“粘贴”命令，或在“主页”/“剪贴板”组中单击“粘贴”按钮（可直接按“Ctrl+V”组合键），即可将所复制的“公司简介”文件粘贴到该窗口中。

步骤7 选择复制后的“公司简介”文件并右击，在弹出的快捷菜单中选择“重命名”命令，此时文件名呈可编辑状态，输入“招聘信息”后，按“Enter”键。

步骤8 在导航窗格中选择“本地磁盘（G:）”选项，可看到“公司简介”文件仍然存在。

4. 删除和还原文件或文件夹

视频教学
删除和还原文件或文件夹

删除没有用的文件或文件夹，可以减少磁盘中的多余文件，释放磁盘空间。删除的文件或文件夹实际上移动到了回收站中，若误删除文件，还可以通过还原操作将其还原。

【例3-7】删除“公司简介”文件，然后再将其还原。

步骤1 在导航窗格中选择“本地磁盘（G:）”选项，然后在右侧窗口中选择“公司简介”文件。

步骤2 选择文件后右击，在弹出的快捷菜单中选择“删除”命令，即可将所选文件放入回收站。

步骤3 单击任务栏最右侧的“显示桌面”按钮，切换至桌面，双击“回收站”图标，在打开的窗口中可查看最近删除的文件和文件夹等对象。

步骤4 选择“公司简介”文件并右击，在弹出的快捷菜单中选择“还原”命令，即可将其还原。具体操作如图3-32所示。

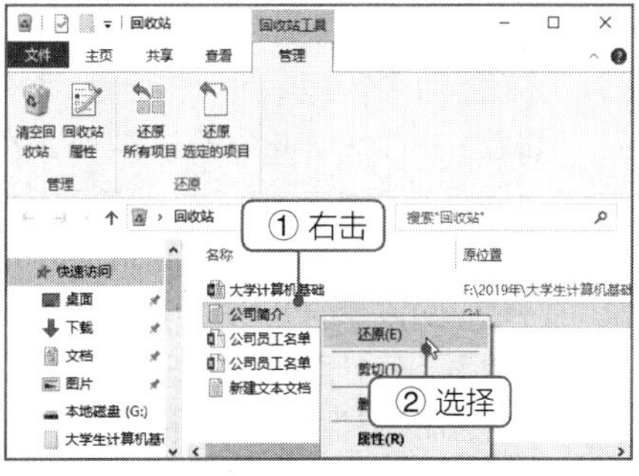

图3-32 还原被删除的文件

注意 放入回收站中的文件或文件夹，仍然会占用磁盘空间，只有将回收站中的文件或文件夹删除后才能释放更多磁盘空间。

5. 搜索文件或文件夹

如果用户不知道文件或文件夹在磁盘中的位置，可以使用Windows 10的搜索功能来查找。

视频教学
搜索文件或文件夹

【例3-8】搜索G盘中关于“六一儿童节”的视频文件。

步骤1 在资源管理器中打开“本地磁盘(G:)”窗口。

步骤2 在窗口地址栏后面的文本框中单击，激活“搜索工具”，单击“搜索”选项卡，然后在“优化”组中单击“类型”下拉按钮，在打开的下拉列表中选择“视频”选项。具体操作如图3-33所示。

步骤3 在文本框中输入关键词“六一儿童节”，稍后Windows会自动在搜索范围内搜索所有文件信息，并在文件显示区中显示搜索结果，如图3-34所示。

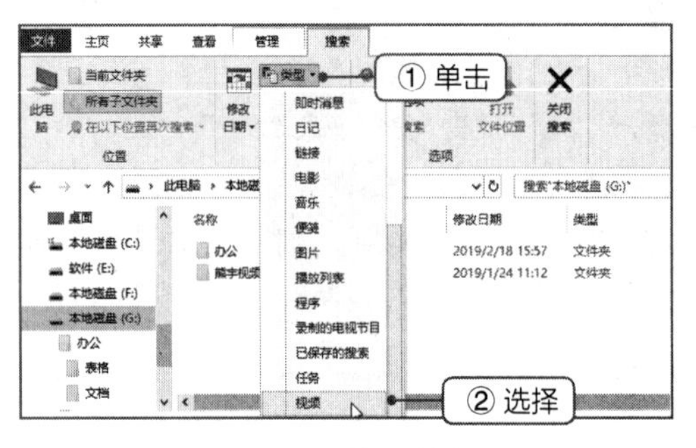

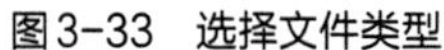
图3-33 选择文件类型

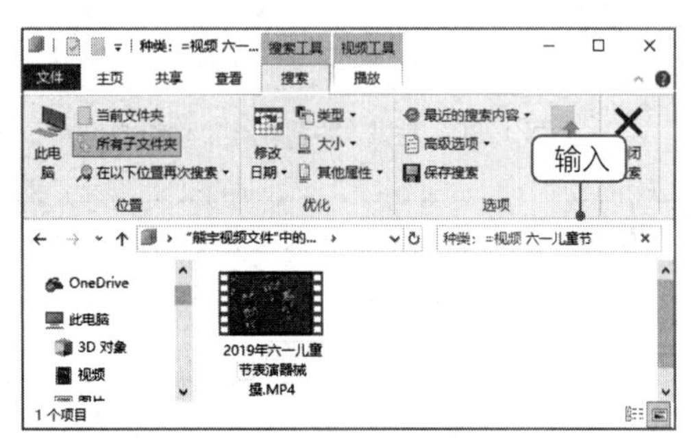

图3-34 输入关键词

步骤4 根据需要，可以在“优化”组中通过设置修改日期、大小、其他属性来设置搜索条件，以缩小搜索范围。

提示 在Windows 10中的文件或文件夹默认只显示名称，不显示扩展名，如果需要将文件的扩展名显示出来，需要打开“文件资源管理器”窗口，在“查看”/“显示/隐藏”组中单击选中“文件扩展名”复选框。

3.4.4 库的使用

在Windows 10中，库的功能类似于文件夹，但它只提供管理文件的索引，即用户可以通过库直接访问文件，而不需要通过保存文件的位置去查找文件，文件并没有真正地被存放在库中。Windows 10中自带了视频、图片、音乐和文档等多个库。

视频教学
库的使用

【例3-9】新建“办公”库，将“表格”文件夹添加到“办公”库中。

步骤1 打开“此电脑”窗口，在导航窗格中单击“库”图标，打开库文件夹，此时在窗口右侧将显示所有库。

步骤2 在“主页”/“新建”组中单击“新建项目”下拉按钮，在打开的下拉列表中选择“库”选项，然后输入库的名称“办公”，按“Enter”键新建库。

步骤3 在导航窗格中选择“G:\办公”文件夹，选择要添加到库中的“表格”文件夹并右击，在弹出的快捷菜单中选择“包含到库中”/“办公”命令，即可将选择的文件夹中的文件添加到新建的“办公”库文件夹中。

步骤4 添加成功后就可以通过“办公”库来查看文件，效果如图3-35所示。用同样的方法还可将计算机中其他位置下的相关文件分别添加到库中。

图3-35 查看添加到库中的文件

3.4.5 将程序固定到任务栏

固定程序到任务栏后，用户可以通过单击图标快速启动对应的程序。将某个程序或应用固定到任务栏后，并没有改变程序原有的位置，因此若取消固定，也不会删除原程序文件。

视频教学
将程序固定到任务栏

【例3-10】将系统自带的计算器应用程序“calc.exe”固定到任务栏中。

步骤1 单击桌面上的“开始”按钮⊞，打开“开始”菜单，在“搜索程序”文本框中输入“calc.exe”。

步骤2 在搜索结果中的“calc.exe”程序选项上右击，在弹出的快捷菜单中选择“固定到任务栏”命令，如图3-36所示。

步骤3 在任务栏▣图标上单击可快速启动该程序，若在该图标上右击，在弹出的快捷菜单中选择“从任务栏取消固定”命令（见图3-37），即可将该程序从任务栏中取消固定。

图3-36 固定程序到任务栏

图3-37 取消固定

3.5 Windows 10的系统管理

Windows 10中的系统管理主要包括设置系统的日期和时间、个性化设置、安装和卸载应用程序、管理磁盘等操作。

3.5.1 设置日期和时间

在Windows 10中可以设置日期和时间，还可对日期的格式进行设置。

视频教学
设置日期和时间

【例3-11】下面将设置系统的日期和时间，并更改日期的显示格式。

步骤1 在任务栏的日期和时间区域右击，在弹出的快捷菜单中选择“调整日期/时间”命令。

步骤2 打开“日期和时间”窗口，单击“立即同步”按钮，如图3-38所示，为计算机同步当前日期。

步骤3 在“相关设置”栏中单击“日期、时间和区域格式设置”超链接，打开“区域”设置窗口，在“区域格式数据”栏中单击“更改数据格式”超链接。具体操作如图3-39所示。

步骤4 打开“更改数据格式”窗口，在其中可以更改日期和时间的格式，这里在“长日期格式”下拉列表框中选择一种日期格式，如图3-40所示。

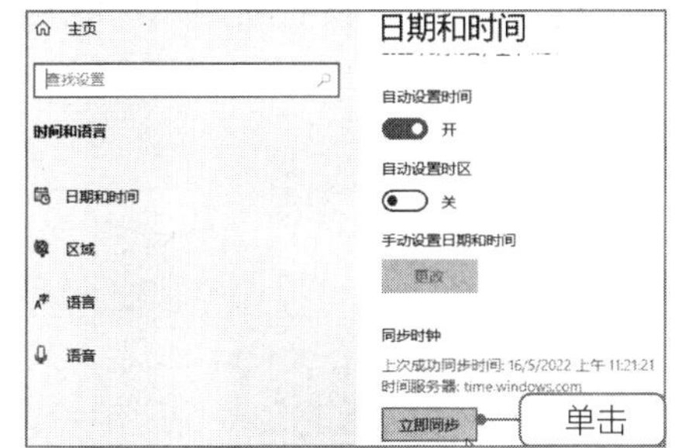

图3-38 同步当前日期

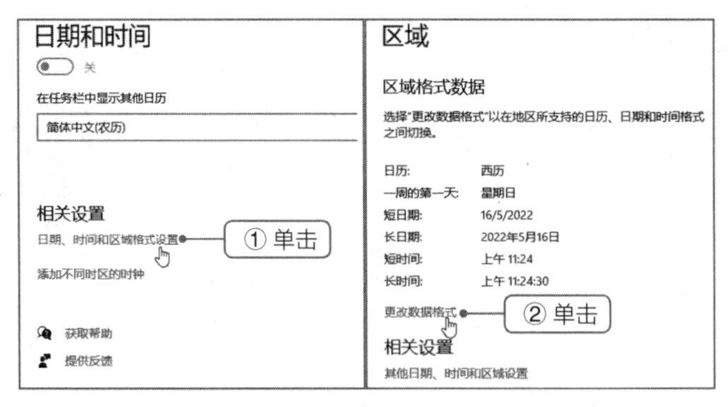

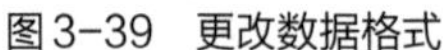
图3-39 更改数据格式

图3-40 更改日期格式

3.5.2 Windows 10 个性化设置

为了让系统操作起来更加方便、快捷，用户可以根据自己使用计算机的习惯进行个性化设置，包括设置桌面背景、颜色、锁屏界面、开始菜单的样式等。其操作方法为在Windows 10桌面上的空白区域右击，在弹出的快捷菜单中选择“个性化”命令，进入个性化设置界面，如图3-41所示。在“个性化”栏下单击相应的选项卡便可进行个性化设置。

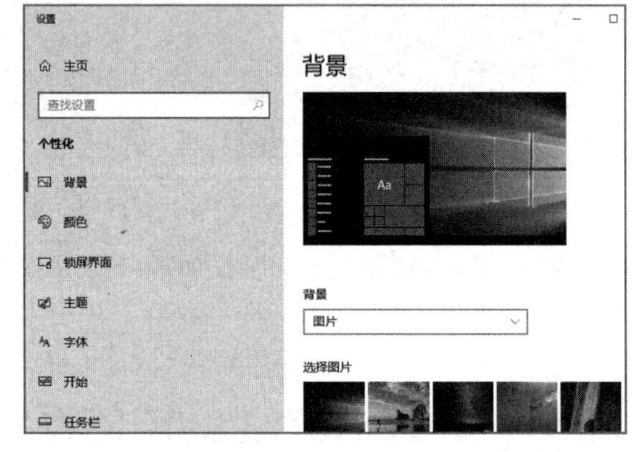

图3-41 个性化设置界面

- **单击“背景”选项卡：**在背景界面中用户可以更改图片，选择图片契合度，设置纯色或者幻灯片放映等参数。
- **单击“颜色”选项卡：**在颜色界面中，用户可以为Windows操作系统选择不同的颜色，也可以单击“自定义颜色”按钮，在打开的对话框中自定义喜欢的主题颜色。
- **单击“锁屏界面”选项卡：**在锁屏界面中，用户可以选择系统默认的图片，也可以单击“浏览”按钮，将本地图片设置为锁屏界面。
- **单击“主题”选项卡：**在主题界面中，用户可以自定义主题的背景、颜色、声音及鼠标指针样式等。
- **单击“开始”选项卡：**在开始界面中，用户可以设置“开始”菜单栏显示的应用。
- **单击“任务栏”选项卡：**在任务栏界面中，用户可以设置任务栏在屏幕上的显示位置和显示内容等。

3.5.3 安装和卸载应用程序

获取或准备好软件的安装程序后便可以安装软件，安装后的软件将会显示在“开始”菜单中的“所有程序”列表中，部分软件还会自动在桌面上创建快捷启动图标。

视频教学
安装和卸载应用程序

【例3-12】安装搜狗五笔输入法软件，并卸载计算机中的搜狗拼音输入法软件。

步骤1 从网上下载搜狗五笔输入法的安装程序，双击打开程序的安装向导对话框，单击选中“我已阅读并同意《用户服务协议》&《个人信息保护政策》”复选框，单击“立即安装”按钮。具体操作如图3-42所示。如果想更改软件的安装路径，可单击该对话框右下角的“自定义安装”超链接，在弹出的界面中设置程序的安装位置。

步骤2 操作系统开始安装搜狗五笔输入法软件，并显示安装进度，安装完成后将提示安装成功，如图3-43所示。

图3-42 安装向导

图3-43 完成安装

步骤3 按“Win+R”组合键，打开“运行”对话框，在“打开”文本框中输入“control”，单击“确定”按钮，打开“控制面板”窗口，在“程序”选项下单击“卸载程序”超链接，如图3-44所示。

步骤4 打开“程序和功能”窗口，在“卸载或更改程序”栏下选择“搜狗输入法9.3正式版”选项，单击“卸载/更改”按钮。具体操作如图3-45所示。在打开的卸载向导对话框中，根据对话框中的提示信息完成搜狗输入法的卸载操作。

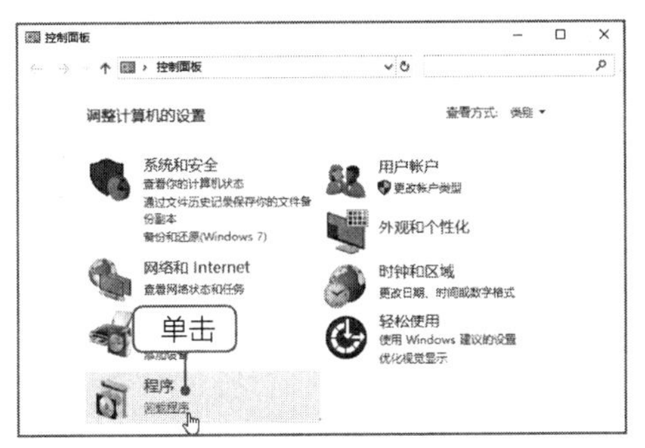

图3-44 打开控制面板

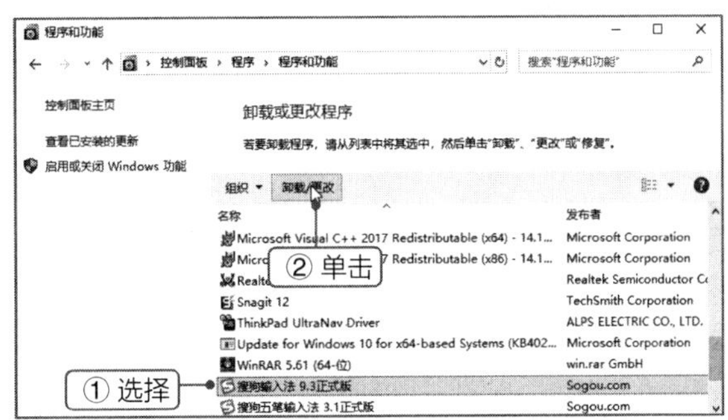

图3-45 卸载程序

**提示** 如果软件自带卸载功能，通过“开始”菜单也可以完成卸载操作，方法是单击“开始”按钮⊞，在“所有程序”列表中展开程序所在文件夹，然后选择“卸载”或“卸载程序”等相关选项（若没有类似选项则通过控制面板进行卸载），再根据提示进行操作便可完成软件的卸载，有些软件在卸载后还会要求重启计算机以彻底删除该软件的安装文件。

3.5.4 分区管理

Windows 10中对硬盘分区的管理主要包括在程序向导的帮助下进行创建分区、删除分区，以及更改驱动器号和路径等操作。

视频教学
创建分区

1. 创建分区

创建分区是硬盘分区管理的基础操作，创建硬盘分区的目的就是为硬盘划分不同的区域。通常在硬盘中存在大量可用空间时，就需要创建分区。

【**例3-13**】在“磁盘管理”窗口中创建硬盘分区。

步骤1 双击桌面上的“此电脑”图标，打开“此电脑”窗口，在“计算机”/“系统”组中单击“管理”按钮，打开“计算机管理”窗口，选择“磁盘管理”选项，即可打开磁盘管理界面，如图3-46所示。在其中可以看到有磁盘0和磁盘1两个硬盘，其中磁盘1中存在可用空间。

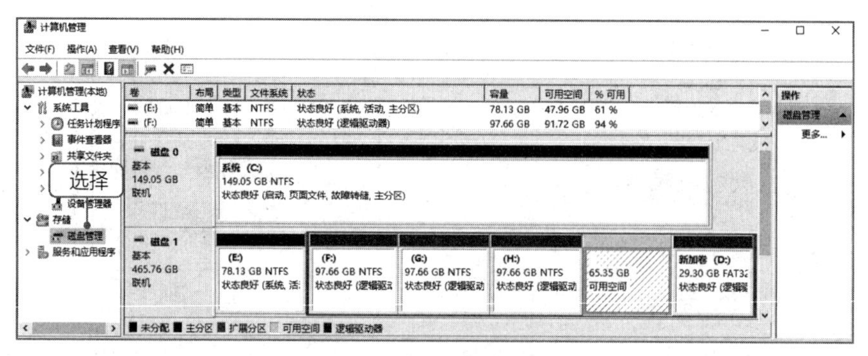

图3-46 “磁盘管理”窗口

步骤2 在磁盘1的可用空间区域右击，在弹出的快捷菜单中选择“新建简单卷”命令，打开“新建简单卷向导”对话框，单击“下一步”按钮，打开“指定卷大小”对话框，在其中可以设置硬盘分区的大小，这里保持默认设置，单击“下一步”按钮，如图3-47所示。

步骤3 打开“分配驱动器号和路径”对话框，在其中可以设置硬盘分区的盘符和路径，这里保持默认设置，单击“下一步”按钮，如图3-48所示。

步骤4 打开“格式化分区”对话框，设置格式化参数，单击“下一步”按钮，如图3-49所示。

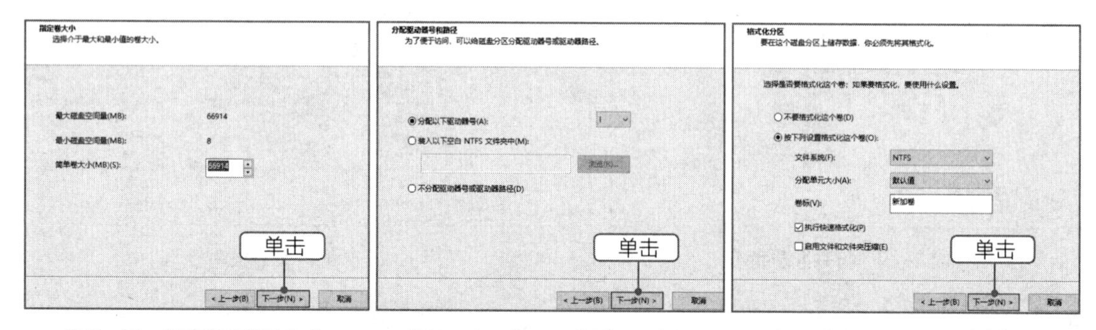

图3-47 指定新建卷的大小　　图3-48 分配驱动器号和路径　　图3-49 格式化分区

步骤5 在打开的对话框中将显示硬盘分区的相关信息，确认无误后，单击“完成”按钮，操作系统将按照前面的设置新建硬盘分区。

2. 删除分区

删除分区的操作为在“磁盘管理”窗口中需要删除的硬盘分区上右击，在弹出的快捷菜单中选择“删除卷”命令，系统将打开提示对话框；单击“是”按钮删除卷，删除后原区域显示为可用空间，同时，该分区中的所有数据和信息都将被删除。具体操作如图 3-50所示。

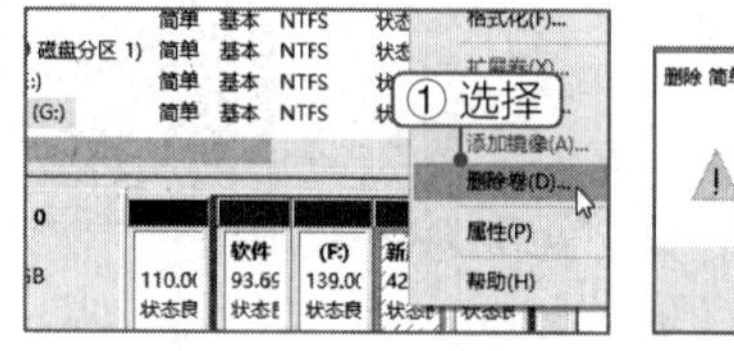

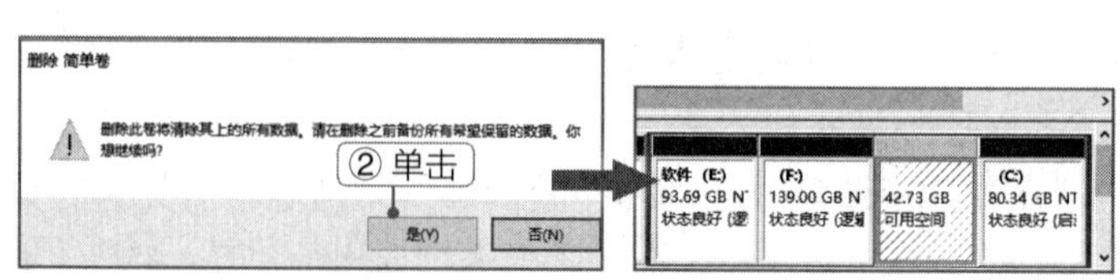

图3-50 删除分区

3．更改驱动器号和路径

视频教学
更改驱动器号和路径

若对新建分区时设置的驱动器号不满意，则可以更改。

【例3-14】将“H”盘符更改为“G”盘符。

步骤1　打开“磁盘管理”窗口，在需要更改的驱动器号的卷上右击，在弹出的快捷菜单中选择“更改驱动器号和路径”命令，或选择“操作”/“所有任务”/“更改驱动器号和路径”命令，在打开的对话框中单击“更改”按钮，如图3-51所示。

步骤2　打开“更改驱动器号和路径”对话框，在右侧的下拉列表框中选择新分配的驱动器号，然后单击“确定”按钮。具体操作如图3-52所示。

步骤3　打开“磁盘管理”对话框，单击“是”按钮，如图3-53所示。

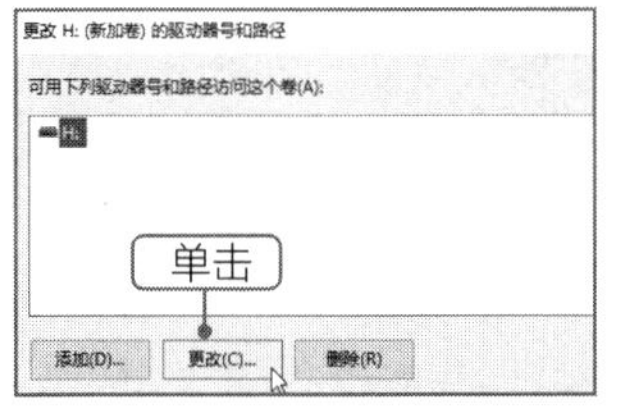

图3-51　“更改驱动器号和路径”向导

图3-52　分配其他驱动器号

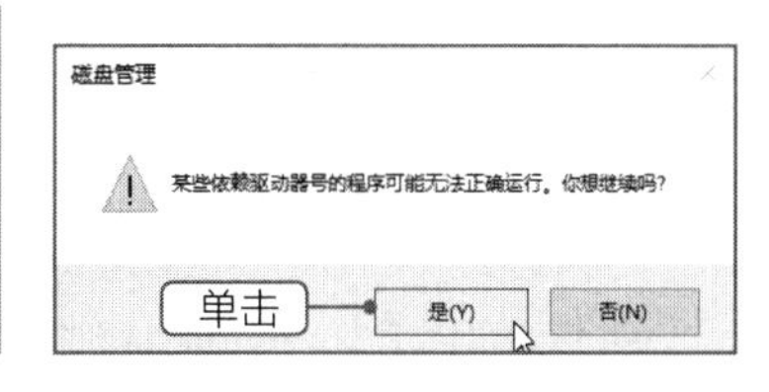

图3-53　“磁盘管理”对话框

3.5.5　格式化磁盘

格式化磁盘主要可以通过以下两种方法实现。

- **通过“资源管理器”窗口**：在“资源管理器”窗口中选择需要格式化的磁盘并右击，在弹出的快捷菜单中选择“格式化”命令，打开“格式化本地磁盘”对话框，如图3-54所示，进行格式化设置后单击“开始”按钮。
- **通过“磁盘管理”工具**：打开“磁盘管理”窗口，在需要格式化的磁盘上右击，在弹出的快捷菜单中选择“格式化”命令，打开“格式化”对话框，如图3-55所示，在对话框中设置格式化参数，然后单击“确定”按钮。

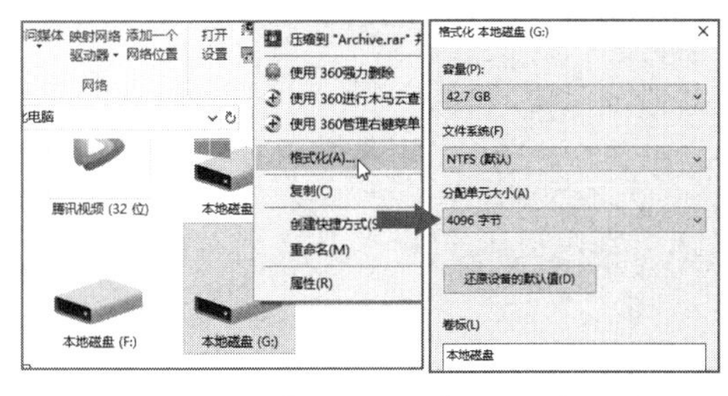

图3-54　通过“资源管理器”窗口格式化磁盘

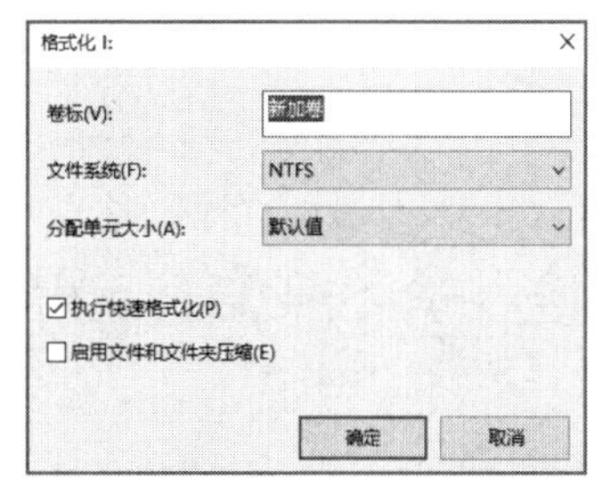

图3-55　“格式化”对话框

3.5.6　清理磁盘

视频教学
清理磁盘

清理磁盘是为了清除临时文件和没用的文件，以释放空间并加快操作系统的运行速度。

【例3-15】清理C盘中已下载的程序文件和Internet临时文件。

步骤1　选择“开始”/“Windows管理工具”/“磁盘管理”命令，打开“磁盘清理：驱动器选择”对话框。

步骤2　在“磁盘清理：驱动器选择”对话框中，保持默认的C盘为要清理的驱动器，单击“确定”按钮，操作系统开始计算可以释放的空间，然后打开磁盘清理的对话框，在“要删除的文件”列表框中单击选中“已下载的程序文件”和“Internet临时文件”复选框。具体操作如图3-56所示，完成上述操作后单击“确定”按钮。

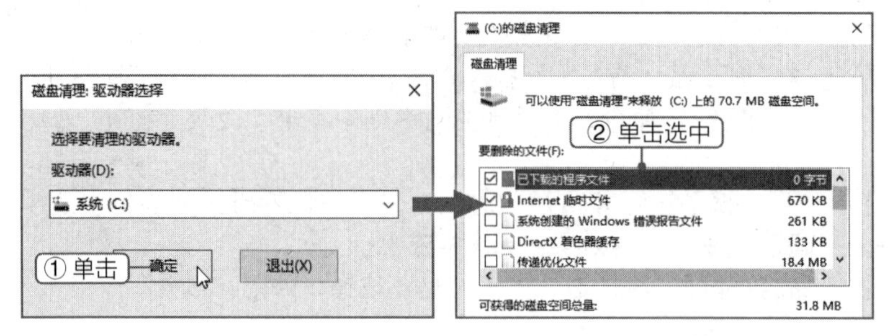

图3-56　磁盘清理

步骤3　打开确认对话框，单击“删除文件”按钮，操作系统开始执行磁盘清理操作。

3.5.7　整理磁盘碎片

磁盘碎片过多会影响操作系统的运行流畅度，所以需要整理磁盘碎片，该操作需要在“优化驱动器”窗口中进行。

视频教学
整理磁盘碎片

【例3-16】整理C盘中的碎片。

步骤1　选择“开始”/“Windows管理工具”/“碎片整理和优化驱动器”命令，打开“优化驱动器”窗口。

步骤2　选择要整理的C盘，单击“分析”按钮，系统开始分析所选的磁盘，当分析结束后，单击“优化”按钮，对所选的磁盘进行碎片整理。具体操作如图3-57所示。

图3-57　对C盘进行碎片整理

3.6　Windows 10的网络功能

在现今的信息社会中，通过计算机网络进行各种信息交流是非常普遍的操作，这需要操作系统具备一定的网络功能。

3.6.1　网络软硬件的安装

Windows 10的网络功能需要在计算机中安装网卡和对应的驱动程序后才能使用。

1. 网卡的安装与配置

打开机箱，将网卡插入计算机主板上相应的扩展槽中，便可完成网卡硬件的安装。Windows

10将会在启动时自动检测网卡并安装驱动程序和自动配置计算机网络。

2. IP 地址的配置

如果需要手动配置计算机网络，则需要为计算机分配IP地址。

【例3-17】设置IP地址为“192.168.0.5”。

步骤1 打开“控制面板”窗口，单击“网络和Internet”超链接，在打开的窗口中单击“网络和共享中心”超链接。

步骤2 打开“网络和共享中心”窗口，单击窗口左侧的“更改适配器设置”超链接，在打开的窗口中选择“以太网”选项并右击，在弹出的快捷菜单中选择“属性”命令。

步骤3 打开“以太网 属性”对话框，单击选中“Internet协议版本4（TCP/IPv4）复选框，单击“属性”按钮；打开“Internet协议版本4（TCP/IPv4）属性”对话框，单击选中“使用下面的IP地址”单选项，在“IP地址”栏中输入“192.168.0.5”，在“子网掩码”栏中输入“255.255.255.0”，在“默认网关”和“首选DNS服务器”栏中分别输入“192.168.0.1”，单击“确定”按钮。具体设置如图3-58所示。

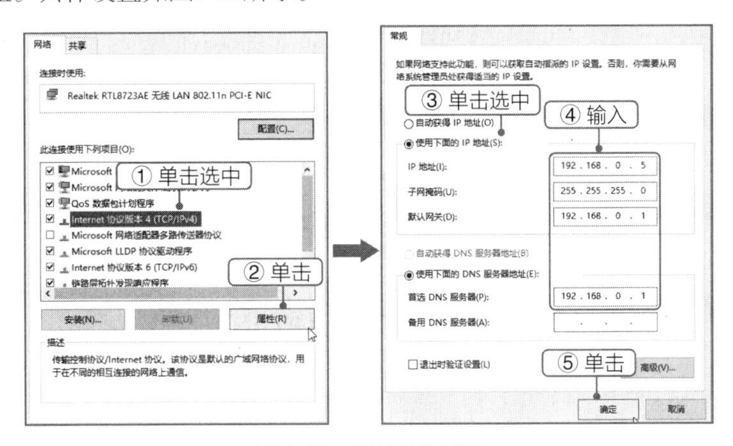

图3-58 IP 地址的配置

3.6.2 查看网络中其他计算机

当同一网络中的计算机较多时，单个查找所需访问的计算机十分麻烦，因此，Windows 10提供了快速查找计算机的方法。打开任意窗口，选择窗口左下方的“网络”选项，如图3-59所示，即可完成网络中计算机的搜索，在右侧双击所需访问的计算机即可访问。

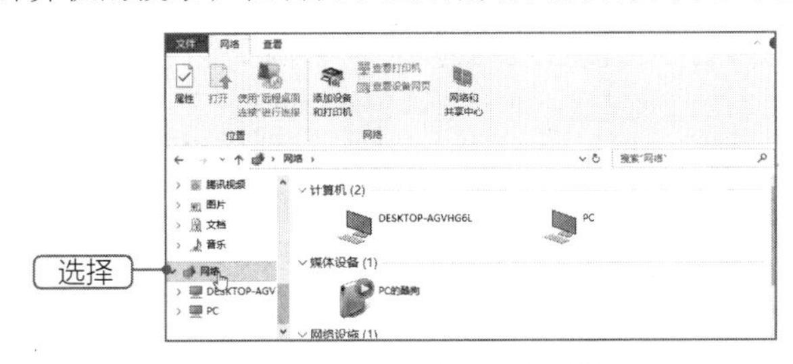

图3-59 查看网络中的其他计算机

3.6.3 资源共享

Windows 10的资源共享主要是指在网络中共享文件和文件夹，以及各种程序资源。

视频教学
资源共享

【例3-18】共享硬盘分区“F”。

步骤1 打开“此电脑”窗口，在“本地磁盘(F:)”图标上右击，在弹出的快捷菜单中选择“属性”命令。

步骤2 打开“本地磁盘(F:) 属性”对话框，单击“共享”选项卡，在“高级共享”栏中单击“高级共享”按钮。具体操作如图3-60所示。

步骤3 打开“高级共享”对话框，单击选中“共享此文件夹”复选框，在“设置”栏中设置共享名，这里保持默认设置，单击“权限”按钮。具体操作如图3-61所示。

步骤4 打开“F的权限”对话框，在“Everyone的权限”列表框中，单击选中“更改”选项右侧“允许”列的复选框，单击“确定”按钮。具体操作如图3-62所示。

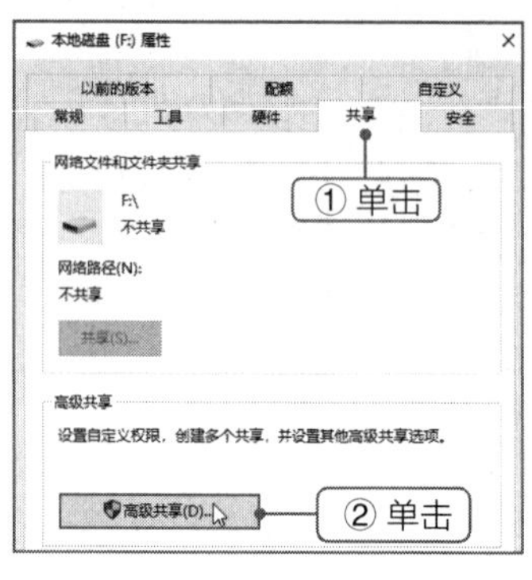

图3-60 单击“高级共享”按钮

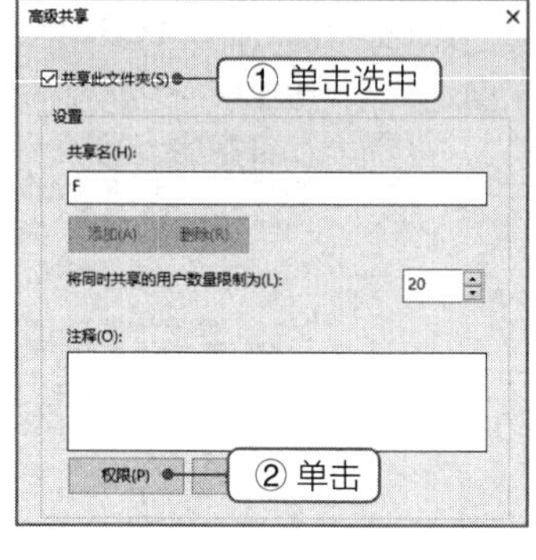

图3-61 设置高级共享

图3-62 设置权限

3.7 Windows 10的备份与还原

备份是指将当前正常操作系统的相关文件和程序复制一份，一旦操作系统出现问题，可以利用该备份将操作系统还原到正常的状态。

3.7.1 备份 Windows 10

备份操作系统是保证计算机正常运行的常用方法之一。

视频教学
备份 Windows 10 操作系统

【例3-19】将Windows 10备份到G盘中。

步骤1 打开“控制面板”窗口，在“系统和安全”选项中单击“备份和还原”超链接。

图3-63 准备备份系统

步骤2 打开“备份和还原（Windows 7）”窗口，在“备份”栏中单击“设置备份”超链接，如图3-63所示。

步骤3 打开“选择要保存备份的位置”对话框，在“保存备份的位置”列表框中选择保存备份的位置，这里选择“本地磁盘(G:)”选项，如图3-64所示，单击“下一步”按钮。

步骤4 打开“你希望备份哪些内容”对话框，保持默认设置，单击“下一步”按钮。

步骤5 打开“查看备份设置”对话框，

该对话框中显示了前面设置的相关信息，确认备份信息无误后，单击“保存设置并运行备份”按钮。

步骤6 系统将开始执行备份操作，并显示备份进度，如图3-65所示。待系统备份完成后，将自动弹出提示对话框，单击“关闭”按钮完成备份操作。

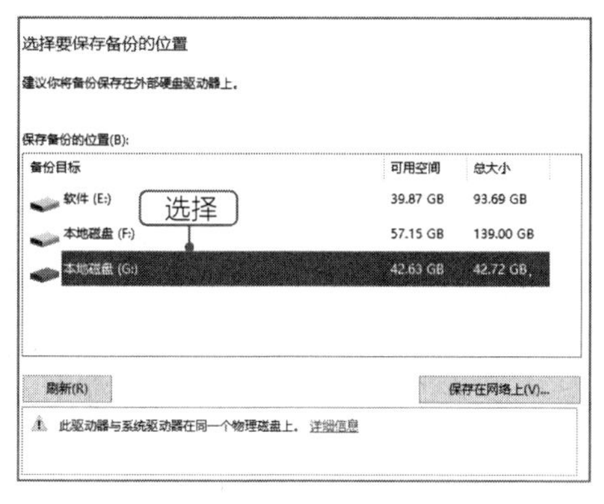

图3-64 选择要保存备份的位置

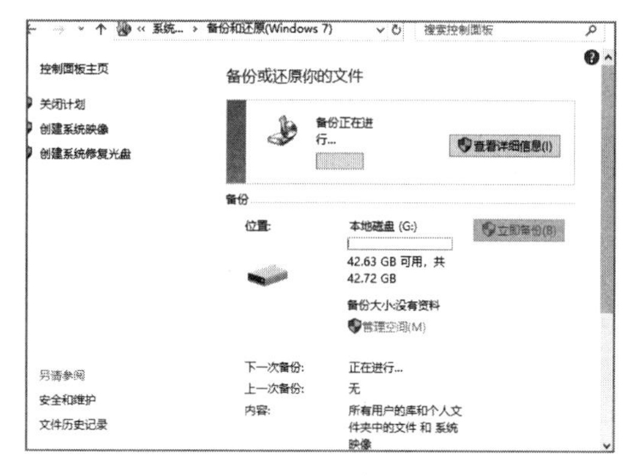

图3-65 显示备份进度

3.7.2 还原 Windows 10

当操作系统感染了病毒或遭受到严重损坏时，用户就可以使用备份的文件快速恢复操作系统。

视频教学
还原 Windows 10 操作系统

【例3-20】对Windows 10进行还原操作。

步骤1 在“控制面板”窗口中单击“系统和安全”超链接，在打开的窗口中单击“从备份还原文件”超链接。

步骤2 在打开的对话框中单击“还原我的文件”按钮，打开“还原文件”对话框，单击“浏览文件夹”按钮，在打开的“浏览文件夹或驱动器的备份”对话框中选择已保存的C盘备份文件，然后单击“添加文件夹”按钮。

步骤3 返回“还原文件”对话框，其中显示了需要还原的文件夹，单击“下一步”按钮，如图3-66所示。

步骤4 在打开的窗口中选择还原文件的保存位置后，单击“还原”按钮，如图3-67所示。系统将开始执行还原操作，并显示成功还原文件的信息，最后单击“完成”按钮。

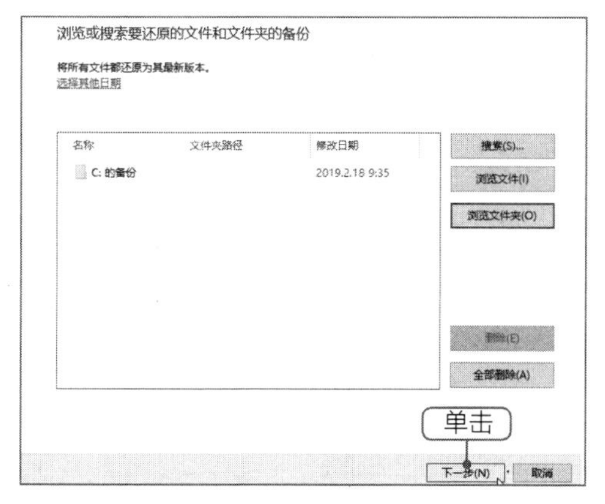

图3-66 添加要还原的文件夹

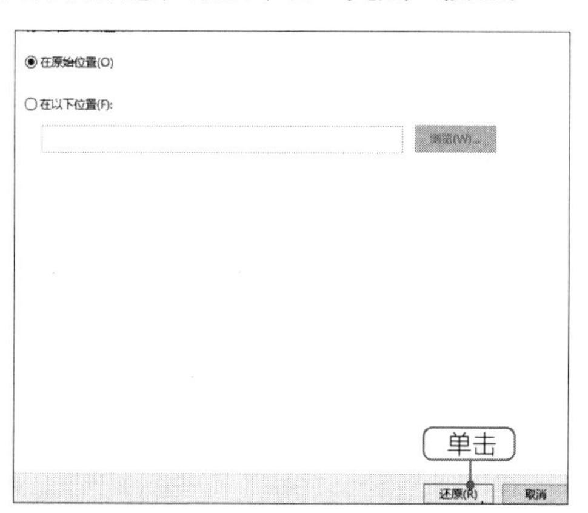

图3-67 在原始位置还原文件

3.8 本章小结

本章主要介绍了Windows 10的基本操作，包括鼠标和键盘的使用，Windows 10的桌面组成、启动和退出、程序启动、窗口操作、汉字输入、文件管理、系统管理、网络功能、备份与还原等。

3.9 练习

1．选择题

练习
查看答案和解析

（1）下列关于Windows 10窗口的表述，错误的是（　　）。

A．每当用户启动一个程序、打开一个文件或文件夹时都将打开一个窗口

B．在窗口标题栏上按住鼠标左键，将窗口向上拖动到屏幕顶部时，窗口会以半屏状态显示

C．按“Alt+F4”组合键可以关闭当前窗口

D．在Windows 10中可以对多个窗口进行层叠、堆叠和并排等操作

（2）在Windows 10中，下列叙述错误的是（　　）。

A．可支持鼠标操作　　B．可同时运行多个程序

C．不支持即插即用　　D．桌面上可同时容纳多个窗口

（3）在Windows 10中，选择多个连续的文件或文件夹，应首先选择第一个文件或文件夹，然后按“（　　）”键，再单击最后一个文件或文件夹。

A．Tab　　B．Alt　　C．Shift　　D．Ctrl

2．操作题

（1）管理文件和文件夹，具体要求如下。

- 在计算机D盘中新建FENG、WARM和SEED3个文件夹，再在FENG文件夹中新建WANG子文件夹，在该子文件夹中新建一个JIM.txt文件。
- 复制WANG子文件夹中的JIM.txt文件到WARM文件夹中。
- 删除WARM文件夹中的“JIM.txt”文件。

（2）从网上下载搜狗拼音输入法的安装程序，然后安装到计算机中。

CHAPTER 4

第 4 章 计算机网络与Internet

Internet是一个全球性的网络，通过有线和无线的方式，将全世界的计算机和各种智能设备连接在一起。网络的出现源于生产生活的实际需要，计算机网络与Internet就是信息技术飞速发展和人们对实时信息交流产生需求所共同作用的结果。本章将介绍计算机网络与Internet的基础知识，包括计算机网络的定义、发展、功能、组成和分类，以及网络传输介质和通信设备、局域网、Internet和Internet的应用等内容。

学习目标

- 了解计算机网络
- 了解计算机网络的组成和分类
- 了解网络传输介质和通信设备
- 了解局域网和Internet
- 掌握Internet的基本应用

素养目标

- 提升利用网络搜集和处理信息的能力
- 增强网络安全防范意识
- 树立共享发展的理念

课堂案例展示

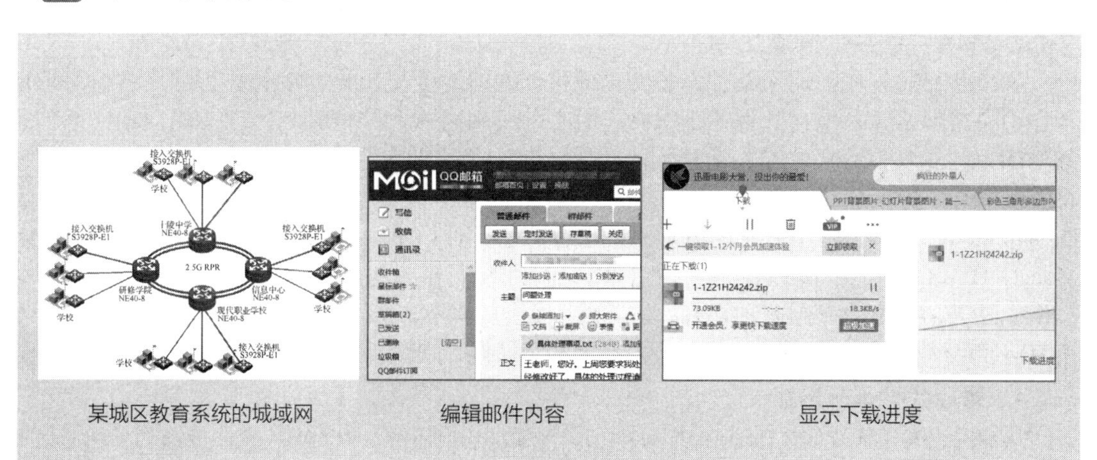

某城区教育系统的城域网　　编辑邮件内容　　显示下载进度

4.1 计算机网络概述

计算机网络通常被认为是由计算机作为信息终端的网络，下面介绍计算机网络的定义、发展、功能、体系结构和TCP/IP参考模型等知识。

4.1.1 计算机网络的定义

在计算机网络发展的不同阶段，人们因对计算机网络的理解和侧重点不同而提出了不同的定义。就计算机网络现状来看，从资源共享的观点出发，通常将计算机网络定义为以能够相互共享资源的方式连接起来的独立计算机系统的集合。也就是说，计算机网络将相互独立的计算机系统以通信线路相连接，按照全网统一的网络协议进行数据通信，从而实现网络资源共享。

4.1.2 计算机网络的发展

计算机网络的历史不长，但发展迅速，经历了从简单到复杂，从地方到全球的发展过程。从形成初期到现在，计算机网络的发展大致可以分为以下4个阶段。

1. 第一代计算机网络

第一代计算机网络出现在20世纪50年代，人们将多台终端通过通信线路连接到一台中央计算机上，构成“主机—终端”系统，所以，第一代计算机网络又被称为面向终端的计算机网络。这里的终端不具备自主处理数据的能力，仅具备简单的输入、输出功能，所有数据处理和通信处理任务均由主机完成。以今天对计算机网络的定义来看，“主机—终端”系统只能称得上是计算机网络的雏形，还算不上是真正的计算机网络，但这一阶段进行的计算机技术与通信技术相结合的研究，成为计算机网络发展的基础。

2. 第二代计算机网络

20世纪60年代，计算机的应用日趋普及，包括工业、商业机构在内的许多部门都开始配置大、中型计算机系统。这些地理位置上分散的计算机之间自然需要进行信息交换，这种信息交换的结果是将多个计算机系统连接，形成一个计算机通信网络，这一网络被称为第二代计算机网络。其重要特征是通信在“计算机—计算机”之间进行，每台计算机都具有独立处理数据的能力，并且相互之间不存在主从关系。计算机通信网络主要用于传输和交换信息，但资源共享程度不高。美国的ARPANET就是第二代计算机网络的典型代表，ARPANET也为Internet的产生和发展奠定了基础。

3. 第三代计算机网络

从20世纪70年代中期开始，许多计算机生产商纷纷开发出自己的计算机网络系统并形成各自不同的网络体系结构。例如，IBM公司的系统网络体系结构SNA、DEC的数字网络体系结构DNA。这些网络体系结构有很大的差异，无法实现不同网络之间的互联，因此迫切需要将网络体系结构与网络协议国际化、标准化。1977年国际标准化组织（International Standards Organization，ISO）提出了著名的开放系统互连参考模型（Open System Interconnection Reference Model，OSI/RM），形成了计算机网络体系结构的国际标准。尽管Internet上使用的是TCP/IP参考模型，但OSI/RM对网络技术的发展产生了极其重要的影响。第三代计算机网络的特征是全网中所有的计算机遵守同一种协议，以实现资源共享（硬件、软件和数据）为目的。

4. 第四代计算机网络

从20世纪90年代开始，Internet实现了全球范围的电子邮件、WWW、文件传输和图像通信等数据服务的普及，但电话和电视仍各自使用独立的网络系统进行信息传输。人们希望利用同一网络来传输语音、数据和视频图像，因此提出了宽带综合业务数字网（B-ISDN）的概念。“宽带”

是指网络具有极高的数据传输速率，可以承载大数据量的传输；“综合”是指信息媒体（包括语音、数据和图像）可以在网络中综合采集、存储、处理和传输。由此可见，第四代计算机网络的特点是综合化和高速化。支持第四代计算机网络的技术有异步传输模式（Asynchronous Transfer Mode，ATM）、光纤传输介质、分布式网络、智能网络、高速网络、互联网技术等。人们对这些新的技术投以极高的热情和关注度，并不断地进行深入研究和应用。

Internet技术的飞速发展以及在企业、学校、政府、科研部门和家庭中的广泛应用，使人们对计算机网络提出了越来越高的要求。未来的计算机网络应能提供电话网、电视网和计算机网络的综合服务；支持多媒体信息通信，以提供多种形式的视频服务；具有高度安全的管理机制，以保证信息安全传输；具有开放统一的应用环境，智能的系统自适应性和高可靠性，网络的使用、管理和维护将更加方便。总之，计算机网络将进一步朝着“开放、综合、智能”的方向发展，这必将对未来世界的经济、军事、科技、教育与文化的发展产生重大的影响。

4.1.3 计算机网络的功能

计算机网络为用户构造分布式的网络计算环境打下了基础，其功能主要表现在以下5个方面。

1. 数据通信

通信功能是计算机网络最基本的功能，也是计算机网络其他功能的基础，所以它是计算机网络最重要的功能。通信功能用来快速传送计算机与终端、计算机与计算机之间的各种信息，包括文字信件、新闻消息、咨询信息、图片资料和报纸版面等，利用这一特点，可将分散在各个地区的单位或部门用计算机网络联系起来，进行统一的调配、控制和管理。

2. 资源共享

资源指的是网络中所有的软件、硬件和数据资源，共享则是指网络中的用户都能够部分或全部使用这些资源。例如，某些地区或单位的数据库（如各种票据等）可供全网使用；某种设计软件可供需要的地方有偿调用或办理一定手续后调用；一些外部设备如打印机，可面向用户使用，使不具有这些设备的地方也能使用这些硬件设备。如果不能实现资源共享，则各地区都需要有一套完整的软件、硬件及数据资源，这将大大增加全系统的投资费用。

提示 资源共享提高了资源的利用率，打破了资源在地理位置上的约束，使得用户使用千里以外的资源时也如同使用本地资源一样方便。

3. 提高系统的可靠性

在一个系统中，当某台计算机、某个部件或某个程序出现故障时，必须通过替换资源的办法来维持系统的正常运行。而在计算机网络中，各台计算机可彼此互为后备机，每一种资源都可以在两台或多台计算机上进行备份，当某台计算机、某个部件或某个程序出现故障时，其任务就可以由其他计算机或其他备份的资源代替，避免系统瘫痪，提高了系统的可靠性。

4. 分布式处理

网络分布式处理是指把同一任务分配到网络中地理上分布的节点机上协同完成。通常，对于复杂的、综合性的大型任务，用户可以采用合适的算法，将任务分散到网络中不同的计算机上执行。另外，当网络中某台计算机、某个部件或某个程序负担过重时，用户通过对网络操作系统的合理调度，可将其一部分任务转交给其他较为空闲的计算机完成。

5. 分散数据的综合处理

计算机网络可以有效地将分散在网络各计算机中的数据资料收集起来，从而达到对分散的数据资料进行综合分析处理，并把正确的分析结果反馈给各相关用户的目的。

4.1.4 计算机网络体系结构和 TCP/IP 参考模型

计算机网络是通过各种网络协议进行通信，并在一定的体系结构中运行的集合，传输控制协议/网际协议（Transmission Control Protocol /Internet Protocol，TCP/IP）参考模型是计算机网络中应用广泛的体系结构模型。

1. 网络体系结构

计算机与计算机之间的通信可看作人与人沟通的过程。网络协议对计算机网络来说是不能缺少的，对于结构复杂的网络协议来说，最好的组织方式就是通过层次结构模型来组织。网络体系结构定义了计算机网络的功能，而这些功能是通过硬件与软件来实现的。

（1）网络体系结构的定义

从网络协议的层次模型来看，网络体系结构（Architecture）可以定义为计算机网络的所有功能层次、各层次的通信协议以及相邻层次间接口的集合。

网络体系结构中的三要素分别是分层、协议和接口，可以表示如下。

网络体系结构=｛分层、协议、接口｝

网络体系结构是抽象的，网络体系结构仅给出一般性指导标准和概念性框架，不包括实现的方法，其目的是在统一的原则下设计、构建和发展计算机网络。网络体系结构具有各层次间相互独立、灵活性高、易于实现和维护、有利于促进标准化的优点。

（2）网络体系结构的分层原则

目前，层次结构被各种网络协议采用，例如，OSI/RM、TCP/IP等。由于网络协议的不同，其协议分层的方法也有所差异。通常情况下，网络体系结构分层有以下原则。

- **各层功能明确**：在网络体系结构中分层，需要各层既能保持系统功能的完整，又能避免系统功能的重叠，让各层结构相对稳定。
- **接口清晰简洁**：在网络体系结构中，下层通过接口对上层提供服务。在对接口的要求上有两点，一是接口需要定义向上层提供的操作和服务，二是通过接口的信息量最小。
- **层次数量适中**：为了让网络体系结构便于实现，要考虑层次的数量。如果层次过多，会引起系统烦冗和协议复杂化；如果层次过少，会导致一层拥有多种功能。
- **协议标准化**：在网络体系结构中，各个层次的功能划分和设计应强调协议的标准化。

2. TCP/IP 参考模型

TCP/IP参考模型是Internet上所有网络和主机之间进行交流时所使用的共同语言，是Internet上使用的一组完整的标准网络连接协议。TCP/IP参考模型共有4个层次，分别是网络接口层、互联网层、传输层和应用层，其与OSI/RM参考模型的对照关系如图4-1所示。

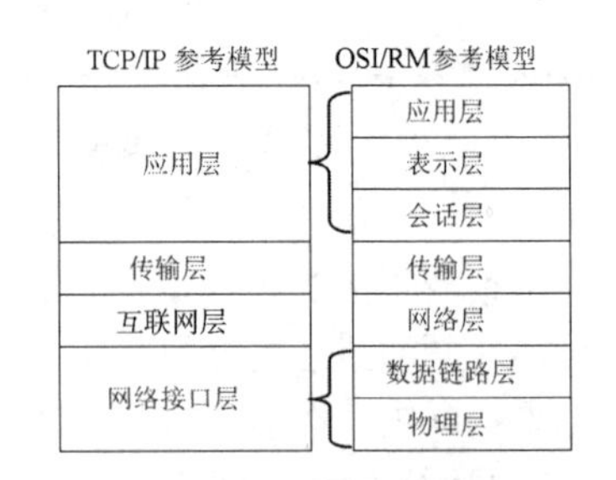

图4-1 TCP/IP参考模型和OSI/RM参考模型对比

在TCP/IP参考模型中，去掉了OSI/RM参考模型中的会话层和表示层（这两层的功能被合并到应用层中实现），将OSI/RM参考模型中的数据链路层和物理层合并为网络接口层。下面分别介绍TCP/IP参考模型中各层的主要特点和功能。

- **网络接口层**：在TCP/IP参考模型中，网络接口层是底层，负责网络层与硬件设备的联系。网络接口层与OSI/RM参考模型中的物理层和数据链路层相对应。网络接口层是TCP/IP与各种LAN或WAN的接口。
- **互联网层**：互联网层是整个TCP/IP参考模型的核心，对应于OSI/RM参考模型的网络层，负责对独立传送的数据分组进行路由选择，以保证可以发送到目的主机。由于该层中使用的是IP，因此又称为IP层。互联网层的主要功能为处理互连的路径、流程与拥塞问题；处理来自传输层的分组发送请求；处理接收的数据报。此外，互联网层还具有拥塞控制的功能。

- **传输层**：传输层的功能是使源端主机和目标端主机上的对等实体进行会话。在传输层定义了TCP和用户数据报协议（User Datagram Protocol，UDP）两种服务质量不同的协议。
- **应用层**：TCP/IP模型中，应用层实现了OSI/RM参考模型中会话层和表示层的功能。应用层能够对不同的网络应用引入不同的应用层协议。其中，有基于TCP的应用层协议，如文件传输协议（File Transfer Protocol，FTP）和超文本传输协议（Hyper Text Transfer Protocol，HTTP）等，也有基于UDP的应用层协议。

4.2 计算机网络的组成和分类

计算机网络是由多个系统和不同子网组成的；根据不同的标准，计算机网络可以划分成多种类型。

4.2.1 计算机网络的组成

根据系统的组成划分，计算机网络主要分为计算机系统（主机与终端）、数据通信系统、网络软件及协议三大部分。根据网络的功能划分，计算机网络则分为通信子网和资源子网两大部分。

1. 计算机系统

计算机系统是网络的基本组成部分，功能是完成数据信息的收集、存储、管理和输出的任务，并提供各种网络资源。计算机系统通常由主机和终端两部分组成。

- **主机（Host）**：主机在很多时候被称为服务器（Server），本质是一台高性能计算机，用于管理网络、运行应用程序和处理各网络工作站成员的信息请示等，并连接一些外部设备。主机根据作用不同分为文件服务器、应用程序服务器和数据库服务器等类型。

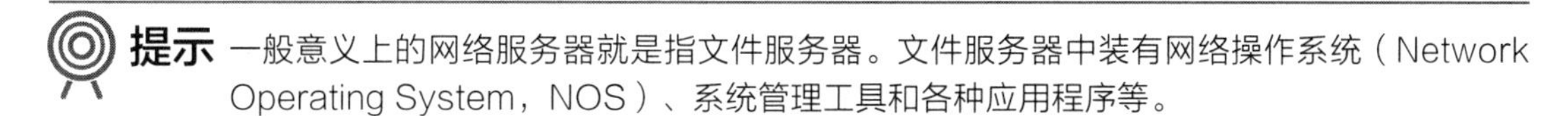
提示 一般意义上的网络服务器就是指文件服务器。文件服务器中装有网络操作系统（Network Operating System，NOS）、系统管理工具和各种应用程序等。

- **终端（Terminal）**：终端是网络中的用户进行网络操作、实现人机对话的重要工具，在局域网中通常被称为工作站（Workstation）或者客户机（Client）。由服务器进行管理和提供服务的、连入网络的任何计算机都属于工作站，其性能一般低于服务器。个人计算机接入Internet后，在获取Internet服务的同时，其本身就成为一台Internet上的工作站。网络工作站需要运行网络操作系统的客户端软件。

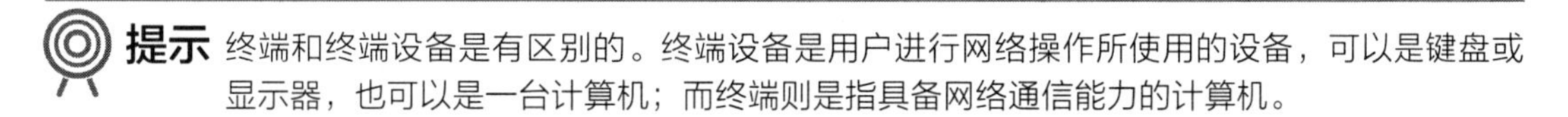
提示 终端和终端设备是有区别的。终端设备是用户进行网络操作所使用的设备，可以是键盘或显示器，也可以是一台计算机；而终端则是指具备网络通信能力的计算机。

2. 数据通信系统

数据通信系统是连接网络的桥梁，提供了各种连接技术和信息交换技术，其主要功能是把数据源计算机所产生的数据迅速、可靠、准确地传输到数据宿（目的）计算机或终端设备中。数据通信系统一般由数据终端设备、通信控制器、通信信道和信号变换器4个部分组成。

- **数据终端设备**：数据终端设备是指数据的生成者和使用者根据协议控制通信所使用的设备，除了计算机外，还可以是网络中的专用数据输出设备，例如打印机等。
- **通信控制器**：通信控制器的功能除进行通信状态的连接、监控和拆除等操作外，还可接收来自多个数据终端设备的信息，并转换信息格式，例如，计算机中的异步通信适配器、数字基带网中的网卡都是通信控制器。

- **通信信道**：通信信道是信息在信号变换器之间传输的通道，例如，电话线路等模拟通信信道、专用数字通信信道、宽带电缆和光纤等。
- **信号变换器**：信号变换器的功能是把通信控制器提供的数据转换成符合通信信道要求的信号形式，或把通信信道中传来的信号转换成可供数据终端设备使用的数据，最大限度地保证传输质量。常用的信号变换器包括家用宽带调制解调器和光纤通信网中的光电转换器等。

3. 网络软件及协议

网络的正常工作需要网络软件的控制，一方面，网络软件授权用户对网络资源进行访问，帮助用户方便、快速地访问网络；另一方面，网络软件也能够管理和调度网络资源，提供网络通信和用户所需要的各种网络服务。通常情况下，网络软件分为通信软件、网络协议软件和网络操作系统3个部分，其中，通信软件和各层网络协议软件是网络软件的主体。

- **通信软件**：通信软件主要用于监督和控制通信工作，也可实现计算机与自带终端或附属计算机之间的通信。通信软件通常由线路缓冲区管理程序、线路控制程序和报文管理程序3种主要程序组成。
- **网络协议软件**：网络协议软件是按网络所采用的协议层次模型（如ISO建议的开放系统互连基本参考模型）组织而成的。除物理层外，其余各层协议大都由软件实现，每层协议软件通常由一个或多个进程组成。网络协议软件的主要任务是实现相应层协议所规定的功能，以及与上、下层的接口功能。
- **网络操作系统**：网络操作系统指能够控制和管理网络资源的软件。网络操作系统的功能为在服务器机器上向服务器上的任务提供资源管理，以及在每个工作站机器上，向用户和应用软件提供一个网络环境窗口，从而向网络操作系统的用户和管理人员提供整体的系统控制能力。

4. 通信子网和资源子网

从功能上看，计算机网络主要具有完成网络通信和资源共享两大功能，因此，计算机网络可以从逻辑上划分成两个子网，即通信子网和资源子网，如图4-2所示。

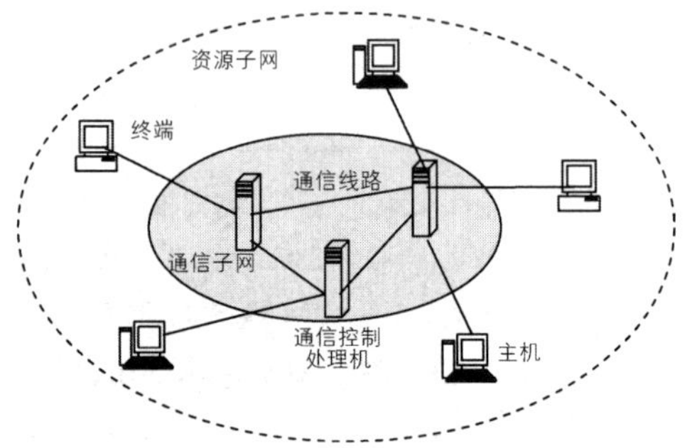

图4-2 通信子网与资源子网

- **通信子网**：通信子网主要负责网络的数据通信，为网络用户提供数据传输、转接、加工和变换等数据信息处理功能，由通信控制处理机（又称网络节点）、通信线路、网络通信协议和通信控制软件构成。
- **资源子网**：资源子网用于处理网络数据，向网络用户提供各种网络资源和网络服务，其组成部分主要包括通信线路（即传输介质）、网络连接设备（例如通信控制处理机、路由器、交换机、调制解调器和卫星地面接收站等）、网络通信协议和通信控制软件等。

在广域网中，通信子网由一些专用的通信处理机（即节点交换机）及其运行的软件、集中器等设备和连接这些节点的通信链路组成。资源子网由网络中所有主机及其外部设备组成。在局域网中，资源子网主要由网络的服务器、工作站、共享的打印机和其他设备及相关软件所组成。通信子网由网卡、线缆、集线器、网桥、路由器、交换机等设备和相关软件组成。另外，通信子网又可分为“点—点通信线路通信子网”和“广播信道通信子网”两类。广域网主要采用前者，局域网与城域网一般采用后者。

4.2.2 计算机网络的分类

可以使用不同的方法对计算机网络进行分类。例如，按网络覆盖的地理范围、服务方式、网络的拓扑结构、网络传输介质、所使用的网络操作系统、传输技术和使用范围等对其进行分类。下面介绍4种常见的计算机网络分类方法。

1. 按网络覆盖的地理范围分类

根据网络覆盖的地理范围可以将计算机网络分为局域网（Local Area Network，LAN）、城域网（Metropolitan Area Network，MAN）和广域网（Wide Area Network，WAN）3种类型。不同类型计算机网络中计算机的位置和距离如表4-1所示。

表4-1 不同类型计算机网络中计算机的位置和距离

网络分类	计算机的位置	计算机之间的距离
局域网	同一房间	10m
	同一建筑物	100m
	同一园区	1km
城域网	同一城市	10km
广域网	同一国家	100km
	同一大洲	1 000km
	同一地球	10 000km

- **局域网**：局域网是将较小地理区域内的计算机或数据终端设备连接在一起的通信网络，局域网覆盖的地理范围比较小，一般在几十米到几千米，主要用于实现短距离的资源共享。局域网可以由一个建筑物内或相邻建筑物内一定数量的计算机组成，也可以小到连接一个房间内的几台计算机、打印机和其他设备。图4-3所示为一个简单的企业局域网。
- **城域网**：城域网是一种大型的通信网络，其信号覆盖范围通常为几千米至几万米，大于局域网且小于广域网，通常可将位于一个城市之内不同地点的多个学校、企事业单位、公司和医院的计算机局域网连接起来，实现资源共享。城域网对使用的通信和网络设备的功能要求比局域网高，以便有效地覆盖整个城市的范围。图4-4所示为某城区教育系统的城域网。

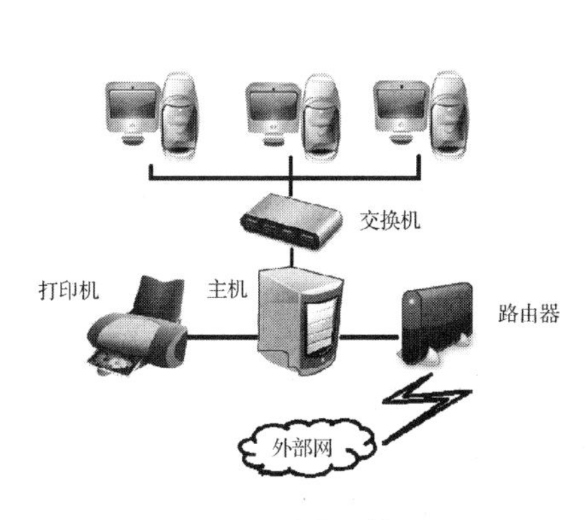

图4-3 企业局域网

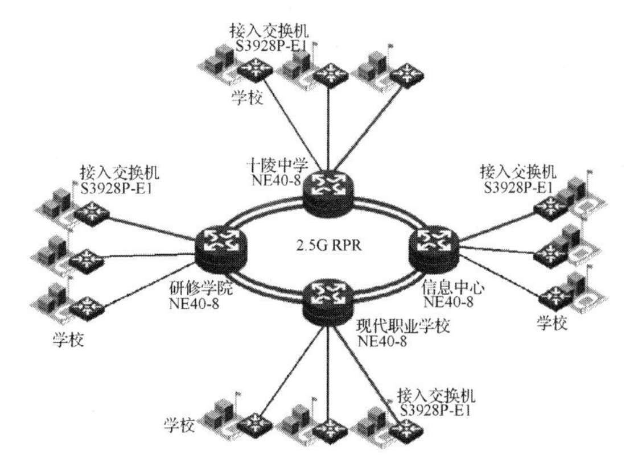

图4-4 某城区教育系统的城域网

- **广域网**：广域网的信号可覆盖全球。例如，Internet就是现今世界上最大的、横跨全球、供公共商用的广域计算机网络。此外，许多大型企业以及跨国公司和组织也建立了内部使用的广域网。例如，我国的电话交换网、公用数字数据网和公用分组交换数据网等。广域网的物理结构如图4-5所示。

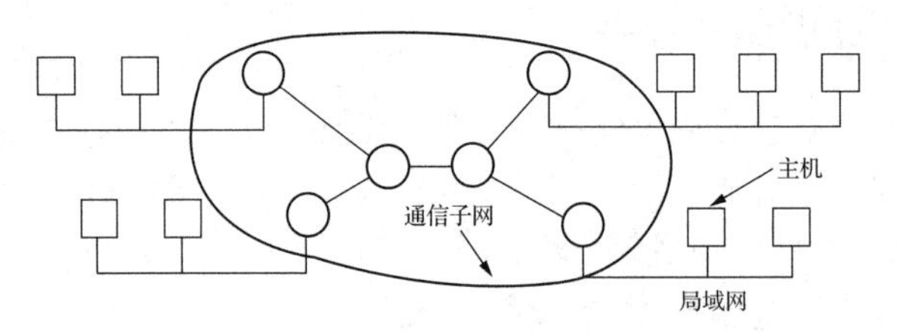

图4-5 广域网的物理结构

提示 Internet是广域网的一种，它将同类或不同类的物理网络（局域网、广域网与城域网）互联，并通过高层协议实现不同类网络间的通信。

2. 按服务方式分类

服务方式是指计算机网络中每台计算机之间的关系，按照服务方式可将计算机网络分为对等网络和客户机/服务器网络两种类型。对等网络的服务方式是点对点，客户机/服务器网络的服务方式是一点对多点。

- **对等网络**：对等网络中计算机的数量通常不超过20台，网络相对比较简单。对等网络中的计算机具有相同的功能，无主从之分。网络上任意节点计算机既可以作为网络服务器为其他计算机提供资源，也可以作为工作站分享其他服务器的资源；任意一台计算机均可同时作为服务器和工作站，也可只作为其中之一。网络上的任一节点均可使用对等网络上的打印机，如同使用本地打印机一样方便。图4-6所示为对等网络。
- **客户机/服务器网络**：如果只有一台或者几台计算机作为服务器为网络中的用户提供共享资源，而其他的计算机仅作为客户机访问服务器中提供的各种资源，则这样的计算机网络就是客户机/服务器网络。服务器指专门提供服务的高性能计算机或专用设备，客户机指用户计算机。客户机/服务器网络的特点是安全性较高，计算机的权限、优先级易于控制，监控容易实现，网络管理能够规范化。图4-7所示为客户机/服务器网络。

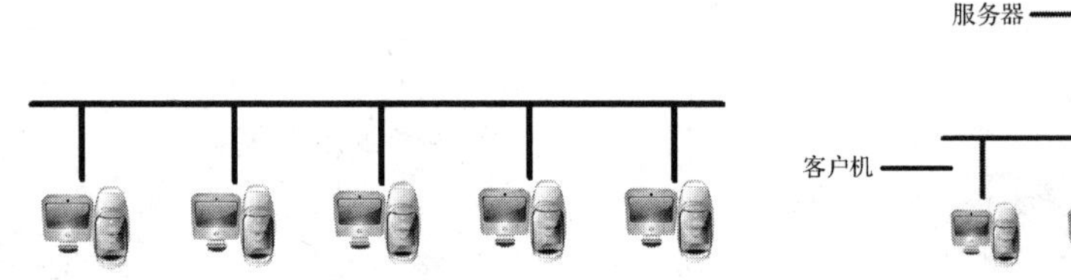

图4-6 对等网络

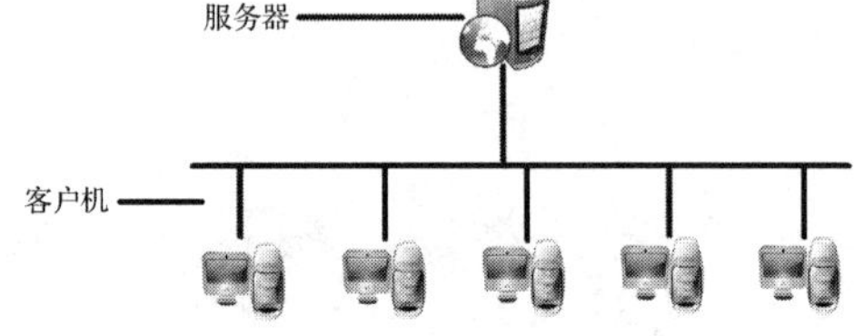

图4-7 客户机/服务器网络

3. 按网络的拓扑结构分类

计算机网络的拓扑结构指网络中的计算机或设备与传输媒介形成的节点与线的物理构成模式。网络的节点有两类：一类是转换和交换信息的转接节点，包括节点交换机、集线器和终端控制器等；另一类是访问节点，包括计算机主机和终端等。线则代表各种传输媒介，包括有形的线和无形的线。按网络的拓扑结构可以将计算机网络分为总线型、环形、星形、树形和网状等类型。

4. 按网络传输介质分类

网络传输介质是指在网络中传输信息的载体，按网络传输介质可以将计算机网络分为有线网和无线网两大类。

- **有线网**：有线网是使用有线传输介质连接的计算机网络。有线传输介质指在两个通信设备之间实现的物理连接部分，能将信号从一方传输到另一方，主要有双绞线和光纤。双绞线传输电信号，光纤传输光信号。双绞线有线网的特点是价格便宜、安装方便，但易受干扰、传输率较低；光纤有线网的特点是传输距离长、传输速率快和抗干扰性强。

- **无线网**：无线网是指采用空气中的电磁波作为载体来传输数据的计算机网络。无线传输介质指周围的自由空间，利用无线电波在自由空间传播可以实现多种无线通信。电磁波根据频谱不同可分为无线电波、微波和红外线等类型。无线网的特点为联网费用较高、数据传输率高、安装方便、传输距离长和抗干扰性不强等。

4.3 网络传输介质和通信设备

计算机网络通常是由各种传输介质和硬件通信设备连接起来的，网络传输介质和通信设备构成了计算机网络的物质基础。

4.3.1 网络传输介质

在计算机网络中，网络传输介质是信息传递的媒介，其性能对传输速率、通信距离、网络节点数目和传输的可靠性均有很大影响。

1. 有线传输介质

目前常用的有线传输介质主要包括双绞线和光导纤维两种。

- **双绞线**：双绞线（Twisted Pair）是由两条相互绝缘的导线按照一定的规格互相缠绕（一般以顺时针缠绕）在一起而制成的一种通用配线。双绞线可以传输模拟信号和数字信号。双绞线一般由两根22~26号绝缘铜导线相互缠绕而成，实际使用时，多对双绞线会一起包在一个绝缘电缆套管里。典型的双绞线一般有4对，此外也有更多对双绞线放在一个电缆套管里，其被称为双绞线电缆。
- **光导纤维**：光导纤维（Optical Fiber）简称光纤，光纤通常由纤芯、包层和护套组成，根据需要还可以将多根光纤放在一根光缆里面。光纤具有频带宽、损耗低、重量轻、抗干扰能力强、保真度高、性能稳定、成本低的优点。按光在光纤中的传输模式又可将光纤分为单模光纤和多模光纤两种类型。

提示 在早期的计算机网络中还使用同轴电缆（Coaxial Cable）作为有线传输介质。同轴电缆由一组共轴心的电缆构成，其具体的结构由内到外包括中心铜线、绝缘层、网状屏蔽层和塑料封套4个部分。同轴电缆网络一般可分为主干网、次主干网和线缆3种类型。

2. 无线传输介质

无线传输利用可以在空气中传播的微波、红外线等无线介质进行传输，无线局域网就是由无线传输介质和计算机设备组成的局域网。无线传输所使用的频段很广，人们现在已经利用了好几个波段进行通信。常用的无线传输介质包括无线电波、微波和红外线。

- **无线电波**：无线电波是一种在自由空间（包括空气和真空）传播的射频频段的电磁波。无线电波作为无线传输介质的优点在于，容易产生、传播距离很远、容易穿过建筑物、可以全方向传播，缺点则是容易受到频率在相似范围内的其他信号或者自然环境的干扰和影响。
- **微波**：微波是指一种频率为300MHz~300GHz、定向传播的电波。微波作为无线传输介质，在传输质量上要比无线电波更稳定。
- **红外线**：红外线是一种波长介于微波和可见光之间的电磁波。红外线作为无线传输介质时，具有抗干扰性强、保密性强等优点，但传输距离有限，且不能穿透坚实的物体，一般应用在室内无线网中。

4.3.2 网络通信设备

常用的网络通信设备有网卡、路由器和交换机等。

1. 网卡

网卡（Network Interface Card，NIC）又称网络适配器、网络卡或者网络接口卡，网卡通常工作在OSI/RM模型的物理层和数据链路层。网卡可以将工作站或服务器连接到网络，实现网络资源共享和相互通信。网卡的种类有很多，根据不同的标准，有不同的分类方式。常用的网卡分类方式是将其分为有线和无线两种。有线网卡是指将网络连接线连接到网卡中，才能访问网络的网卡类型，又可以分为PCI网卡、集成网卡和USB网卡等类型。无线网卡是无线局域网的无线网络信号覆盖下通过无线连接网络进行上网使用的无线终端设备，目前的无线网卡主要包括PCI网卡、USB网卡和PCI-E网卡等类型。

2. 路由器

路由器（Router）是一种连接多个网络或网段的网络设备，它能“翻译”不同网络或网段之间的数据信息，使不同网络或网段之间能够相互“读懂”对方的数据，从而构成一个更大的网络。路由器是网络与外界的通信出口，也是联系内部子网的桥梁。在无线网中，路由器是不可或缺的网络通信设备之一。

3. 交换机

交换机（Switch）是一种用于转发电信号的网络设备，它可以为接入交换机的任意两个网络节点提供独享的电信号通路。常见的交换机有以太网交换机、程控交换机、光纤交换机等。交换机的主要功能包括物理编址、网络拓扑结构、错误校验、帧序列以及流量控制。目前一些高档交换机还具备新的功能，例如，对虚拟局域网（Virtual Local Area Network，VLAN）的支持、对链路汇聚的支持，有的还具备路由器和防火墙的功能。

4.4 局域网

局域网是一种利用有线或无线传输介质，将距离较近的计算机连接起来，进行数据通信和资源共享的计算机网络。

4.4.1 局域网概述

随着局域网的发展，国际机构电气和电子工程师协会（Institute of Electrical and Electronics Engineers，IEEE）制定了一系列局域网技术规范，统称为IEEE 802标准。IEEE 802.3标准定义了以太网的技术规范；IEEE 802.5标准定义了令牌环网的技术规范；IEEE 802.11标准定义了无线局域网的技术规范。局域网的主要特点如下。

- 覆盖地理范围较小，例如，一间教室、一栋办公楼等。
- 属于数据通信网络中的一种，只能够提供物理层、数据链路层和网络层的通信功能。
- 可以接受很多数据通信设备连入，例如，计算机、智能终端、家用电器等。
- 数据传输速率快，能够达到10Mbit/s～10 000Mbit/s，而且误码率较低。
- 易于安装、维护和管理，且可靠性高。

4.4.2 以太网

以太网是一种为实现局域网通信而设计的技术标准，也可以说以太网是局域网的一种实现方式。IEEE 802.3作为制定以太网的技术标准，规定了物理层的连线、电子信号和介质访问层协议等内容，遵循IEEE 802.3技术规范建设的局域网就是以太网。

以太网通常有共享式以太网和交换式以太网两种类型。

- **共享式以太网**：共享式以太网是共享传输介质的以太网。共享式以太网的结构分为总线型和星形两种。总线型结构的共享式以太网以同轴电缆作为传输介质，星形结构的共享式以太网使用双绞线电缆作为传输介质。
- **交换式以太网**：交换式以太网使用交换机作为中心通信设备，交换机的任意两个端口都可以并发地传输数据，从而突破集线器中只能有一对端口通信的限制。

4.4.3 令牌环网

遵循IEEE 802.5技术规范建设的局域网就是令牌环网。令牌环网的工作原理如下。

- 令牌环网中的数据沿一个方向传播，其中有一个被称为令牌的帧在环上不断传递。
- 网络中的任意一台计算机要发送信息时，必须等待令牌的到来。
- 当令牌经过时，发送方将抓取令牌，并修改令牌的标识位，数据帧紧跟在令牌后，按顺序发送数据。
- 所发送的数据将依次通过网络中的各台计算机直至接收方，接收方接收数据。
- 数据接收完毕后，恢复令牌的标识位，并再次发出令牌，以供其他计算机抓取令牌并发送数据。

4.4.4 无线局域网

现在，无线局域网已逐渐代替有线局域网，成为现代家庭、小型公司主流的局域网组建方式。无线局域网（Wireless Local Area Network，WLAN）是利用射频技术，使用电磁波作为传输介质的无线计算机网络。

无线局域网的实现技术有很多，其中应用最为广泛的是无线保真技术（Wi-Fi），它是一种能够将各种终端进行无线互联的技术，消除了各种终端之间的差异性。无线局域网通常由无线路由器、安装了无线网卡的计算机和具备无线功能的智能设备组成。无线路由器可以看作一个转发器，它将宽带网络信号通过天线转发给附近的无线网络设备，同时它还具有其他网络管理功能，例如，DHCP服务、NAT防火墙、MAC地址过滤和动态域名等。

4.5 Internet

Internet是目前世界上主流的计算机网络，Internet是由全世界各种局域网、城域网和广域网连接在一起构成的，Internet实现了全世界范围内的信息交流和资源共享。

4.5.1 Internet 概述

Internet是全球最大、连接能力最强，由遍布全世界的众多大大小小的网络相互连接而成的计算机网络，是由美国的ARPANET发展起来的。Internet主要采用TCP/IP，它使网络上各台计算机可以相互交换各种信息。目前，Internet通过全球的信息资源和覆盖五大洲的160 多个国家的数百万个网点，在网上提供数据、电话、广播、出版、软件分发、商业交易、视频会议以及视频节目点播等服务。Internet为全球范围内的用户提供了极为丰富的信息资源，计算机一旦连接到Web节点，就意味着其已经接入Internet。

Internet将全球范围内的网站连接在一起，形成一个资源十分丰富的信息库。在人们的工作、生活和社会活动中，Internet起着越来越重要的作用。

4.5.2 Internet的基本概念

Internet涉及的基本概念如下。

1. TCP/IP

TCP/IP是传输控制协议/网际协议，是一个协议的集合。由于Internet中连接了应用不同标准的网络，所以需要采用一种统一的通信协议来保证整个网络中信息传输的正确性，TCP/IP也就被制定出来了。TCP/IP已成为事实上的计算机网络标准，广泛应用于各种网络主机间的通信。

2. IP 地址

IP地址即网络协议地址。所有连接到Internet中的计算机都有一个在全世界范围内唯一的IP地址。一个IP地址由32位二进制数字组成，分为4组，通常用小圆点分隔，其中每组数字可用一个十进制数来表示。例如，192.168.1.51就是一个IP地址。

IP地址通常可分成两部分，第一部分是网络号，第二部分是主机号。

Internet的IP地址可以分为A、B、C、D、E共5类。其中，0~127为A类；128~191为B类；192~223为C类；D类地址留给Internet架构委员会使用；E类地址留待以后使用。也就是说每个字节的数字由0~255组成，大于或小于该数字的IP地址都不正确，通过数字所在的区域可判断IP地址的类别。

提示 由于网络的迅速发展，已有IPv4协议规定的32位IP地址已不能满足用户的需要，于是，目前已经开始采用IPv6协议规定的128位IP地址。

3. 域名系统

数字形式的IP地址难以记忆，故在实际使用时常采用字符形式来表示IP地址，即域名系统（Domain Name System，DNS）。域名系统由若干子域名构成，子域名之间用小圆点来分隔。域名的层次结构如下。

…….三级子域名.二级子域名.顶级子域名

每一级子域名都由英文字母和数字组成（不超过63个字符，并且不区分大小写字母），级别最低的子域名写在最左边，级别最高的顶级域名则写在最右边。一个完整的域名不超过255个字符，其子域级数一般不予限制。

例如，××××大学的域名是www.××××.edu.cn。在这个域名中，顶级域名是cn（表示中国），二级子域名是edu（表示教育部门），三级子域名是××××（表示××××大学），最左边的www则表示万维网的网络名称。

4. 统一资源定位符

在Internet上，每一个信息资源都有唯一的地址，该地址叫统一资源定位符（Uniform Resource Locator，URL）。URL由资源类型、主机域名、资源文件路径和资源文件名4部分组成，其格式是“资源类型：//主机域名/资源文件路径/资源文件名”。

5. 超文本传输协议

超文本传输协议是一种传输用超文本标记语言（Hyper Text Markup Language，HTML）编写的文本的协议，这种文本就是通常所说的网页。有了超文本传输协议，浏览器和服务器之间才能够通信，用户才可以浏览网络中的各种信息。

6. E-mail 地址

与普通邮件的投递一样，E-mail（电子邮件）的传送也需要地址，这个地址叫E-mail地址。电子邮件存放在网络的某台计算机上，所以电子邮件的地址一般由用户名和主机域名组成，其格式为：用户名@主机域名。

7. 网页

网页就是Web站点上的文档，网页是构成网站的基本元素，是承载各种网站应用的平台。每个网页都有唯一的URL，通过该地址可以找到相应的网页。网页是用HTML编写的文件。

4.5.3 Internet 的接入

用户的计算机接入Internet的方法有多种，一般都是通过联系Internet服务提供商，对方派专人根据当前的情况实际查看、连接后，进行IP地址分配、网关及DNS设置等，从而实现上网。目前，接入Internet的方法主要有ADSL拨号上网和光纤宽带上网两种。

- **ADSL拨号上网**：非对称数字用户线（Asymmetric Digital Subscriber Line，ADSL）可直接利用现有的电话线路，通过ADSL调制解调器进行数字信息传输，与普通电话线共存于一条电话线上，接听、拨打电话的同时能进行ADSL传输，二者互不影响。ADSL具有速率稳定、带宽独享、语音数据不干扰等优点，可满足家庭、个人等用户的大多数网络应用需求。
- **光纤宽带上网**：光纤是目前主流的Internet接入方式。光纤接入Internet一般有两种形式：一种是通过光纤接入小区节点或楼道，再由网线连接到各个共享点；另一种是光纤到户，即将光缆连接到每一台计算机。

4.5.4 万维网

万维网（World Wide Web，WWW），又称环球信息网、环球网、全球浏览系统等。WWW起源于位于瑞士日内瓦的欧洲粒子物理实验室。WWW是一种基于超文本的、方便用户在Internet上搜索和浏览信息的信息服务系统，它通过超级链接把世界各地不同Internet节点上的相关信息有机地组织在一起，用户只需发出检索要求，它就能自动地进行定位并找到相应的检索信息。用户可用WWW在Internet上浏览、传递、编辑超文本格式的文件。WWW是Internet上非常受欢迎且流行的信息检索工具，它能把各种类型的信息（文本、图像、声音和影像等）集成起来供用户查询。WWW为全世界的人们提供了查找和共享知识的手段。

WWW还具有连接FTP和电子公告牌（Bulletin Board System，BBS）等能力。总之，WWW的应用和发展已经远远超出网络技术的范畴，影响着新闻、广告、娱乐、电子商务和信息服务等诸多领域。可以说，WWW的出现是Internet应用的一个革命性的里程碑。

4.6 Internet的应用

在信息社会中，Internet被广泛应用于科学研究、商务管理、办公自动化、家庭生活等各个领域。下面介绍电子邮件、文件传输和搜索引擎等常见应用。

4.6.1 电子邮件

收发电子邮件是通过Internet完成的。通过电子邮件，用户可快速地与世界上任何一个网络用户联系。电子邮件可以是文字、图像或声音文件，具备使用简单、价格低廉和易于保存等优点。在撰写电子邮件的过程中，经常会使用以下专用名词。

- **收件人**：收件人指邮件的接收者，其对应的文本框用于输入收件人的邮箱地址。
- **主题**：主题指信件的主题，即这封信的名称。
- **抄送**：抄送指用于输入同时接收该邮件的其他人的地址。在抄送方式下，收件人能够看到发件人将该邮件抄送给的其他对象。

- **密件抄送**：密件抄送指用户给收件人发出邮件的同时又将该邮件暗中发送给其他人，与抄送不同的是，收件人并不知道发件人还将该邮件发送给了哪些对象。
- **附件**：附件指随同邮件一起发送的附加文件，附件可以是各种形式的单个文件。
- **正文**：正文指电子邮件的主体部分，即邮件的详细内容。

【例 4-1】使用 QQ 邮箱发送电子邮件。

视频教学
电子邮件

步骤1 选择“开始”/“Microsoft Edge”命令，启动Microsoft Edge浏览器，在Microsoft Edge窗口的地址栏中输入QQ邮箱的登录网址，然后按“Enter”键进入登录界面，在其中输入账号和密码后，单击“登录”按钮。

步骤2 成功登录QQ邮箱后，选择左侧列表中的“写信”选项，如图4-8所示。

步骤3 进入写信界面，分别在“收件人”“主题”“正文”栏中输入对应的内容，并单击“主题”栏下方的“添加附件”超链接，将要发送的资料添加到邮件中，如图4-9所示。

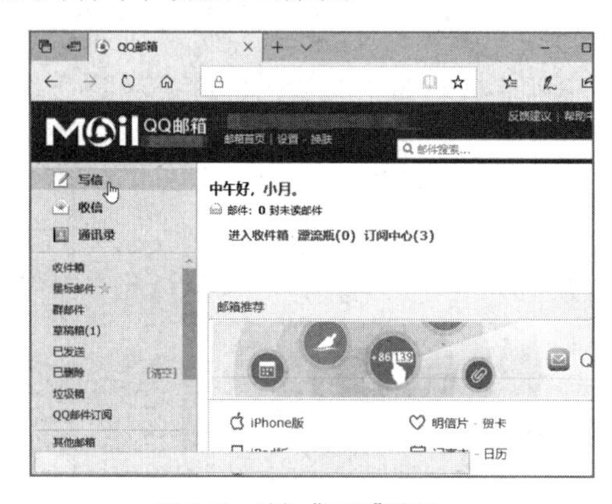

图4-8 选择“写信”选项

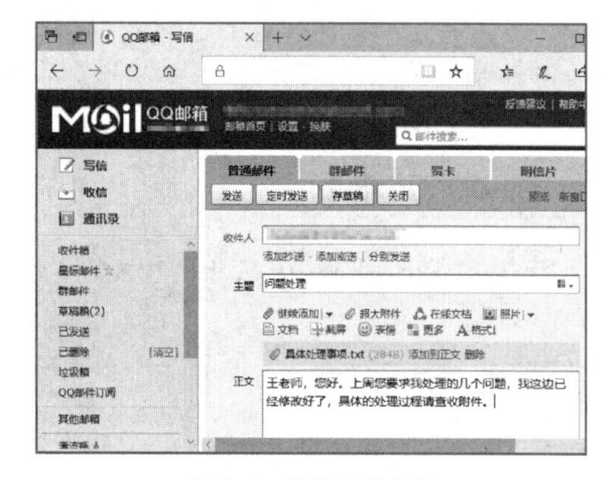

图4-9 编辑邮件内容

步骤4 单击底部的“发送”按钮，稍后网页中将会弹出成功发送邮件的提示信息。

4.6.2 文件传输

文件传输是指通过网络将文件从一个计算机系统复制到另一个计算机系统的过程。在Internet中用户是通过FTP实现文件传输的。通过FTP用户可将一个文件从一台计算机传送到另一台计算机中，无论这两台计算机使用的操作系统是否相同，相隔的距离有多远。

用户在使用FTP的过程中，经常会遇到两个概念，即下载（Download）和上传（Upload）。下载就是将文件从远程主机复制到本地计算机上，可用专业的下载软件实现下载操作，如迅雷等；上传就是将文件从本地计算机中复制到远程主机上。用Internet语言来说，用户可通过客户机程序向（从）远程主机上传（下载）文件。

【例 4-2】使用常用的下载工具迅雷从 Internet 上下载“PPT 素材”到本地计算机中。

视频教学
文件传输

步骤1 通过Microsoft Edge浏览器浏览Internet，将迅雷软件的安装程序下载到计算机中，然后双击安装程序进行安装。

步骤2 启动安装好的迅雷软件，在打开界面的地址栏中搜索PPT素材的下载地址，然后单击下载地址，如图4-10所示。

步骤3 打开提示对话框，显示下载文件的名称和下载文件的保存位置，这里保持默认设置，单击“立即下载”按钮，如图4-11所示。

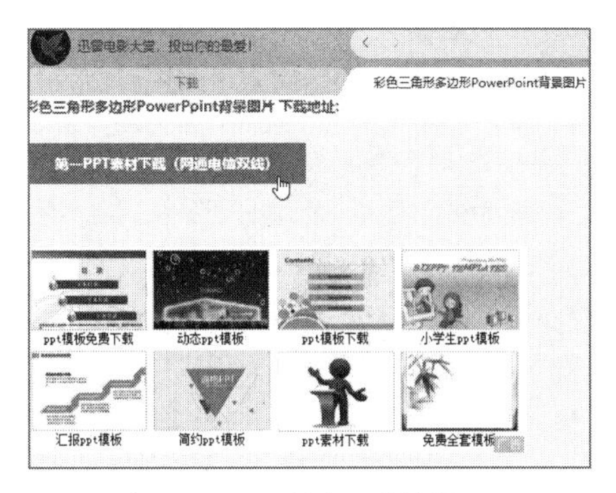

图4-10 单击下载地址

图4-11 单击“立即下载”按钮

步骤4 系统将会在“下载”选项卡中显示文件的下载进度，如图4-12所示。待文件成功下载到计算机后，便可打开并使用下载的文件。

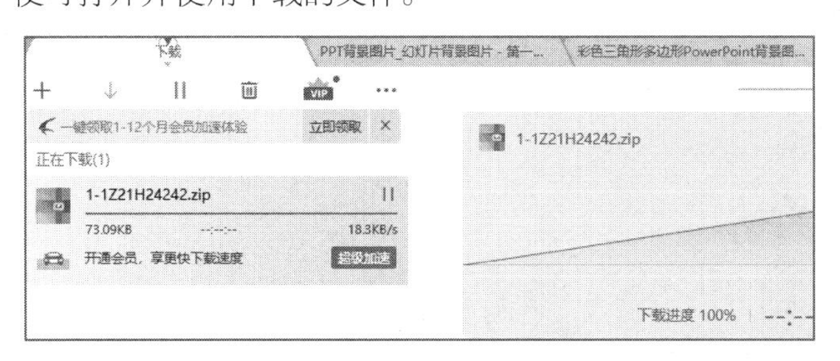

图4-12 显示下载进度

注意 当用户使用Microsoft Edge浏览器下载软件时，将使用其自带的下载器下载，而不会启用迅雷软件。目前，迅雷软件只能接受360浏览器、搜狗浏览器、QQ浏览器的下载请求，因此，用户要想使用迅雷软件下载软件，可选择上述3种浏览器。

4.6.3 搜索引擎

搜索引擎是专门用来查询信息的网站，这些网站可以提供全面的信息查询服务，搜索引擎的功能主要包括信息搜集、信息处理和信息查询。目前，常用的搜索引擎有百度、搜狗、360搜索等。

视频教学
搜索引擎

【例4-3】在百度搜索引擎中搜索计算机等级考试的相关信息。

步骤1 在Microsoft Edge浏览器的地址栏输入百度的首页网址，按“Enter”键打开百度网站首页。

步骤2 在文本框中输入搜索的关键字“计算机等级考试”，将自动打开网页并显示对应的搜索结果，如图4-13所

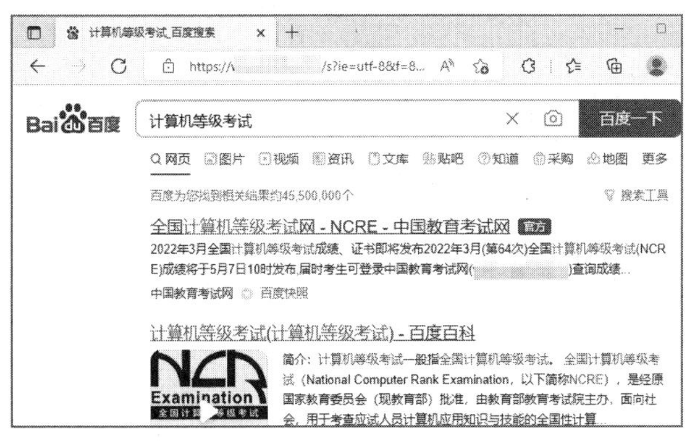

图4-13 输入关键字

示，单击其中任意一个超链接即可在打开的网页中查看具体内容。

4.7 本章小结

本章主要介绍了计算机网络和Internet的相关知识，包括计算机网络的定义、发展、功能、体系结构和TCP/IP参考模型、组成和分类，网络传输介质和网络通信设备，局域网的概念，以太网、令牌环网和无线局域网，Internet的概念及其接入和万维网，以及电子邮件、文件传输和搜索引擎等。

在计算机网络和Internet中，各个层级的网络之间都有多个为实现特定功能而定义的一系列规则，即网络协议，只有遵守这些协议的规定，才能实现网络间、计算机间和人与人之间的互联和互通。而网络协议体现的这种尊重规则的理念，也是大学生需要具备的品质，从而为以后进入社会打下基础。因为在社会生活中，只有遵守法律法规或各种社会规则，人们才能获得自由发挥的广阔空间。

4.8 练习

练习
查看答案和解析

1. 选择题

（1）以下选项中，不属于网络传输介质的是（　　）。

A. 同轴电缆　　B. 光纤

C. 网桥　　D. 双绞线

（2）以下各项中不能作为域名的是（　　）。

A. www.sin*.com　　B. www,baid*.com

C. ftp.pk*.edu.cn　　D. mail.q*.com

（3）不属于TCP/IP参考模型的层次的是（　　）。

A. 互联网层　　B. 交换层　　C. 传输层　　D. 应用层

（4）若家中有两台计算机，如果条件允许，可以使用（　　）来建立简单的对等网络，以实现资源共享和共享上网连接。

A. 网卡　　B. 集线器

C. ADSL调制解调器　　D. 网线

（5）不属于常见局域网的标准是（　　）。

A. IEEE 802.3　　B. IEEE 802.5　　C. IEEE 801.3　　D. IEEE 802.11

（6）遵循IEEE 802.3技术规范建设的局域网是（　　）。

A. 以太网　　B. 令牌环网　　C. 因特网　　D. 无线局域网

（7）共享式以太网包括总线型结构和（　　）。

A. 星形结构　　B. 圆形结构　　C. 令牌环网　　D. 交换式

2. 操作题

（1）利用Microsoft Edge浏览器，在百度网页中搜索“流媒体”的相关信息，然后将流媒体的信息复制到记事本中，保存到桌面。

（2）利用Microsoft Edge浏览器，在百度网页中搜索“银河麒麟”国产操作系统软件的相关信息，然后下载该操作系统软件。

CHAPTER 5

第5章 文档编辑软件Word 2016

文档编辑与制作是计算机的基础应用之一，在学习期间，大学生需要利用文档编辑软件制作学习计划、活动策划、毕业论文和个人简历等文档，进入社会以后，更需要利用文档编辑软件编辑策划方案、项目报告、工作总结等文档，甚至可以使用文档编辑软件制作办公室公文。Word是一个功能强大的文档编辑软件，也是Office办公软件的核心组件之一，使用Word不仅可以进行简单的文字处理，还能制作出图文并茂的文档，以及进行长文档的排版和特殊版式编排等操作。本章将介绍Word 2016的相关知识，包括Word 2016基础知识、文本编辑、文档排版、表格应用、图文混排、页面格式设置和邮件合并功能等内容。

学习目标

- 了解Word 2016的入门知识
- 掌握Word 2016的文本编辑和排版操作
- 掌握Word 2016的表格应用方法
- 掌握Word 2016的图文混排操作
- 掌握Word 2016的页面格式设置方法
- 掌握Word 2016的邮件合并功能

素养目标

- 培养规范制作文档的意识
- 提升文档排版技能
- 提升办公文档制作技能
- 提升应对全国计算机等级考试的能力

课堂案例展示

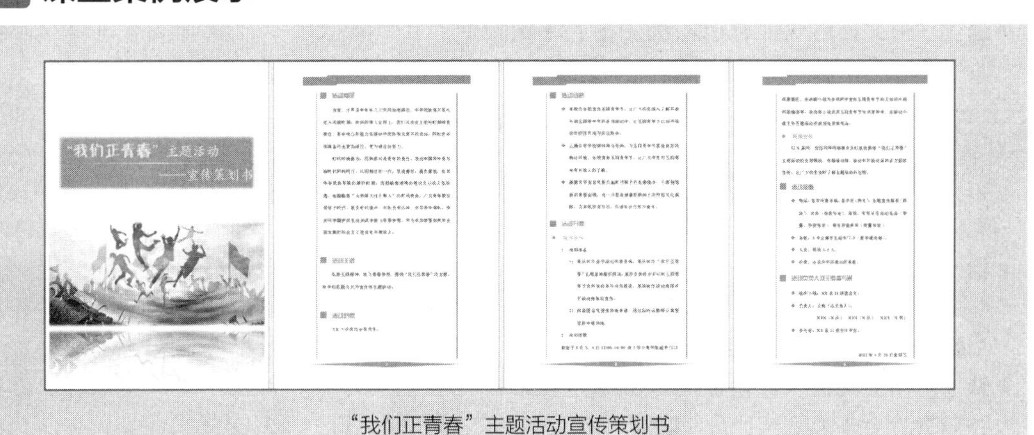

"我们正青春"主题活动宣传策划书

5.1 Word 2016 入门

Word是目前比较常用的文档编辑软件之一，下面介绍Word 2016的基础知识、启动、操作界面、视图方式和文档操作等入门知识。

5.1.1 Word 2016 简介

Microsoft Word 2016简称Word 2016，主要用于文本处理工作，可用于制作具有专业水准的文档，使用它能轻松、高效地组织和编写文档。其主要功能包括：强大的文本输入与编辑功能、各种类型的多媒体图文混排功能、精确的文本校对审阅功能，以及文档打印功能等。Word 2016在拥有旧版本功能的基础上，还增加了移动页面等新功能。

5.1.2 Word 2016 的启动

Office各组件的启动方法类似，下面以启动Word 2016为例进行介绍。

- **通过"开始"菜单启动**：单击桌面左下角的"开始"按钮，在打开的"开始"菜单中选择"Word"命令。具体操作如图5-1所示。
- **通过任务栏图标启动**：双击任务栏中的快捷启动图标可启动相应的组件。在任务栏中固定快捷启动图标和启动Word 2016的方法如下。在"开始"菜单中的"Word"命令上右击，在弹出的快捷菜单中选择"固定到任务栏"命令，单击任务栏中的Word图标启动Word 2016。具体操作如图5-2所示。

图5-1 通过"开始"菜单启动Word 2016

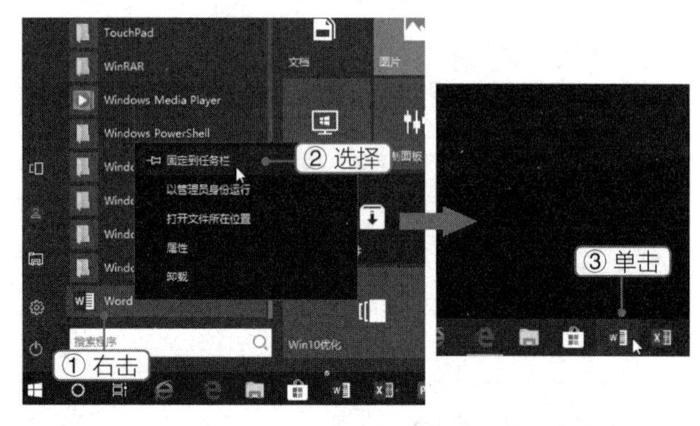

图5-2 创建Word 2016任务栏快捷启动图标并启动Word 2016

- **通过双击文档启动**：若计算机中保存了某个组件生成的文档，双击该文档可以启动相应的组件并打开该文档。

5.1.3 Word 2016 的操作界面

启动Word 2016后，在打开的界面中将显示最近使用文档的信息并提示用户创建一个新文档，选择要创建的文档类型后，进入Word 2016的操作界面，如图5-3所示。部分术语的介绍如下。

- **标题栏**：标题栏位于操作界面的顶端，包括文档名称、"功能区显示选项"按钮（可对功能选项卡和命令区进行显示和隐藏操作）和右侧的"窗口控制"按钮组（包含"最小化"按钮、"最大化"按钮和"关闭"按钮，分别用于最大化、最小化和关闭窗口）。
- **快速访问工具栏**：快速访问工具栏中显示了一些常用的工具按钮，默认按钮有"保存"按钮、"撤销键入"按钮、"重复键入"按钮。用户还可自定义按钮，方法为单击该工具栏右侧的"自定义快速访问工具栏"按钮，在打开的下拉列表中选择相应选项。

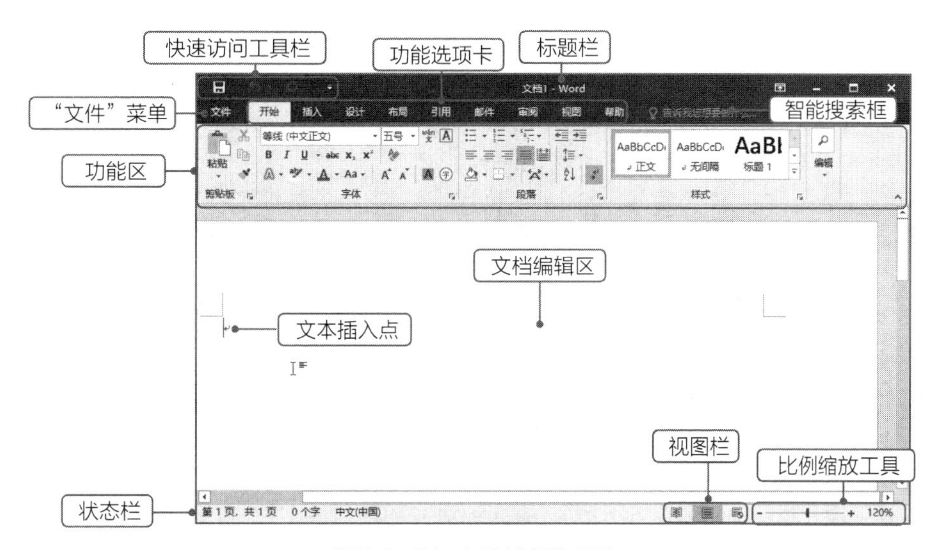

图5-3　Word 2016操作界面

提示 默认情况下，Word 2016的快速访问工具栏显示在功能区上方，用户可单击"自定义快速访问工具栏"按钮，在打开的下拉列表中选择"在功能区下方显示"选项，将快速访问工具栏显示在功能区下方。

- **"文件"菜单：**该菜单主要用于执行与Word 2016相关文档的新建、打开、保存、共享等基本命令，选择该菜单最下方的"选项"命令可打开"Word 选项"对话框，在其中可对Word组件进行常规、显示、校对、自定义功能区等多项设置。
- **功能选项卡：**Word 2016默认包含9个功能选项卡，单击任一选项卡可打开对应的功能区，每个选项卡中分别包含了相应的功能集合。
- **智能搜索框：**智能搜索框是Word 2016新增的内容，用户通过该搜索框可轻松找到相关操作说明。例如，需要在文档中插入目录时，便可以直接在搜索框中输入目录，此时会显示一些关于目录的信息，将鼠标指针定位至"目录"选项上，在打开的子列表中就可以快速选择自己想要插入的目录形式，如图5-4所示。

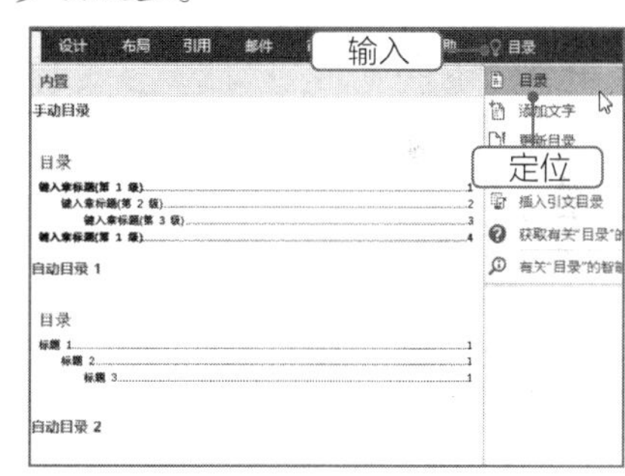

图5-4　使用智能搜索框快速插入目录

- **文档编辑区：**文档编辑区是输入与编辑文本的区域，对文本进行的各种操作都会显示在该区域中。新建空白文档后，在文档编辑区的左上角将显示一个闪烁的光标，为文本插入点，该光标所在位置便是文本的起始输入位置。
- **状态栏：**状态栏位于操作界面的底端，主要用于显示当前文档的工作状态，包括当前页数、字数、输入状态等，右侧依次显示视图切换按钮和比例调节滑块。

5.1.4　Word 2016 的视图方式

Word 2016主要有页面视图、阅读版式视图、Web版式视图、大纲视图和草稿视图5种视图方式，可在"视图"选项卡中选择所需的视图方式，也可在视图栏中选择。

- **页面视图：**页面视图是默认的视图模式，在该视图中文档的显示效果与实际打印效果一致。
- **阅读版式视图：**单击"阅读视图"按钮可切换至阅读视图模式，在该视图中，文档的内容根据屏幕的大小，以适合阅读的方式进行显示，单击视图切换按钮组中的“页面视图”按钮或直接按“Esc”键，可返回页面视图。

- **Web版式视图**：单击“Web版式视图”按钮可切换至Web版式视图，在该视图中，文本与图形的显示与在Web浏览器中的显示一致。
- **大纲视图**：单击“大纲”按钮可切换至大纲视图，在该视图中，以文档的标题级别显示文档的框架结构，单击“关闭大纲视图”按钮，可关闭大纲视图返回页面视图。
- **草稿视图**：单击“草稿”按钮可切换至草稿视图，该视图简化了页面的布局，主要显示文本及其格式，在该视图下，可对文档进行输入和编辑操作。

5.1.5 Word 2016 的文档操作

Word 2016中主要有新建、保存、打开、关闭文档等基本操作。

1. 新建文档

新建文档可分为新建空白文档和根据模板新建文档两种方式。

（1）新建空白文档

启动Word 2016后，软件会自动新建一个名为“文档1”的空白文档，除此之外，新建空白文档还有以下3种方法。

- **通过“新建”命令新建**：选择“文件”/“新建”命令，在界面右侧显示了空白文档和带模板的文档样式，这里选择“空白文档”选项新建文档。具体操作如图5-5所示。

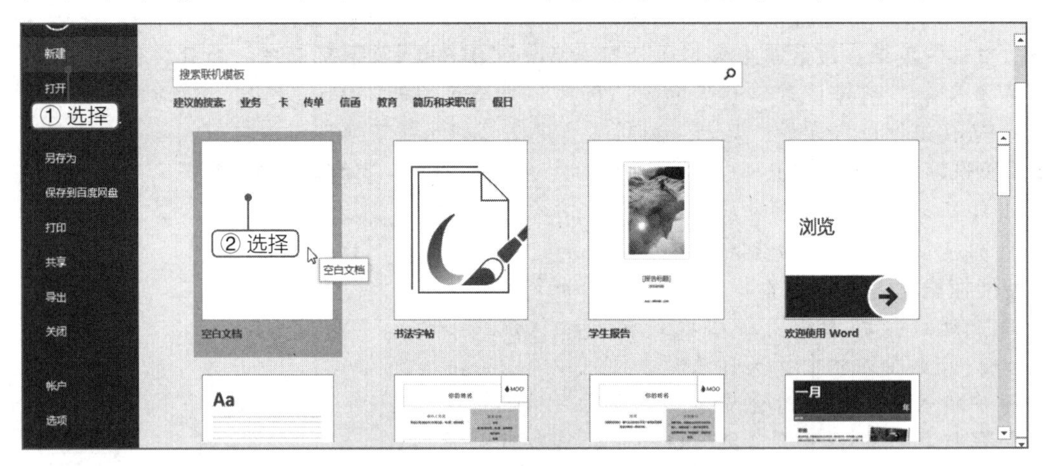

图5-5 新建空白文档

- **通过快速访问工具栏新建**：单击“自定义快速访问工具栏”按钮，在打开的下拉列表中选择“新建”选项，然后单击快速访问工具栏中的“新建空白文档”按钮。
- **通过快捷键新建**：按“Ctrl+N”组合键。

（2）根据模板新建文档

根据模板新建文档是指利用Word 2016提供的模板创建具有一定内容和样式的文档。

【例5-1】根据Word 2016提供的“精美简历”模板创建文档，具体操作如下。

视频教学
根据模板新建文档

步骤1 选择“文件”/“新建”命令，在界面右侧选择“精美简历”选项。具体操作如图5-6所示。

步骤2 在打开的提示对话框中单击“创建”按钮，如图5-7所示。

步骤3 Word 2016将自动从网络中下载所选的模板，并将根据所选模板创建一个新的文档，且模板中包含已设置好的内容和样式，如图5-8所示。

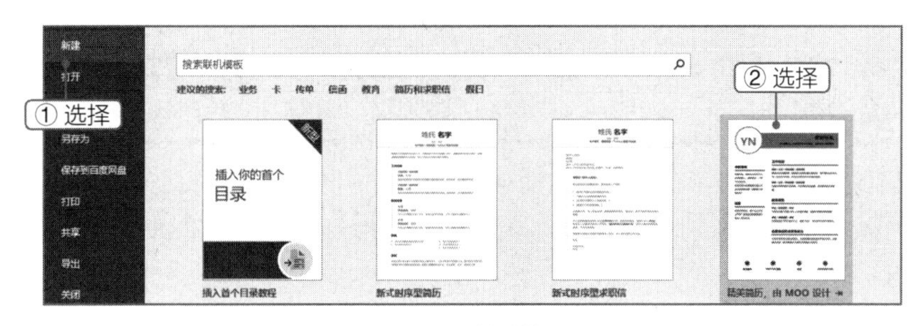

图5-6　选择模板

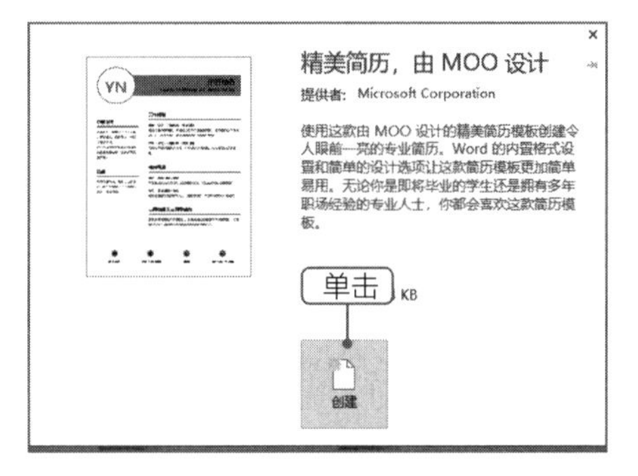

图5-7　创建文档

图5-8　根据模板创建的文档效果

2．保存文档

保存文档是指将新建的文档、编辑过的文档保存到计算机中，便于后续查看和使用。Word 2016中保存文档的方法可分为保存新建的文档、另存文档和自动保存文档3种。

（1）保存新建的文档

保存新建文档的方法主要有以下3种。

- **通过"保存"命令保存：**选择"文件"/"保存"命令。
- **通过快速访问工具栏保存：**单击快速访问工具栏中的"保存"按钮。
- **通过快捷键保存：**按"Ctrl+S"组合键。

如果是第一次保存新建的文档，执行以上任意操作后，都将打开"另存为"窗口，如图5-9所示。在该窗口的"另存为"列表中提供了"OneDrive""这台电脑""添加位置""浏览"4种保存方式。这里默认选择"这台电脑"的保存位置，单击右侧最近使用的文件夹便可打开"另存为"对话框，如图5-10所示，在对话框的地址栏中可选择和设置文档的保存位置，在"文件名"下拉列表框中可设置文档保存名称，完成后单击"保存"按钮。

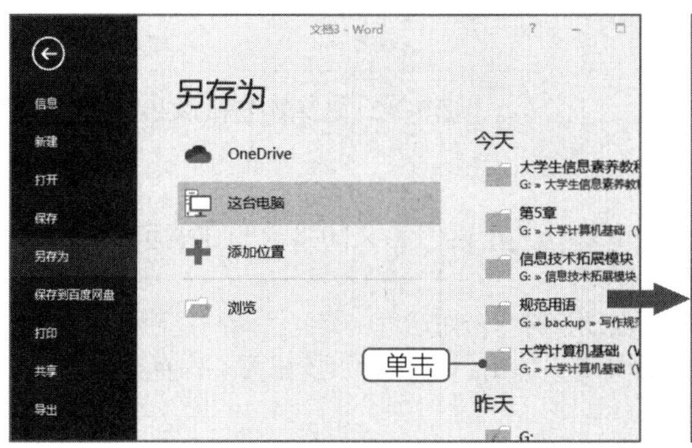

图5-9　选择保存方式

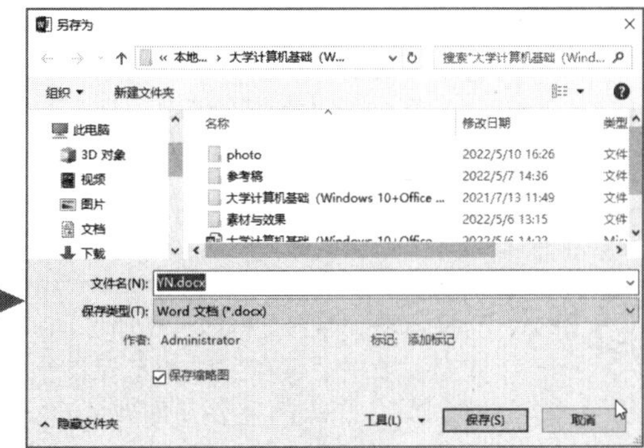

图5-10　保存文档

提示 如果文档已经保存过，再执行保存操作时不会打开“另存为”窗口，而是直接替换之前保存的文档内容。

（2）另存文档

如果需要对已保存的文档进行备份，则可以选择另存操作，方法为选择“文件”/“另存为”命令，在打开的“另存为”窗口中按保存文档的方法操作。

（3）自动保存文档

自动保存是指Word 2016将按设置的间隔时间自动保存文档，从而避免出现意外情况时丢失文档数据。其方法是：选择“文件”/“选项”命令，打开“Word选项”对话框，单击左侧列表框中的“保存”选项卡；单击选中“保存自动恢复信息时间间隔”复选框；在右侧的数值框中设置自动保存的时间间隔，如10分钟，完成后确认操作。具体操作如图5-11所示。

图5-11 设置自动保存文档时间间隔

3. 打开文档

打开文档有以下3种常用方法。

- **通过“打开”命令打开：** 选择“文件”/“打开”命令。
- **通过快速访问工具栏打开：** 单击快速访问工具栏中的“打开”按钮。
- **通过快捷键打开：** 按“Ctrl+O”组合键。

执行以上任意操作后，都将打开“打开”窗口，如图5-12所示，在“打开”列表中提供了“最近”“OneDrive”“这台电脑”“添加位置”“浏览”5种打开方式，默认显示最近打开过的文档，也可以选择“浏览”选项，打开“打开”对话框，如图5-13所示，在其中选择当前计算机中所保存的文档，然后单击“打开”按钮打开相应文档。

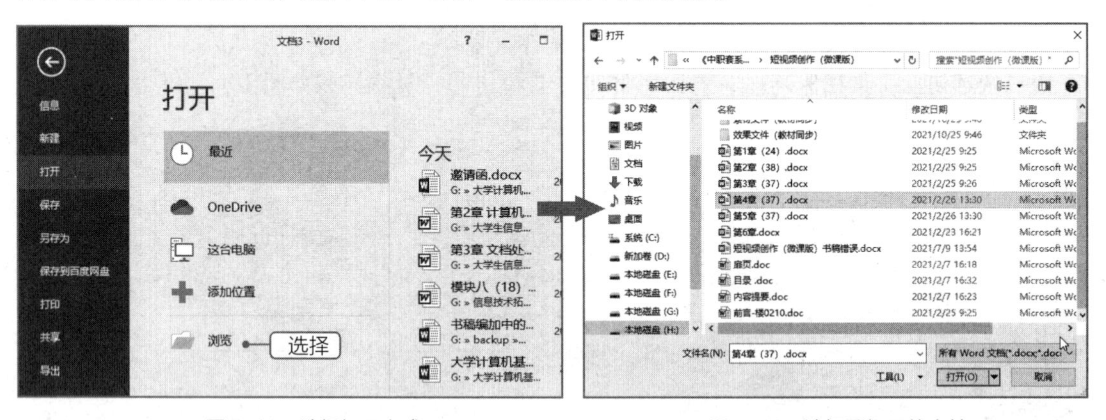

图5-12 选择打开方式　　图5-13 选择要打开的文档

4. 关闭文档

选择“文件”/“关闭”命令可以在不退出Word 2016的前提下，关闭当前正在编辑的文档。

提示 当关闭未保存的文档时，Word 2016会自动打开提示对话框，询问关闭前是否保存文档。其中，单击“保存”按钮可保存文档后关闭；单击“不保存”按钮可不保存文档直接关闭；单击“取消”按钮可取消关闭操作。

5.1.6 Word 2016 的退出

退出Word 2016的方法主要有以下几种。

- 单击标题栏右侧的“关闭”按钮✕。
- 确认Word 2016操作界面为当前活动窗口，然后按“Alt+F4”组合键。
- 在Word 2016的标题栏上右击，在弹出的快捷菜单中选择“关闭”命令。

5.2 Word 2016的文本编辑

对文档中的文本内容进行编辑是Word 2016的基本操作，包括输入文本、选择文本、插入与删除文本、复制与移动文本、查找与替换文本，以及撤销与恢复、输入符号和公式等操作。

5.2.1 输入文本

创建文档后就可以在文档中输入文本，Word的即点即输功能可帮助用户轻松在文档中的不同位置输入需要的文本。

【例5-2】在Word 2016中输入“学习计划”等文本，具体操作如下。

视频教学
输入文本

步骤1 将鼠标指针移至文档上方的中间位置，当鼠标指针变成I≡形状时双击，将文本插入点定位到此处。

步骤2 将输入法切换至中文输入法，输入文档标题“学习计划”文本。

步骤3 将鼠标指针移至文档标题下方左侧需要输入文本的位置，此时鼠标指针变成I≡形状，双击将文本插入点定位到此处，如图5-14所示。

步骤4 输入正文文本，按“Enter”键换行，完成其他文本的输入，效果如图5-15所示。

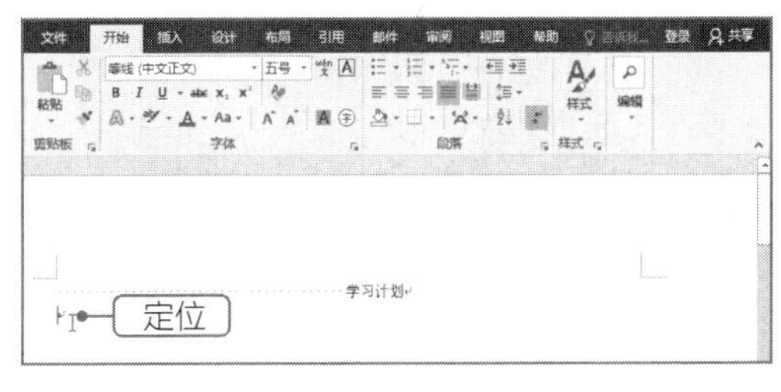

图5-14 定位文本插入点

学习计划
大一的学习任务相对轻松，可适当参加社团活动，担当一定的职务，提升自己交流技巧。
在大二这一年里，既要稳抓基础，又要做好由基础向专业过渡的准备。这一年张有分量的英语和计算机证书，并适当选修其他专业的课程，使自己知识多元有益的社会实践，尝试到与自己专业相关的单位兼职，多次的生活吃苦精神和社会责任感。
到大三，目标已确定。应该系统地学习，将以前的知识重点学习，把未过关的知识点弄明白。而我们的专业性水平也应该提升，教学跃性的提高。多参种比赛以及活动，争取拿到旬多的奖项及荣誉。除此之外
输入

图5-15 输入正文部分

5.2.2 选择文本

对输入的文本进行编辑时，必须先选择文本。

- **选择任意文本**：在需要选择的文本的开始位置单击后，按住鼠标左键拖动到文本结束处，选择后的文本呈灰底黑字显示。
- **选择一行文本**：除了用选择任意文本的方法拖动选择一行文本外，还可将鼠标指针移动到该行左边的空白位置，当鼠标指针变成↗形状时单击，可以选择整行文本。
- **选择一段文本**：除了用选择任意文本的方法拖动选择一段文本外，还可将鼠标指针移动到段落左边的空白位置，当鼠标指针变为↗形状时双击，或在该段文本中任意位置连续单击3次，可以选择该段文本。
- **选择整篇文档**：将鼠标指针移动到文档左边的空白位置，当鼠标指针变成↗形状时，连续单击3次；或将鼠标指针定位到文本的起始位置，按住“Shift”键，然后在文本末尾位置单击；或按“Ctrl+A”组合键。以上方法均可选择整篇文档。

提示 选择部分文本后，按住“Ctrl”键，可以继续选择不连续的文本区域。另外，若要取消选择操作，可在选择对象以外的任意位置单击。

5.2.3 插入与删除文本

定位光标后，光标将呈不断闪烁的状态，此时在文本插入点处可输入文本，该处文本后面的内容将随光标自动向后移动，如图5-16所示。

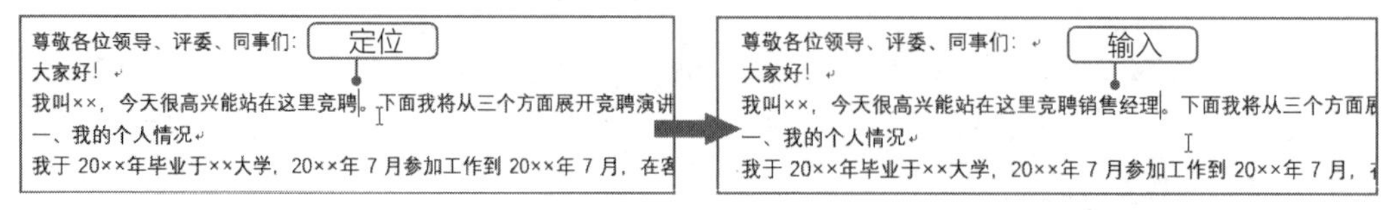

图5-16 插入文本

删除文本是从文档中删除多余或重复的文本，主要有以下两种方法。

- 选择需要删除的文本，按“BackSpace”键可删除选择的文本。若定位文本插入点后，按“BackSpace”键则可删除文本插入点前面的字符。
- 选择需要删除的文本，按“Delete”键也可删除选择的文本。若定位文本插入点后，按“Delete”键则可删除文本插入点后面的字符。

5.2.4 复制与移动文本

若要输入与文档中已有内容相同的文本，可使用复制操作。若要将所需文本内容从一个位置移动到另一个位置，可使用移动操作，下面具体进行介绍。

1. 复制文本

复制文本是指在目标位置为原位置的文本创建一个副本，复制文本后，原位置和目标位置都将存在该文本。复制文本的方法有以下4种。

- 选择所需文本后，在“开始”/“剪贴板”组中单击“复制”按钮复制文本，定位到目标位置后在“开始”/“剪贴板”组中单击“粘贴”按钮粘贴文本。
- 选择所需文本后右击，在弹出的快捷菜单中选择“复制”命令，定位到目标位置并右击，在弹出的快捷菜单中单击“粘贴选项”命令中的“保留源格式”按钮粘贴文本。
- 选择所需文本后，按“Ctrl+C”组合键复制文本，定位到目标位置后按“Ctrl+V”组合键粘贴文本。
- 选择所需文本后，按住“Ctrl”键，将其拖动到目标位置。

2. 移动文本

移动文本是将选择的文本移动到另一个位置，原位置将不再保留该文本，有以下4种方法。

- 选择要移动的文本后右击，在弹出的快捷菜单中选择“剪切”命令，定位文本插入点，右击，在弹出的快捷菜单中单击“粘贴选项”命令中的“保留源格式”按钮移动文本。
- 选择要移动的文本，在“开始”/“剪贴板”组中单击“剪切”按钮，定位文本插入点，在“开始”/“剪贴板”组中单击“粘贴”按钮，原位置的文本在粘贴处显示。
- 选择要移动的文本，按“Ctrl+X”组合键将文本插入点定位到目标位置，按“Ctrl+V”组合键粘贴文本。
- 选择要移动的文本，将鼠标指针移动到选择的文本上，按住鼠标左键，拖动文本到目标位置。

5.2.5 查找与替换文本

使用查找与替换功能可以检查和修改文档中错误的文本，以节省时间并避免遗漏。

【例5-3】将“招聘启事”文档中的“赵萍”替换为“招聘”，具体操作如下。

视频教学
查找与替换文本

步骤1 将文本插入点定位到文档中，在“开始”/“编辑”组中单击“替换”按钮，或按“Ctrl+H”组合键。

步骤2 打开“查找和替换”对话框，在“查找内容”文本框中输入“赵萍”，在“替换为”文本框中输入“招聘”，单击“查找下一处”按钮，可以看到文档中所找到的第一个“赵萍”文本呈选中状态显示。具体操作如图5-17所示。

步骤3 继续单击“查找下一处”按钮，直至出现提示“已完成对文档的搜索”。单击“确定”按钮返回“查找和替换”对话框，单击“全部替换”按钮。具体操作如图5-18所示。

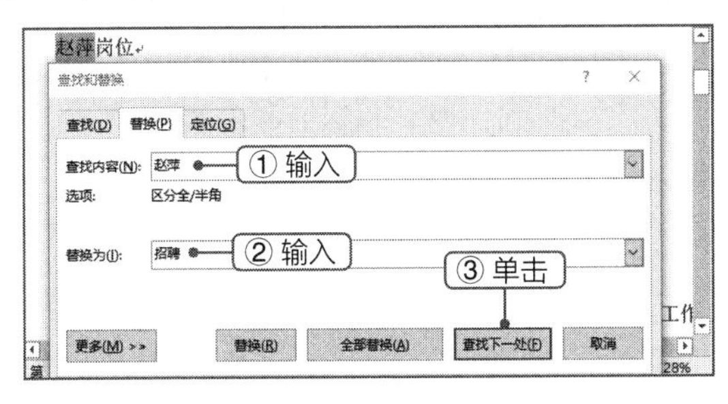

图5-17 查找和替换文本

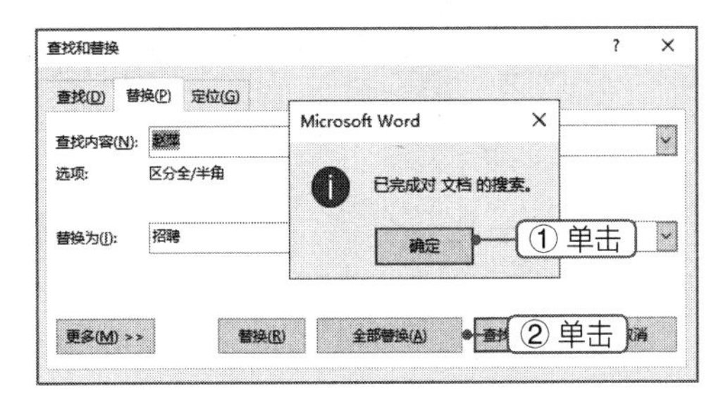

图5-18 全部替换文本

步骤4 打开提示对话框，提示完成替换的次数，单击“确定”按钮完成替换，如图5-19所示，最后单击“关闭”按钮，完成文本的查找与替换操作。

步骤5 此时在文档中可以看到“赵萍”文本已被全部替换为“招聘”文本，如图5-20所示。

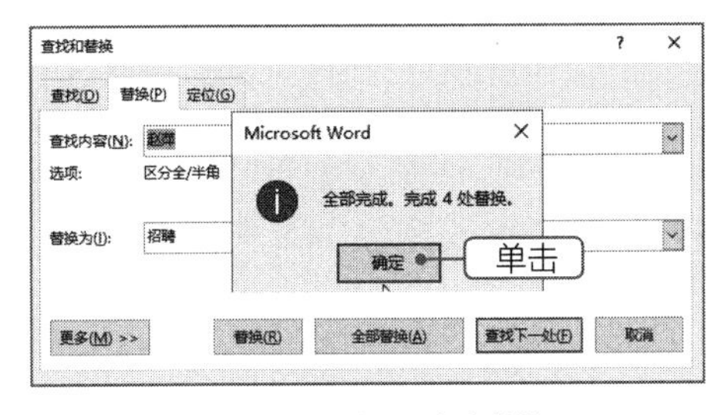

图5-19 提示完成替换

创新科技有限责任公司招聘
创新科技有限责任公司是以数字业务为龙头，集电子商务、系统集成、自主研发为一体的高科技公司。公司集中了大批高素质的、专业性强的人才，立足于数字信息产业，提供专业的信息系统集成服务、GPS 应用服务。在当今数字信息化高速发展的时机下，公司正虚席以待，诚聘天下英才。
招聘岗位
销售总监 1人

图5-20 查看替换文本效果

5.2.6 撤销与恢复操作

Word 2016有自动记录功能，在编辑文档时执行了错误操作后可进行撤销，同时也可恢复被撤销的操作。操作方法为：单击快速访问工具栏中的“撤销”按钮，可以撤销上一步的文档操作；单击“恢复”按钮，或按“Ctrl+Y”组合键，文档可以恢复到执行撤销操作前的效果。

5.2.7 输入符号和公式

Word 2016中可以输入各种符号和公式，下面分别进行介绍。

1. 输入符号

在Word文档中有一些平常无法输入的符号，如“◎”“①”“★”等，这些符号可以通过插入符号功能插入。操作方法为：在“插入”/“符号”组中单击“符号”下拉按钮，在弹出的下拉列表中选择一种符号，或者选择“其他符号”选项，打开“符号”对话框，在其中的“子集”下拉列表框中选择一种符号的样式类型，然后在下面的列表框中选择一种符号，单击“插入”按钮，如图5-21所示。

图5-21　插入符号

2. 输入公式

Word 2016中可以根据需求通过手写的方式输入个性化的公式，方法为：在“插入”/“符号”组中单击“公式”按钮，在文档中插入公式编辑框，并展开“公式工具 设计”选项卡，如图5-22所示，通过其中的各个按钮可以输入数学公式。

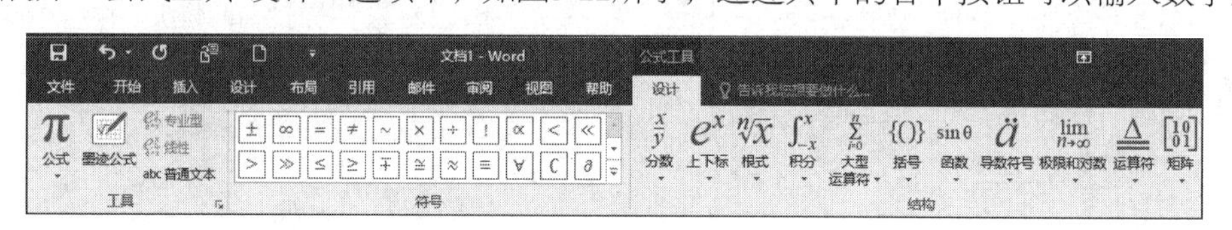

图5-22　“公式工具 设计”选项卡

- **插入设计好的公式**：在“公式工具 设计”/“工具”组中单击“设计”按钮，在弹出的下拉列表中可以选择已经设计好的公式插入文档中。
- **选择公式的结构**：在“公式工具 设计”/“结构”组中有很多种公式的结构，单击对应按钮，在弹出的下拉列表中可以选择一种结构插入文档中。
- **插入公式符号**：在“公式工具 设计”/“符号”组的列表框中有各种数学公式所使用的符号，可以选择一种符号插入文档中。

5.3 Word 2016文档排版

文档排版主要是指设置文档的格式，Word 2016的文档排版包括设置字符和段落格式、设置边框与底纹、设置项目符号和编号、应用格式刷、应用样式与模板、应用主题、创建目录，以及设置特殊格式等相关操作。

5.3.1 设置字符格式

设置字符格式包括更改文本的字体、字号、颜色等，通过这些设置可以使文字效果更突出、文档更美观。在Word 2016中设置字符格式可通过以下方法完成。

1. 通过浮动工具栏设置

选择文本后，其右上角将会自动显示一个浮动工具栏，如图5-23所示。该浮动工具栏最初为半透明状态显示，将鼠标指针指向该工具栏时其会清晰地完全显示。其中包含常用的设置选项，单击相应按钮或选择相应选项可对文本的字符格式进行设置。

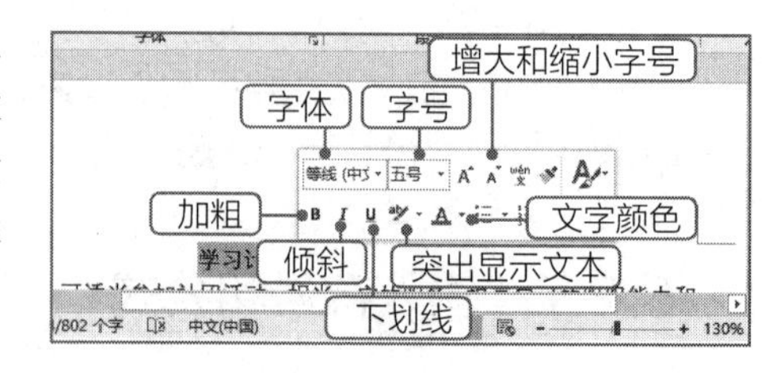

图5-23　浮动工具栏

- 字体指文字的外观，如黑体、楷体等字体，不同的字体，其外观也不同。
- 字号指文字的大小，默认为五号。其度量单位有“字号”和“磅”两种，其中字号越大文字越小；当用“磅”作为度量单位时，磅值越大文字越大。

2. 通过功能区设置

可通过单击Word 2016默认功能区“开始”/“字体”组中相应的按钮或选择相应的选项设置文本的字符格式，包括字体、字号、颜色、字形等，如图5-24所示。

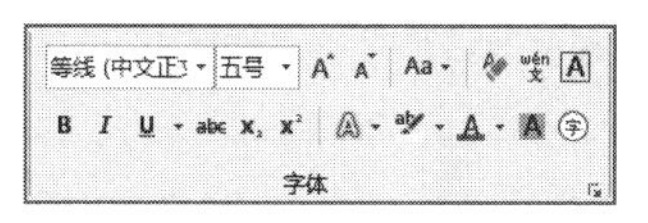

图5-24 “开始”/“字体”组

- “文本效果和版式”下拉按钮：单击下拉按钮，在打开的下拉列表中可选择需要的文本效果，如阴影、发光、映像等效果。
- “下标”x_2与“上标”按钮x^2：单击x_2按钮可将选择的字符设置为下标效果；单击x^2按钮可将选择的字符设置为上标效果。
- “更改大小写”下拉按钮Aa：在编辑英文文档时，可能需要转换字母大小写，单击Aa下拉按钮，在打开的下拉列表中提供了句首字母大写、每个单词首字母大写、切换大小写等选项。
- “带圈字符”按钮：单击按钮可以在字符周围设置圆圈或边框，达到强调的效果。

3. 通过“字体”对话框设置

在“开始”/“字体”组中单击其右下角的“字体”按钮或按“Ctrl+D”组合键，打开“字体”对话框。在“字体”选项卡中可设置字体格式，还可即时预览设置字体后的效果，如图5-25所示。单击“高级”选项卡，可以设置缩放、间距、位置等，如图5-26所示。

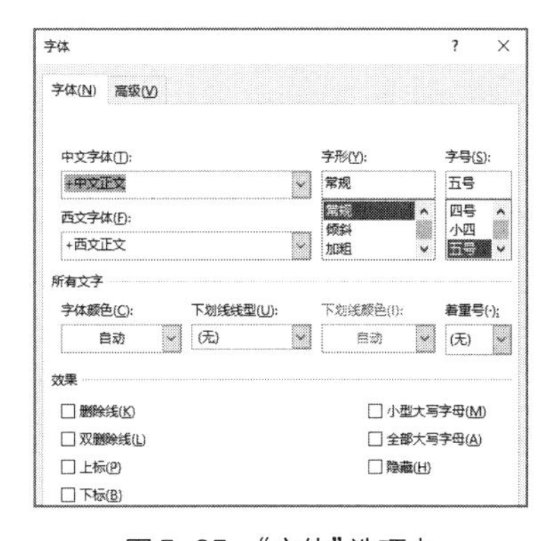

图5-25 “字体”选项卡

图5-26 “高级”选项卡

- 缩放：默认字符缩放是100%，表示正常大小，大于100% 时得到的字符趋于宽扁，小于100% 时得到的字符趋于瘦高。
- 位置：指字符在文本行的垂直位置，包括“上升”和“下降”两种。
- 间距：Word 中的字符间距包括“加宽”和“紧缩”两种，可设置加宽或紧缩的具体值。当末行文字只有一两个字符时可通过紧缩方法将其调到上一行。

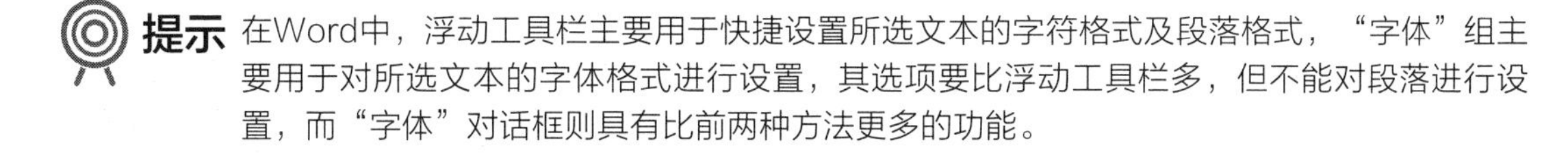

提示 在Word中，浮动工具栏主要用于快捷设置所选文本的字符格式及段落格式，“字体”组主要用于对所选文本的字体格式进行设置，其选项要比浮动工具栏多，但不能对段落进行设置，而“字体”对话框则具有比前两种方法更多的功能。

5.3.2 设置段落格式

段落是指文字、图形及其他对象的集合。回车符“↵”是段落的结束标记。通过设置段落格式，如设置段落对齐方式、缩进、行间距、段落间距等，可以使文档的结构更清晰，层次更分明。

1. 设置段落对齐方式

段落对齐方式包括左对齐、居中对齐、右对齐、两端对齐和分散对齐，设置方法如下。

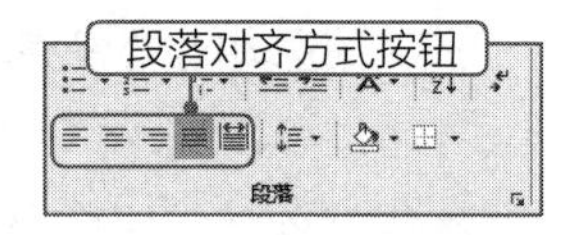

图5-27　设置段落对齐方式

- 选择要设置的段落，在“开始”/“段落”组中单击某个对齐按钮，可以设置相应的对齐方式，如图5-27所示。
- 选择要设置的段落，在浮动工具栏中单击某个对齐按钮，可以设置相应的对齐方式。
- 选择要设置的段落，单击“段落”组右下方的“段落设置”按钮，打开“段落”对话框，在该对话框中的“对齐方式”下拉列表中可以设置段落对齐方式。

2. 设置段落缩进

段落缩进主要有左缩进、右缩进、首行缩进、悬挂缩进和对称缩进5种方式，一般利用标尺和“段落”对话框来设置，其方法分别如下。

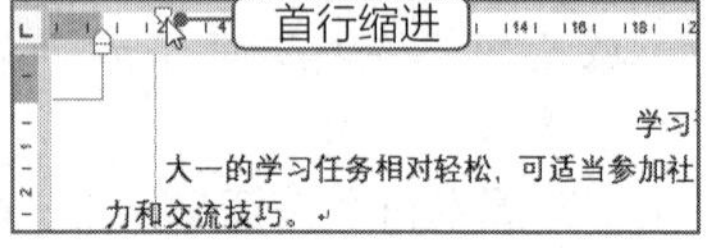

图5-28　利用标尺设置段落缩进

- **利用标尺设置**：单击滚动条上方的“标尺”按钮，然后拖动水平标尺中的各个缩进滑块，可以直观地调整段落缩进。其中▽表示首行缩进，△表示悬挂缩进，□表示左缩进，如图5-28所示。
- **利用“段落”对话框设置**：选择要设置的段落，单击“段落”组右下方的“段落设置”按钮，打开“段落”对话框，在该对话框中的“缩进”栏中进行设置。

注意 Word 2016默认不显示标尺，因此在使用标尺前需要进行设置，方法为在“视图”/“显示”组中单击选中“标尺”复选框。

3. 设置行间距和段落间距

合适的间距可使文档一目了然，用户可根据需要设置行间距和段落间距，方法如下。

- 选择段落，在“开始”/“段落”组中单击“行和段落间距”按钮，在打开的下拉列表中可选择“1.5”等行距选项。
- 选择段落，打开“段落”对话框，在“间距”栏中的“段前”和“段后”数值框中输入值，在“行距”下拉列表框中选择相应的选项，即可分别设置段落间距和行间距。

5.3.3 设置边框与底纹

在Word文档中设置边框和底纹可以提升文档的美观度，并突出文档的重点内容。

1. 为字符设置边框与底纹

在“开始”/“字体”组中单击“字符边框”按钮A，即可为选择的文本设置字符边框，在“字体”组中单击“字符底纹”按钮A即可为选择的文本设置字符底纹。

2. 为段落设置边框与底纹

为段落设置边框和底纹可以增加文档的可读性和美观性。

视频教学
为段落设置边框与底纹

【例5-4】为文档的标题行添加浅绿色的底纹，为“1.大学生创业贷款的概念”下方的整段文本添加边框和“白色，背景1，深色15%”的底纹，具体操作如下。

步骤1　选择标题行，在“开始”/“段落”组中单击“底纹”按钮右侧的下拉按钮，在打开的下拉列表中选择“浅绿”选项。具体操作如图5-29所示。

步骤2　选择“1.大学生创业贷款的概念”下的整段文本，在“段落”组中单击“边框”按钮右侧的下拉按钮，在打开的下拉列表中选择“边框和底纹”选项。具体操作如图5-30所示。

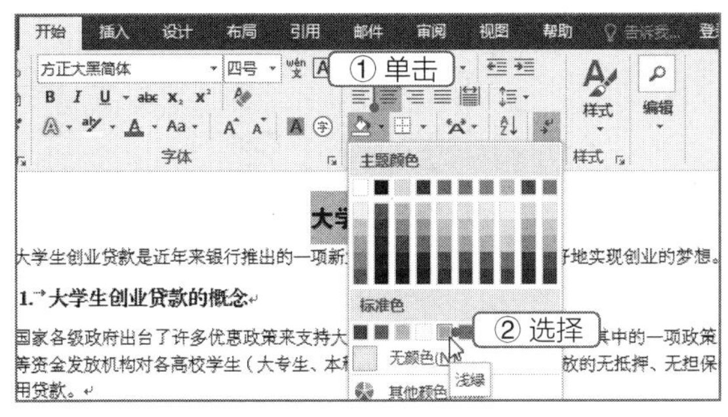

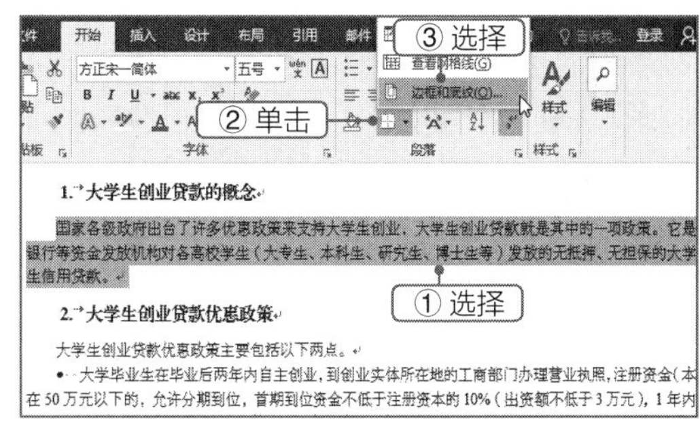

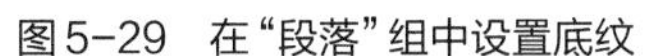

图5-29　在“段落”组中设置底纹　　　　图5-30　选择“边框和底纹”选项

步骤3　在打开的“边框和底纹”对话框中单击“边框”选项卡，在“设置”栏中选择“方框”选项，在“样式”列表框中选择“══”选项。单击“底纹”选项卡，在“填充”下拉列表框中选择“白色，背景1，深色15%”选项，单击“确定”按钮。设置边框与底纹后的文档效果如图5-31所示，用相同的方法为其他段落设置边框与底纹样式。

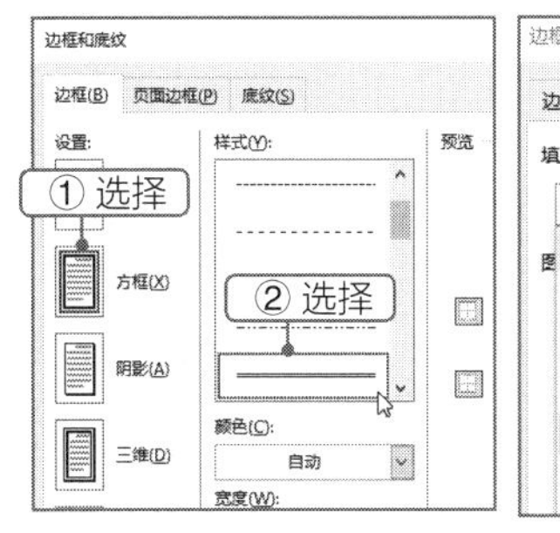

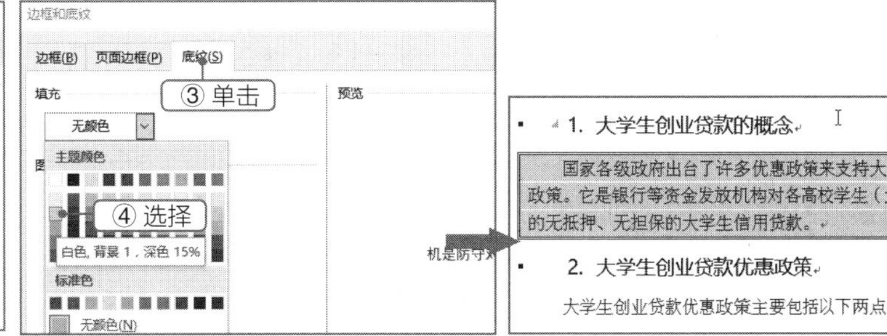

图5-31　通过对话框设置边框与底纹

5.3.4　设置项目符号和编号

使用项目符号与编号功能，可为属于并列关系的段落添加●、★、◆等项目符号，也可添加“1. 2. 3.”或“A. B. C.”等编号，还可设置多级列表，使文档层次分明、条理清晰。

1. 添加项目符号

选择需要添加项目符号的段落，在“开始”/“段落”组中单击“项目符号”按钮右侧的下拉按钮，在打开的下拉列表中选择一种项目符号样式。

2. 自定义项目符号

Word 2016中默认的项目符号样式共7种，根据需要还可自定义项目符号。

【例5-5】在“大学生创业贷款”文档中自定义项目符号。

步骤1　选择需要添加自定义项目符号的段落，在“开始”/“段落”组中单击“项目符号”按钮右侧的下拉按钮，在打开的下拉列表中选择“定义新项目符号”选项具体操作如图5-32所示。操作完成后将打开“定义新项目符号”对话框。

步骤2　在“项目符号字符”栏中单击“图片”按钮，打开“插入图片”界面，其中提供了3种不同的图片选择方式，这里单击“从文件”栏中的“浏览”按钮，在打开的“插入图片”对话框中选择要插入的图片样式，具体操作如图5-33所示。操作完成后单击“插入”按钮。

步骤3　返回“定义新项目符号”对话框，在“对齐方式”下拉列表框中选择项目符号的对齐方式，最后单击“确定”按钮即可查看定义后的效果，如图5-34所示。

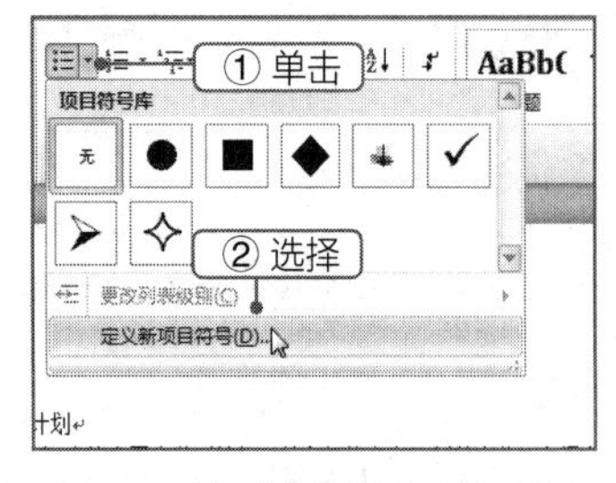

图5-32 选择“定义新项目符号”选项

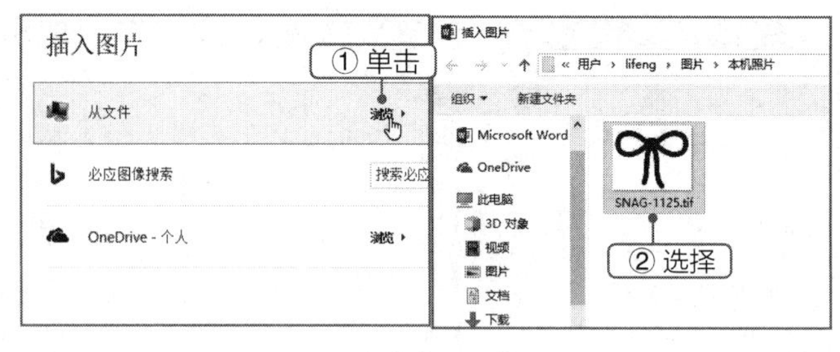

图5-33 自定义项目符号

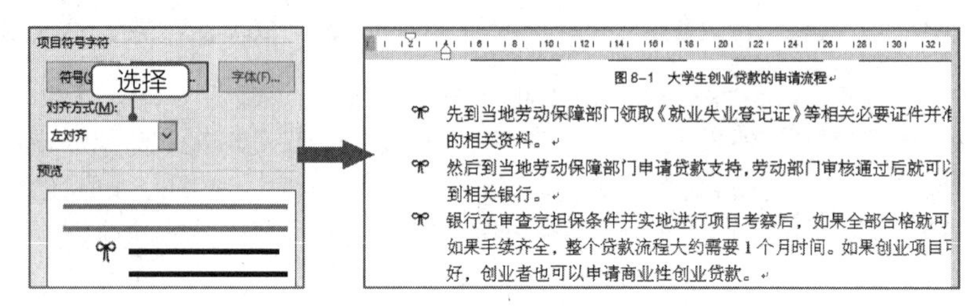

图5-34 预览设置效果

3. 添加编号

用户可以为文档中按一定顺序或层次结构排列的项目添加编号。操作方法为：选择要添加编号的文本，在“开始”/“段落”组中单击“编号”按钮右侧的下拉按钮，在打开的“编号库”下拉列表中选择需要添加的编号。另外，在“编号库”下拉列表中还可以通过选择“定义新编号格式”选项来自定义编号格式，其方法与自定义项目符号相似。

4. 设置多级列表

多级列表主要用于规章制度等需要运用各种级别的编号的文档。设置多级列表的方法为：选择需要设置的段落，在“开始”/“段落”组中单击“多级列表”按钮，在打开的下拉列表中选择一种编号样式。对段落设置多级列表后默认各段落标题级别是相同的，若看不出级别效果，可以依次在下一级标题编号后面按“Tab”键，对当前内容进行降级操作。

5.3.5 应用格式刷

使用格式刷能快速地将文本中的某种格式应用到其他文本上。操作方法为：选择设置好样式的文本；在“开始”/“剪贴板”组中单击“格式刷”按钮；将鼠标指针移动到文档编辑区，当鼠标指针呈形状时，按鼠标左键拖动便可为选择的文本应用样式。或单击“格式刷”按钮，将鼠标指针移动至某一行文本前，当鼠标指针呈形状时单击，便可为该行文本应用文本样式。单击“格式刷”按钮，使用一次格式刷后格式刷功能将自动关闭。双击“格式刷”按钮，可多次使用格式刷功能，再次单击“格式刷”按钮或按“Esc”键可关闭格式刷功能。

5.3.6 应用样式与模板

样式与模板是Word 2016中常用的排版功能，下面分别进行介绍。

1. 样式

样式是指一组已经命名的字符和段落格式，它设定了文档中标题、题注以及正文等各个文本元素的格式。样式的相关操作包括新建、应用和修改。

- **新建样式**：选择文本，在“开始”/“样式”组中单击“样式”列表框右侧的下拉按钮，在打开的下拉列表中选择“创建样式”选项，打开“根据格式化创建新样式”对话框，在“名称”文本框中输入样式的名称，单击“确定”按钮。具体操作如图5-35所示。

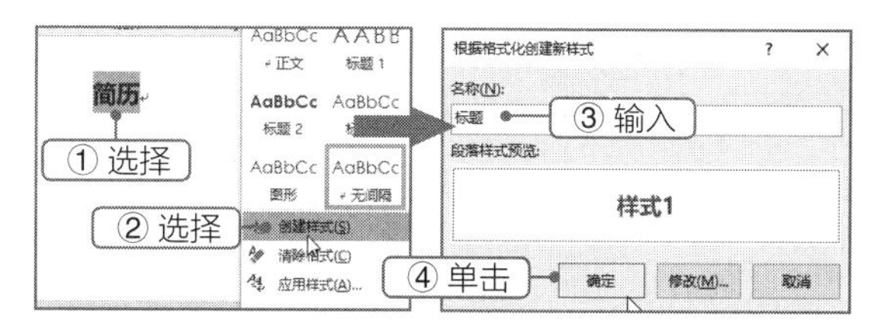

图5-35 新建样式的过程

- **应用样式**：将文本插入点定位到要设置样式的段落中或选择要设置样式的字符或词组，在“开始”/“样式”组中单击“样式”列表框右侧的下拉按钮，在打开的下拉列表中选择需要应用的样式对应的选项。
- **修改样式**：在“开始”/“样式”组中单击“样式”列表框右侧的下拉按钮，在打开的下拉列表中需进行修改的样式选项上右击，在弹出的快捷菜单中选择“修改”命令，此时将打开“修改样式”对话框，在其中可设置样式的名称和格式。

2. 模板

模板是一种固定样式的框架，Word 2016中主要有新建模板和套用模板两种操作。

- **新建模板**：打开Word文档，使用前述方法打开“另存为”对话框，设置好文件名；在“保存类型”下拉列表框中选择“Word模板（*.dotx）”选项；最后单击“保存”按钮。
- **套用模板**：选择“文件”/“新建”命令，单击右侧“新建”列表中的“个人”选项卡，其下显示了可用的模板，单击模板名称即可在Word中快速新建一个与模板样式相同的文档。

5.3.7 应用主题

主题是一套具有统一设计的包括颜色、字体和效果在内的格式选项，为文档应用主题后，所有文档都有统一的格式。

1. 应用内置主题

为文档应用主题的操作方法为：在“设计”/“文档格式”组中单击“主题”按钮，在弹出的下拉列表中以图示的方式罗列了“Office”“画廊”“环保”“回顾”等三十几种内置的主题样式，选择一种主题对应的选项，即可为文档中的文字和图形应用该主题样式。

2. 自定义主题

创建自定义主题主要是对主题的颜色、字体和效果进行设置。

- **颜色**：在“设计”/“文档格式”组中单击“颜色”下拉按钮，在弹出的下拉列表中显示了所有内置的主题颜色样式，选择“自定义颜色”选项，打开“新建主题颜色”对话框，在“主题颜色”栏中单击需要设置的项目右侧的下拉按钮，在弹出的下拉列表中选择一种颜色，然后在“名称”文本框中输入新名称。
- **字体**：在“设计”/“文档格式”组中单击“字体”下拉按钮，在弹出的下拉列表中显示了所有内置的主题字体样式，选择“自定义字体”选项，打开“新建主题字体”对话框，在其中设置各种字体格式，然后在“名称”文本框中输入新名称。
- **效果**：在“设计”/“文档格式”组中单击“效果”下拉按钮，在弹出的下拉列表中选择一种主题效果样式。

5.3.8 创建目录

对于设置了多级标题样式的文档，可通过索引和目录功能提取目录。其方法为：打开设置了多级标题的文档，然后将文本插入点定位于文档中目录显示位置，在“引用”/“目录”组中单击“目录”下拉按钮，在打开的下拉列表中选择“自定义目录”选项，打开“目录”对话框，在其中可以设置目录的显示级别、制表符前导符的样式、是否显示页码和页码的对齐方式等参数，完成设置后单击“确定”按钮。返回文档编辑区即可查看插入的目录。

5.3.9 设置特殊格式

特殊格式包括首字下沉、带圈字符、双行合一和给中文加拼音等。

- **首字下沉**：首字下沉即突出显示段落中的第一个字，这种方法通常用于报刊中。其设置方法为：选择要设置首字下沉的段落，在“插入”/“文本”组中单击“首字下沉”下拉按钮，在打开的下拉列表中选择所需的样式。
- **带圈字符**：带圈字符是中文字符的一种特殊形式，用于表示强调，例如，已注册商标符号®、数字符号①等。其设置方法为：选择要设置带圈字符的单个文本，在“开始”/“字体”组中单击“带圈字符”按钮㊫，在打开的“带圈字符”对话框中设置字符的样式、圈号等参数，如图5-36所示。
- **双行合一**：双行合一指将两行文字显示在一行文字的空间中。其设置方法为：选择文本后，在“开始”/“段落”组中单击“中文版式”下拉按钮，在打开的下拉列表中选择“双行合一”选项，在打开的“双行合一”对话框中进行相应设置后，单击“确定”按钮。
- **给中文加拼音**：在制作文档时若需要给中文添加拼音，可先选择需要添加拼音的文本，在“开始”/“字体”组中单击“拼音指南”按钮，打开“拼音指南”对话框，如图5-37所示。在“基准文字”下方的文本框中显示了选择的要添加拼音的文字，在“拼音文字”下方的文本框中显示了该文字对应的拼音，设置对齐方式、偏移量、字体、字号可调整拼音的显示方式，在“预览”框中可显示设置后的效果。

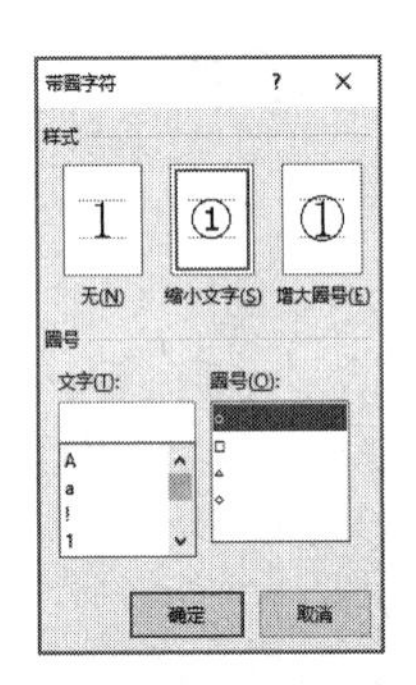

图5-36 “带圈字符”对话框

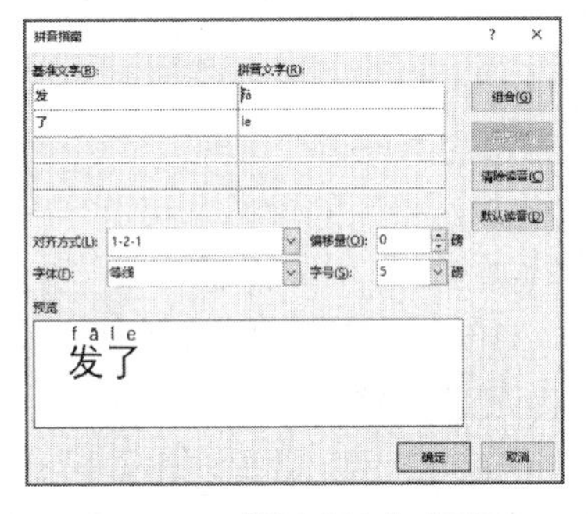

图5-37 “拼音指南”对话框

5.4 Word 2016的表格应用

表格是数据管理的重要工具，在文档中应用表格可以将文本内容以模块化的可视方式展现出来，增加文本内容的条理性和可读性。下面介绍在Word 2016中使用表格的方法。

5.4.1 创建表格

在Word 2016中创建表格主要包括插入表格和绘制表格两种方式。

1. 插入表格

根据插入表格的行列数和个人的操作习惯，可使用以下两种方法来实现表格的插入操作。

- **快速插入表格**：在“插入”/“表格”组中单击“表格”下拉按钮，在打开的下拉列表中将鼠标指针移动到“插入表格”栏的某个单元格上，此时呈黄色边框显示的单元格为将要插入的单元格，单击即可完成插入操作。具体操作如图5-38所示。

- **通过对话框插入表格**：在“插入”/“表格”组中单击“表格”下拉按钮，在打开的下拉列表中选择“插入表格”选项，此时将打开“插入表格”对话框，在其中设置表格尺寸和单元格宽度后，单击“确定”按钮，如图5-39所示。

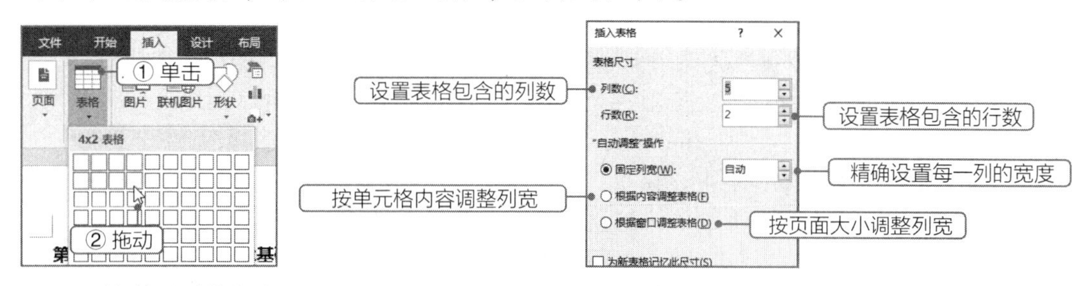

图5-38　快速插入表格的过程　　　　图5-39　“插入表格”对话框

2. 绘制表格

对于一些结构不规则的表格，可以通过绘制表格的方法创建。操作方法为：在“插入”/“表格”组中单击“表格”下拉按钮，在打开的下拉列表中选择“绘制表格”选项，此时鼠标指针将变为形状，在文档编辑区拖动绘制表格外边框，然后在外边框内拖动绘制行线和列线，表格绘制完成后，按“Esc”键退出绘制状态。

提示 在Word 2016中绘制表格时，功能区会出现“表格工具 设计”选项卡，在其中的“边框”组中提供了相应的参数，用于设置绘制的表格。

5.4.2　编辑表格

创建表格后可以通过选择表格和设置布局调整其结构。

1. 选择表格

选择表格主要包括选择单元格、选择行、选择列和选择整个表格等，具体方法如下。

- **选择单个单元格**：将鼠标指针移动到所选单元格的左边框位置，当其变为形状时，单击即可选择该单元格。
- **选择连续的多个单元格**：在按住鼠标左键的同时，从起始单元格拖动鼠标指针至目标单元格，即可选择这两个单元格及其之间的所有连续单元格。另外，选择起始单元格，然后将鼠标指针移动到目标单元格中，按住“Shift”键的同时单击也可选择这两个单元格及其之间的所有连续单元格。
- **选择不连续的多个单元格**：首先选择起始单元格，然后按住“Ctrl”键，依次单击选择其他单元格。
- **选择行**：通过拖动鼠标指针可选择一行或连续的多行单元格。另外，将鼠标指针移至所选行左侧，当其变为形状时单击可选择该行。利用“Shift”键和“Ctrl”键可实现连续多行和不连续多行的选择操作，方法与选择单元格的操作类似。
- **选择列**：通过拖动鼠标指针可选择一列或连续多列的单元格。另外，将鼠标指针移至所选列上方，当其变为形状时单击可选择该列。利用“Shift”键和“Ctrl”键可实现连续多列和不连续多列的选择操作，方法也与选择单元格操作类似。
- **选择整个表格**：按住“Ctrl”键，利用选择单个单元格、单行或单列的方法选择整个表格。另外，单击表格左上角的按钮也可选择整个表格。

2. 布局表格

布局表格主要包括删除、插入、合并和拆分表格等内容，布局方法为：选择表格中的单元格、行或列，在“表格工具 布局”选项卡中利用“行和列”组与“合并”组中的相关参数进行设置。其中各参数的作用介绍如下。

- **“删除”按钮**：单击该按钮，可在打开的下拉列表中执行删除单元格、行、列或表格的操作。在下拉列表中选择某选项时，会打开“删除单元格”对话框，要求设置删除单元格后剩余单元格的调整方式，例如，右侧单元格左移、下方单元格上移等。
- **“在上方插入”按钮**：单击该按钮，可在所选行的上方插入新行。
- **“在下方插入”按钮**：单击该按钮，可在所选行的下方插入新行。
- **“在左侧插入”按钮**：单击该按钮，可在所选列的左侧插入新列。
- **“在右侧插入”按钮**：单击该按钮，可在所选列的右侧插入新列。
- **“合并单元格”按钮**：单击该按钮，可将所选的多个连续的单元格合并为一个新的单元格。
- **“拆分单元格”按钮**：单击该按钮，将打开“拆分单元格”对话框，在其中可设置拆分后单元格的列数和行数，单击“确定”按钮后可将所选的单元格按设置的参数拆分。
- **“拆分表格”按钮**：单击该按钮，可在所选单元格处将表格拆分为两个独立的表格。需要注意的是，Word只允许上下拆分表格，不允许左右拆分。

5.4.3 设置表格

对于表格中的文本而言，可按设置文本和段落格式的方法设置其格式。此外，还可设置单元格对齐方式、边框和底纹、表格样式、行高和列宽等。

1. 设置单元格对齐方式

单元格对齐方式是指单元格中文本的对齐方式，设置方法为：选择需设置对齐方式的单元格，在“表格工具 布局”/“对齐方式”组中单击相应按钮，如图5-40所示。如果想改变单元格中的文字方向，则需单击该组中的“文字方向”按钮，而单击“单元格边距”按钮，则可以打开“表格选项”对话框，在其中可以调整单元格数据的上、下、左、右边距。

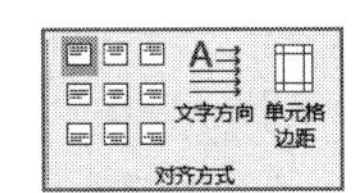

图5-40 “对齐方式”组

2. 设置边框和底纹

设置单元格边框和底纹的方法分别如下。

- **设置单元格边框**：选择需设置边框的单元格，在“表格工具 表设计”/“边框”组中单击“边框样式”下拉按钮，在打开的下拉列表中选择相应的边框样式。
- **设置单元格底纹**：选择需设置底纹的单元格，在“表格工具 表设计”/“表格样式”组中单击“底纹”下拉按钮，在打开的下拉列表中选择所需的底纹颜色。

3. 套用表格样式

使用Word 2016提供的表格样式，可以简单、快速地完成表格的设置和美化操作。选择表格，在“表格工具 设计”/“表格样式”组中单击右下方的下拉按钮，在打开的下拉列表中选择所需的表格样式，即可将其应用到所选表格中。

提示 单击“表格样式”组右下方的下拉按钮后，在打开的下拉列表中选择“新建表格样式”选项，在打开的“根据格式化创建新样式”对话框中可以自定义新建样式的名称、样式类型和边框样式等属性，最后单击“确定”按钮保存新建的样式。

4. 设置行高和列宽

设置表格行高和列宽的常用方法有以下两种。

- **通过拖动鼠标指针设置**：将鼠标指针移至行线或列线上，当其变为÷形状或⇹形状时，拖动鼠标指针即可调整行高或列宽。

- **精确设置**：选择需调整行高或列宽的行或列，在“表格工具 布局”/“单元格大小”组的“高度”数值框或“宽度”数值框中可设置精确的行高或列宽值。

5.5 Word 2016的图文混排

图文混排是指将文字与图片混合排列，并用文本框、图片、形状或艺术字来修饰文字，以更生动直观的方式来增加用户的阅读兴趣，以便用户更好地理解文档所表达的内容。

5.5.1 文本框操作

利用文本框可以排版出特殊的文档版式，在文本框中可输入文本，也可插入图片。在文档中插入的文本框可以是Word 2016自带样式的文本框，也可以是手动绘制的横排或竖排文本框。打开要编辑的文档，在“插入”/“文本”组中单击“文本框”下拉按钮，在打开的下拉列表中提供了不同的文本框样式，选择其中的某一种样式即可将文本框插入文档中，此时即可在文本框中输入文本。

5.5.2 图片操作

在Word文档中插入图片，可以有效缓解用户的阅读疲劳，使文档达到图文并茂的效果。

1. 插入图片

插入图片的操作方法为：先定位文本插入点，在“插入”/“插图”组中单击“图片”按钮，打开“插入图片”对话框，在其中选择需插入的图片后，单击“插入”按钮。

2. 调整图片大小、位置和角度

选择插入的图片，此时利用图片四周出现的控制点便可实现对图片的基本调整。

- **调整大小**：将鼠标指针移动到图片边框上出现的8个控制点之一，当其变为形状时，按住鼠标左键并拖动鼠标指针即可调整图片大小。其中4个角上的控制点可用于等比例调整图片的高度和宽度，使图片不变形；4条边中间的控制点可用于单独调整图片的高度或宽度，但图片会变形。
- **调整位置**：选择图片后，将鼠标指针定位到图片上，按住鼠标左键并将其拖动到文档中的其他位置后释放鼠标左键，即可调整图片位置。
- **调整角度**：调整角度即旋转图片，选择图片后将鼠标指针定位到图片上方出现的控制点上，当其变为形状时，按住鼠标左键并拖动鼠标指针即可旋转图片。

3. 裁剪与排列图片

用户可根据需要裁剪和排列插入的图片，其操作分别如下。

- **裁剪图片**：选择图片，在“图片工具 格式”/“大小”组中单击“裁剪”按钮，将鼠标指针定位到图片上出现的裁剪边框线上，按住鼠标左键并拖动鼠标指针至合适大小，释放鼠标左键后按“Enter”键或单击文档其他位置完成裁剪。具体操作如图5-41所示。

图5-41 裁剪图片的过程

- **排列图片**：排列图片是指设置图片周围文本的环绕方式。选择图片，在“图片工具 格式”/“排列”组中单击“环绕文字”按钮，在打开的下拉列表中选择所需环绕方式对应的选项。插入的图片默认应用的是“嵌入型”环绕方式。

4. 美化图片

选择图片后，在“图片工具 格式”/“调整”组和“图片工具 格式”/“图片样式”组中可进行各种美化操作，如图5-42所示。其中部分参数的作用分别如下。

图5-42 美化图片的各种参数

- **“校正”下拉按钮**：单击该下拉按钮后，可在打开的下拉列表中选择Word 2016预设的各种锐化和柔化效果，以及亮度和对比度效果。
- **“颜色”下拉按钮**：单击该下拉按钮后，可在打开的下拉列表中设置不同的饱和度和色调。
- **“艺术效果”下拉按钮**：单击该下拉按钮后，可在打开的下拉列表中选择Word 2016预设的不同艺术效果。
- **“图片样式”列表框**：在该列表框中可快速为图片应用某种已设置好的图片样式。

5.5.3 形状操作

Word 2016中提供了大量可以进行编辑的形状，编辑文档时合理地使用这些形状，不仅能提高效率，而且能提升文档的质量。

1. 插入形状

在“插入”/“插图”组中单击“形状”下拉按钮，在打开的下拉列表中选择某种形状对应的选项，此时可通过执行以下任意一种操作插入形状。

- **单击**：单击将插入默认尺寸的形状。
- **拖动鼠标指针**：在文档编辑区中按住鼠标左键并拖动鼠标指针插入形状，可根据需要插入不同大小的形状。

2. 调整形状

调整形状包括直接更改形状和通过编辑形状顶点更改形状两种方式。

- **直接更改形状**：选择形状，在“绘图工具 形状格式”/“插入形状”组中单击“编辑形状”下拉按钮，在打开的下拉列表中选择“更改形状”选项，在打开的列表框中选择新形状对应的选项。
- **通过编辑下拉形状顶点更改形状**：选择形状后，在“绘图工具 形状格式”/“插入形状”组中单击“编辑形状”下拉按钮，在打开的下拉列表中选择“编辑顶点”选项，此时形状边框上将显示多个黑色顶点，选择某个顶点；通过拖动顶点调整顶点位置；通过拖动顶点两侧的白色控制点调整顶点所连接线段的形状；按“Esc”键退出编辑。具体操作如图5-43所示。

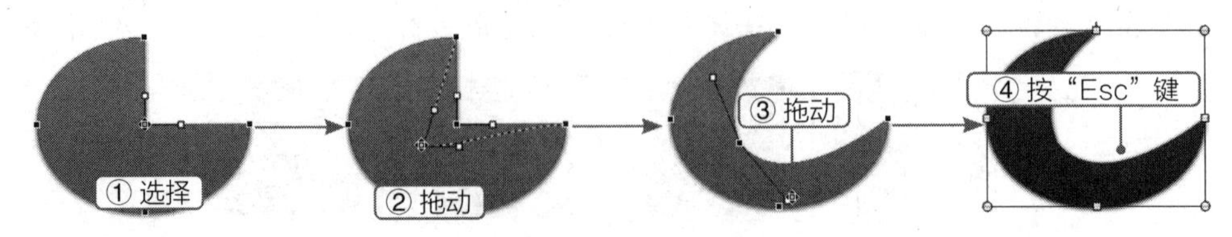

图5-43 编辑顶点的过程

3. 美化形状

选择形状后，在“绘图工具 形状格式”/“形状样式”组中可进行各种美化操作，其中部分参数的作用分别如下。

- **“形状样式”列表框：**在该列表框中可快速为形状应用Word 2016提供的主题和预设的样式效果。
- **“形状填充”按钮：**单击该按钮后，可在打开的下拉列表中设置形状的填充颜色，其中提供了渐变填充、纹理填充和图片填充等多种填充方式。
- **“形状轮廓”按钮：**单击该按钮后，可在打开的下拉列表中设置形状边框的颜色、粗细等。
- **“形状效果”下拉按钮：**单击该下拉按钮后，可在打开的下拉列表中设置形状的各种效果，例如，阴影效果、发光效果等。

4. 为形状添加文本

除线条和公式形状外，其他形状中都可添加文本。操作方法为：在形状上右击，在弹出的快捷菜单中选择“添加文字”命令，此时形状中将出现文本插入点，输入需要的内容即可。

5.5.4 艺术字操作

在文档中插入艺术字，可呈现出不同的效果，达到增强文字观赏性的目的。

1. 插入艺术字

插入艺术字的方法与插入文本框类似。操作方法为：在“插入”/“文本”组中单击“艺术字”下拉按钮A，在打开的下拉列表中选择一种样式后，在文档中文本插入点处将自动添加一个带有默认文本样式的艺术字文本框，在其中输入所需文本内容。

2. 编辑与美化艺术字

由于艺术字相当于预设了文本格式的文本框，因此艺术字的编辑与美化操作与文本框相同，这里重点介绍更改艺术字形状的方法，此方法对文本框同样适用。具体操作为：选择艺术字，在“绘图工具 格式”/“艺术字样式”组中单击“文本效果”下拉按钮，在打开的下拉列表中选择“转换”选项，再在打开的子列表中选择某种形状对应的选项。

5.6 Word 2016的页面格式设置

Word 2016的页面格式设置包括页面大小、页面方向、页边距、页眉、页脚、页码、水印、颜色、边框、分栏、分页、分节，以及打印预览和打印等设置。

5.6.1 设置页面大小、页面方向和页边距

默认的Word页面大小为A4（21cm×29.7cm），页面方向为纵向，页边距为普通，在“布局”/“页面设置”组中单击相应的按钮便可进行修改，相关介绍如下。

- 单击“纸张大小”下拉按钮，在打开的下拉列表中选择一种页面大小选项，或选择“其他纸张大小”选项，在打开的“页面设置”对话框中输入文档宽度和高度的值。
- 单击“纸张方向”下拉按钮，在打开的下拉列表中选择“横向”选项，可将页面方向设置为横向。
- 单击“页边距”下拉按钮，在打开的下拉列表中选择一种页边距选项，或选择“自定义页边距”选项，在打开的“页面设置”对话框中可设置上、下、左、右页边距的值。

5.6.2 设置页眉、页脚和页码

页眉实际上可以位于文档中的任何区域，但根据人们浏览文档的习惯，页眉一般是指文档中每个页面顶部区域内的对象，常用于补充说明文档标题、文件名和作者姓名等。

1. 创建页眉

创建页眉的操作方法为：在“插入”/“页眉和页脚”组中单击“页眉”下拉按钮，在打开的下拉列表中选择某种预设的页眉样式选项，然后在文档中按所选的页眉样式输入所需的内容。

2. 编辑页眉

若需要自行设置页眉的内容和格式，则可在“插入”/“页眉和页脚”组中单击“页眉”下拉按钮，在打开的下拉列表中选择“编辑页眉”选项，此时将进入页眉编辑状态，利用功能区的“页眉和页脚工具 设计”选项卡便可编辑页眉内容，如图5-44所示。

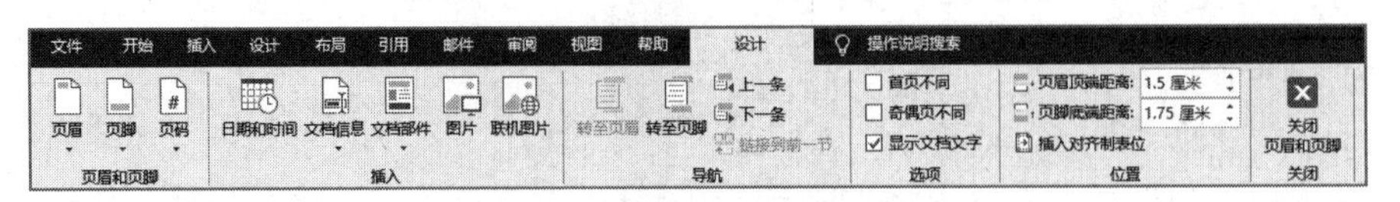

图5-44 用于编辑页眉的各个参数

- “日期和时间”按钮：单击该按钮，可在打开的“日期和时间”对话框中设置所插入日期和时间的显示格式。
- “文档部件”下拉按钮：单击该下拉按钮，可在打开的下拉列表中选择需插入的与本文档相关的信息，如标题、单位和发布日期等。
- “图片”按钮：单击该按钮，可在打开的对话框中选择页眉中使用的图片。
- “首页不同”复选框：单击选中该复选框，可使文档第一页不显示页眉。
- “奇偶页不同”复选框：单击选中该复选框，可分别设置文档奇数页和偶数页的页眉。

3. 创建与编辑页脚

页脚一般位于文档中每个页面的底部区域，用于显示文档的附加信息，如日期、公司标志、文件名和作者名等，但最常见的是在页脚中显示页码。创建页脚的方法为：在“插入”/“页眉和页脚”组中单击“页脚”下拉按钮，在打开的下拉列表中选择某种预设的页脚样式选项，然后在文档中按所选的页脚样式输入所需的内容，操作与创建页眉相似。

4. 插入页码

页码用于显示文档的页数，首页可根据实际情况不显示页码。

视频教学
插入页码

【例5-6】在“公司员工手册”文档中插入“普通数字2”样式页码，具体操作如下。

步骤1 打开“公司员工手册”文档，在“插入”/“页眉和页脚”组中单击“页码”下拉按钮，在打开的下拉列表中选择“设置页码格式”选项，打开“页码格式”对话框。

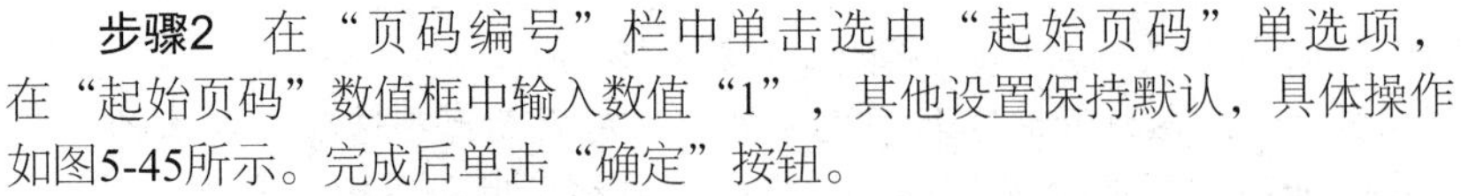

步骤2 在“页码编号”栏中单击选中“起始页码”单选项，在“起始页码”数值框中输入数值“1”，其他设置保持默认，具体操作如图5-45所示。完成后单击“确定”按钮。

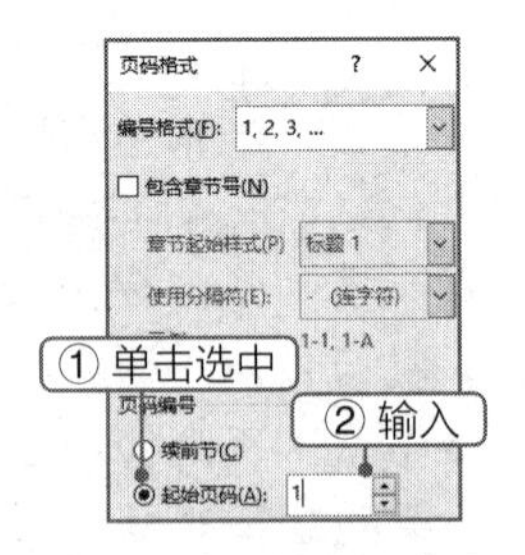

图5-45 设置起始页码

步骤3 在页脚编辑区双击，激活“页眉和页脚工具 设计”选项卡，在“页眉和页脚工具 设计”/“选项”组中单击选中“首页不同”复选框。

步骤4 在“页眉和页脚工具 设计”/“页眉和页脚”组中单击“页码”下拉按钮，在打开的下拉列表中选择“页面底端”/“普通数字2”选项。

5.6.3 设置水印、颜色和边框

为了使制作的文档更加美观，还可为文档添加水印，并设置页面颜色和边框。

1. 设置页面水印

添加水印的操作方法为：在“设计”/“页面背景”组中单击“水印”下拉按钮，在打开的下拉列表中选择一种水印效果。若在下拉列表中选择“自定义水印”选项，打开“水印”对话框，可以为页面自定义图片或文字水印。

2. 设置页面颜色

设置页面颜色的操作方法为：在“设计”/“页面背景”组中单击“页面颜色”下拉按钮，在打开的下拉列表中选择一种页面背景颜色。

3. 设置页面边框

设置页面边框的操作方法为：在“设计”/“页面背景”组中单击“页面边框”按钮，打开“边框和底纹”对话框，在“设置”栏中选择边框的类型，在“样式”列表框中选择边框的样式，在“颜色”下拉列表框中设置边框的颜色，如图5-46所示，最后单击“确定”按钮应用设置。

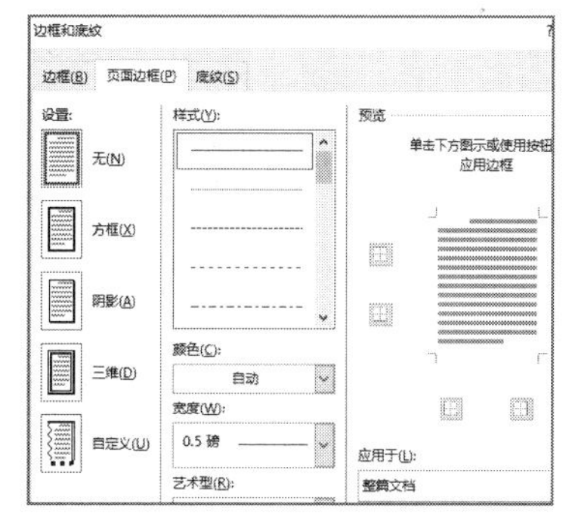

图5-46 “边框和底纹”对话框

5.6.4 设置分栏、分页和分节

在Word 2016中，可将文档设置为多栏预览，还能通过分隔符自动分页。

视频教学
设置分页和分节

1. 设置分栏

在“布局”/“页面设置”组中单击“栏”下拉按钮，在打开的下拉列表中选择分栏的数目，或在打开的下拉列表中选择“更多栏”选项，打开“栏”对话框，在“栏数”数值框中可输入设置的栏数，在“宽度和间距”栏中可设置栏之间的宽度与间距。

2. 设置分页和分节

分页和分节都是分开文本的方式，都能将文本分为两部分，不同之处在于分页后两部分文本只能保持同样的页面设置效果，而分节后两部分文本则可以应用不同的页面设置效果。

【例5-7】在文档中插入分页符和分节符，具体操作如下。

步骤1 打开“招工协议书”文档，将文本插入点定位到文本“招工协议书”之后，在“布局”/“页面设置”组中单击“分隔符”下拉按钮，在打开的下拉列表中的“分页符”栏中选择“分页符”选项。具体操作如图5-47所示。

步骤2 在文本插入点所在位置将显示插入的分页符，此时“招工协议书”之后的内容将从下一页开始显示。

步骤3 将文本插入点定位到文本“具体条款如下：”之后，在“布局”/“页面设置”组中单击“分隔符”下拉按钮，在打开的下拉列表中的“分节符”栏中选择“下一页”选项，如图5-48所示。

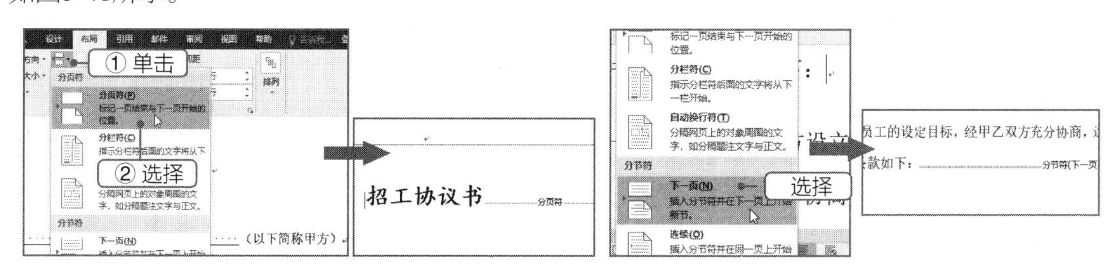

图5-47 插入分页符

图5-48 插入分节符

步骤4 在“具体条款如下：”之后将插入分页符，“具体条款如下：”之后的内容将从下一页开始显示。

5.6.5 打印预览与打印

打印文档之前，应预览文档内容，通过预览效果来对文档中不妥的地方进行调整，直到预览效果符合要求后，再按需要设置打印份数、打印范围等参数，并执行打印操作。

1. 打印预览

打印预览是指预先查看打印的效果，可以避免打印出不符合需求的文档，从而浪费纸张的情况。其方法为：选择“文件”/“打印”命令，在右侧的界面中即可查看文档的打印效果。利用界面底部的参数可辅助预览文档内容，其主要参数的作用分别如下。

- **“页数”栏**：在其中的文本框中可输入所需预览内容所在的页数，按“Enter”键或单击其他空白区域可跳转至该页面；也可通过单击该栏两侧的“上一页”按钮◀和“下一页”按钮▶逐页预览文档内容。
- **“显示比例”栏**：单击该栏左侧的“显示比例”按钮，可在打开的“缩放”对话框中快速设置需要显示的预览比例；拖动该栏中的滑块可直观调整预览比例；单击该栏右侧的“缩放到页面”按钮，可快速将预览比例调整为显示整页文档的比例。

2. 打印文档

预览无误后，便可进行打印设置并打印文档。操作方法为：首先将打印机正确连接到计算机上，然后打开需打印的文档，选择“文件”/“打印”命令，在右侧的“份数”数值框中设置打印份数，在“设置”栏中分别设置打印方向、打印纸张的大小、单面或双面打印、打印顺序以及打印页数等参数。如果想设置更加详细的打印参数，则需单击页面右下角的“页面设置”超链接，在打开的“页面设置”对话框中进行设置。完成设置后，单击“打印”按钮打印文档。

5.7 邮件合并功能

借助Word 2016的邮件合并功能可以进行多文档的批量处理，例如，可以批量制作信函、电子邮件、传真和信封等文档。

5.7.1 邮件合并的概念

邮件合并涉及主文档、数据源和合并文档3个部分，邮件合并的过程就是将一个主文档与一个数据源进行结合，最终生成一系列输出文档的过程。

1. 主文档

主文档就是Word文档，但是需要经过特殊标记。主文档中的文本内容在所有输出文档中应该都是相同的，比如信件的开头、主体和落款等。主文档中的其他文本内容则应该采用合并域，比如收件人的姓名和地址等，合并域用于插入每个输出文档中不同的那一部分文本。

2. 数据源

数据源其实就是数据列表，其中包含用于插入输出文档中的数据，比如姓名、职务、公司名称、通信地址和电子邮件地址等数据字段。Word 2016邮件合并功能支持以下几种数据源。

- **Microsoft Office地址列表**：在进行邮件合并过程中可以创建简单的Office地址列表，并在创建的列表中输入收件人姓名和地址等信息，还可以在以后再次使用该列表。如果要创建非经常性使用的简单列表，就可以采用Office地址列表作为数据源。
- **Microsoft Word数据文件**：可以使用Word文档作为邮件合并的数据源，Word文档应包含一个表格，表格的第一行必须包含标题，并且其他行必须包含邮件合并所需要的数据记录。

- **Microsoft Excel电子表格**：电子表格工作簿中的任意工作表或者命名区域的数据都可以作为邮件合并的数据源。
- **Microsoft Outlook联系人列表**：在Word 2016中进行邮件合并时，可以直接从“Outlook联系人列表”中检索联系人信息。
- **Microsoft Access数据库**：在Word 2016中进行邮件合并时，可以从任何使用Access创建的表或数据库中查询和选择数据。
- **HTML文件**：HTML文件只能包含一个表格，而且表格的第一行必须是标题行，其他行则必须包含邮件合并所需要的数据记录。
- **文本文件**：在Word 2016中进行邮件合并时，可以使用任何文本文件作为数据源，但其中应包含数据字段选项卡上的字符或逗号，并用段落标记分隔数据记录。

3. 最终文档

最终文档是利用邮件合并功能将主文档和数据源合并在一起形成的，最终文档中包含所有输出结果，是一份可以独立存储或输出的Word文档，通常数据源中有多少条记录，就可以生成多少份Word文档。最终文档中的文本内容包含两个部分：一部分来源于主文档，这部分内容在每份输出文档中都是相同的；另一部分来源于数据源，这部分内容会随着收件人的不同而发生变化。

5.7.2 邮件合并过程

邮件合并的过程主要包括创建主文档—选择数据源—插入域—合并生成结果4个步骤。通常可以通过Word 2016提供的邮件合并向导，根据向导的提示逐步完成邮件合并操作；也可以通过直接创建邮件合并文档进行邮件合并操作，这种方法更加灵活，但需要使用者对邮件合并功能比较了解，并熟悉相关操作。

视频教学
邮件合并过程

【例5-8】为某大学制作活动邀请函，要求将“名单.xlsx”中的姓名信息自动填写到“邀请函”中“同学”文本前面，将学院信息自动填写到“邀请函”中“代表”文本后面，具体操作如下。

步骤1 打开“邀请函.docx”文档，将光标定位到“同学”文本左侧，在“邮件”/“开始邮件合并”组中单击“开始邮件合并”下拉按钮，在弹出的下拉列表中选择“邮件合并分步向导”选项。

步骤2 打开“邮件合并”任务窗格，在“选择文档类型”栏中单击选中“信函”单选项，单击“下一步：开始文档”超链接；在“选择开始文档”栏中选择邮件合并的主文档，这里单击选中“使用当前文档”单选项，单击“下一步：选择收件人”超链接；在“选择收件人”栏中设置数据源的来源，这里单击选中“使用现有列表”单选项，在“使用现有列表”栏中单击“浏览”超链接；打开“选取数据源”对话框，这里选择“名单.xlsx”文件，单击“打开”按钮。具体操作如图5-49所示。

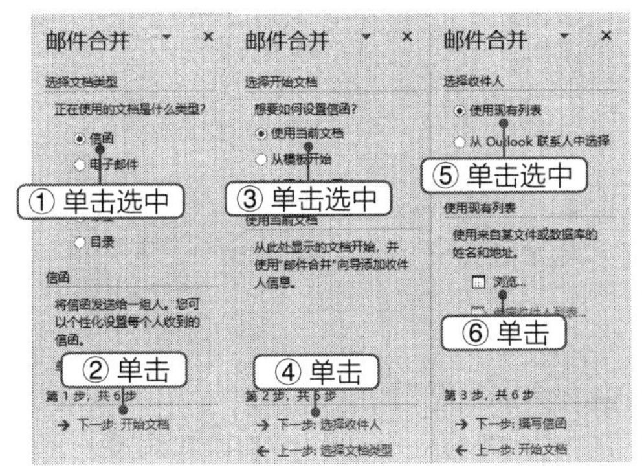

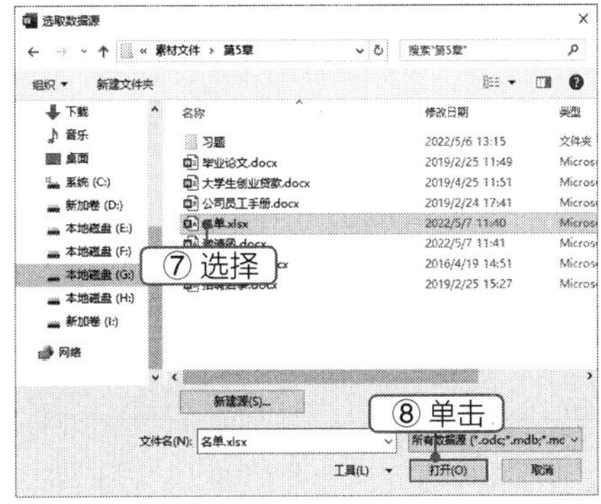

图5-49 设置主文档和数据源

步骤3 打开“选择表格”对话框，在其中选择数据源对应的工作表，这里保持默认设置，单击“确定”按钮；打开“邮件合并收件人”对话框，在其中查看收件人信息，单击“确定”按钮。具体操作如图5-50所示。

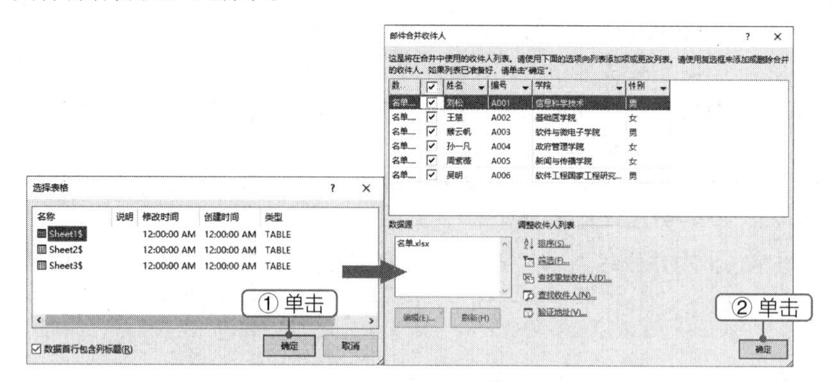

图5-50 设置数据源

**提示** 在“邮件合并收件人”对话框的“调整收件人列表”栏中单击相应的超链接，可以对收件人列表进行排序和筛选等操作。

步骤4 返回“邮件合并”任务窗格，单击“下一步：撰写信函”超链接。

步骤5 在“撰写信函”栏中单击“其他项目”超链接，打开“插入合并域”对话框，在“域”列表框中选择插入域的类型，这里选择“姓名”选项，单击“插入”按钮，再单击“关闭”按钮，在“邀请函.docx”文档的“同学”文本前面可以看到插入的“姓名”域。具体操作如图5-51所示。

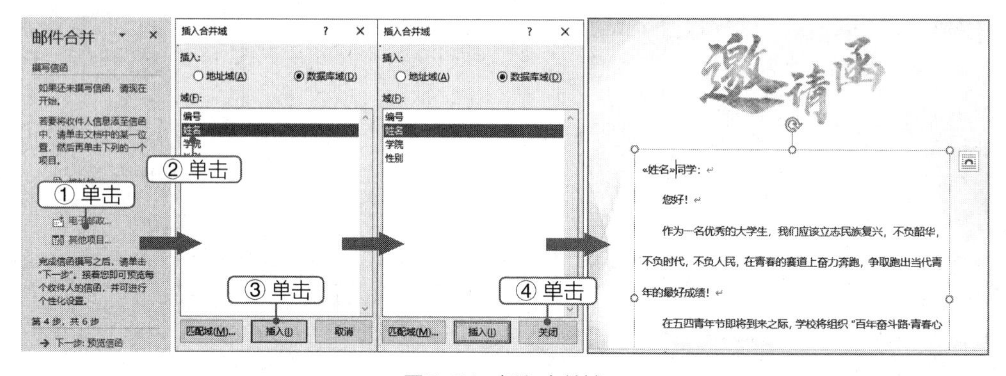

图5-51 插入合并域

步骤6 将光标定位到“代表”文本右侧，在“邮件”/“编写和插入域”组中单击“插入合并域”下拉按钮，在弹出的下拉列表中选择“学院”选项。具体操作如图5-52所示。完成上述操作后在“邀请函.docx”文档的“代表”文本后面可以看到插入的“学院”域。

步骤7 在“邮件合并”任务窗格中单击“下一步：预览信函”超链接。

步骤8 在“预览信函”栏中单击«或»按钮，可查看具有不同邀请人姓名和称谓的信函，预览并处理输出文档后，单击“下一步：完成合并”超链接；在“合并”栏中单击“编辑单个信函”超链接，打开“合并到新文档”对话框，在“合并记录”栏中单击选中“全部”单选项，单击“确定”按钮。具体操作如图5-53所示。

步骤9 Word 2016会将存储的收件人信息自动添加到邀请函的正文中，并合并生成一个新文档“信函1.docx”，将该文档以“邀请函”为名进行保存，至此邀请函制作完成。

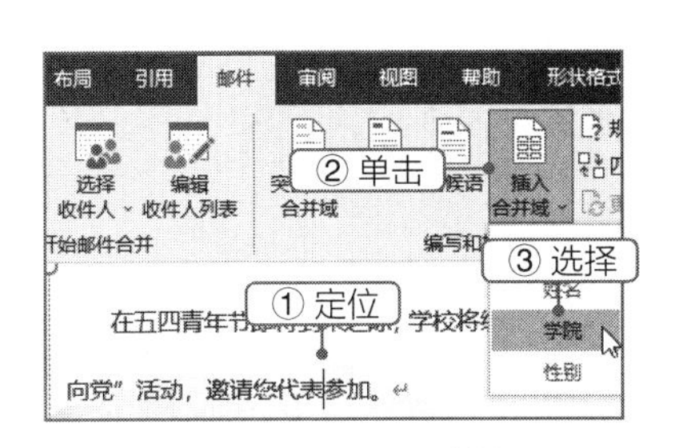

图5-52 插入其他域

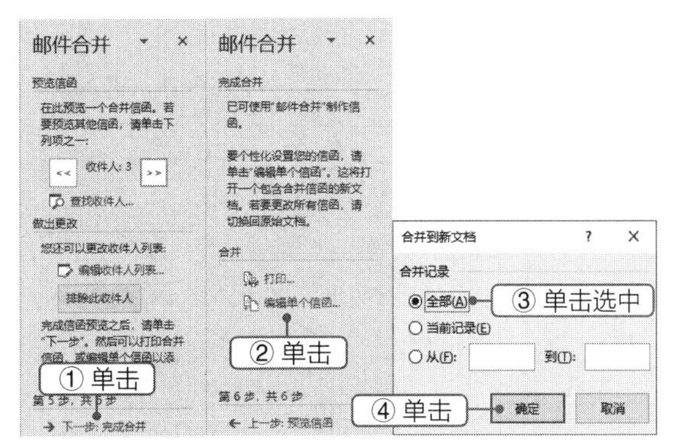

图5-53 合并到新文档

5.8 Word 2016应用综合案例

本案例将制作"'我们正青春'主题活动宣传策划书"文档，涉及新建文档、输入文本、设置文本格式、设置段落格式、应用主题、设置文本框、设置图片、设置形状和添加页眉页脚等操作，具体操作如下。

视频教学
Word 2016 应用综合案例

步骤1 启动Word 2016，新建文档，选择"文件"/"保存"命令，以"'我们正青春'主题活动宣传策划书"为名保存文档，在"布局"/"页面设置"组中单击"分隔符"下拉按钮，在打开的下拉列表中的"分页符"栏中选择"分页符"选项。

步骤2 将文本插入点定位到文档开始位置，在"插入"/"插图"组中单击"图片"按钮，打开"插入图片"对话框，在其中选择"封面.jpg"图片，单击"插入"按钮。

步骤3 选择插入的图片，在"图片工具 格式"/"排列"组中单击"环绕文字"下拉按钮，在打开的下拉列表中选择"浮于文字上方"选项，然后拖动图片四周的控制点，使其与页面宽度相同。

步骤4 在"图片工具 格式"/"图片样式"组中单击"图片效果"下拉按钮，在打开的下拉列表中选择"映像"选项，在弹出的子列表的"映像变体"栏中选择"半映像：接触"选项。具体操作如图5-54所示。

步骤5 单击"图片效果"下拉按钮，在打开的下拉列表中选择"柔化边缘"选项，在弹出的子列表的"柔化边缘变体"栏中选择"10磅"选项，具体操作如图5-55所示。最后将图片拖动到页面最下面的位置。

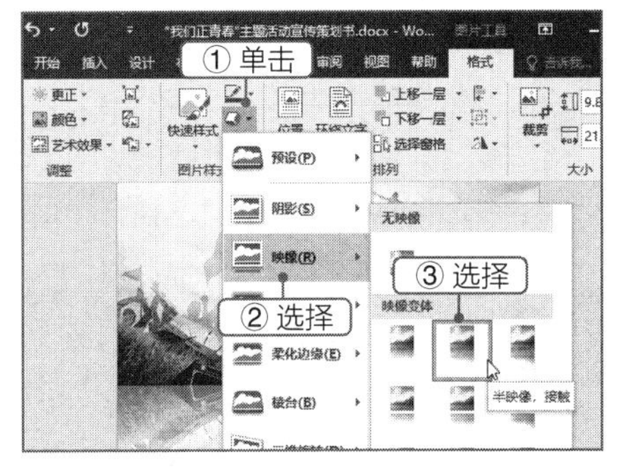

图5-54 为图片设置映像效果

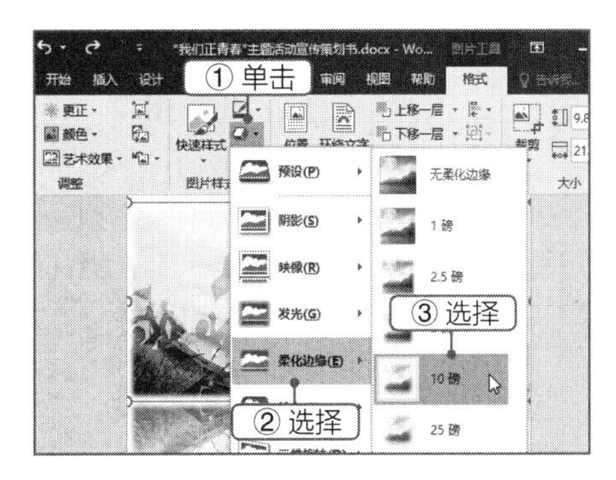

图5-55 为图片设置柔化边缘效果

步骤6 在"设计"/"文档格式"组中单击"颜色"下拉按钮，在打开的下拉列表的

“Office”栏中选择“蓝色”选项。

步骤7 在“插入”/“插图”组中单击“形状”下拉按钮，在打开的下拉列表的“矩形”栏中选择“矩形”选项，在图片上方通过拖动鼠标指针绘制一个矩形。

步骤8 在“绘图工具 格式”/“形状样式”组中单击“形状填充”下拉按钮，在打开的下拉列表的“主题颜色”栏中选择“酸橙色，个性色6”选项，单击“形状轮廓”下拉按钮，在打开的下拉列表中选择“无轮廓”选项，单击“形状效果”下拉按钮，在打开的下拉列表中选择“柔化边缘”选项，在弹出的子列表的“柔化边缘变体”栏中选择“10磅”选项。

步骤9 在矩形上右击，在弹出的快捷菜单中选择“编辑文字”命令，在矩形中输入文本“‘我们正青春’主题活动”，按“Enter”键换行，输入“——宣传策划书”。

步骤10 选择输入的文本，将字体设置为“方正楷体简体”，将字号设置为“小初”，在“开始”/“字体”组中单击“字体颜色”按钮右侧的下拉按钮，在打开的下拉列表中的“主题颜色”栏中选择“酸橙色，个性色6，淡色80%”选项。具体操作如图5-56所示。

步骤11 选择“我们正青春”文本，将字体设置为“方正毡笔黑简体”，将字号设置为“初号”。具体操作如图5-57所示。

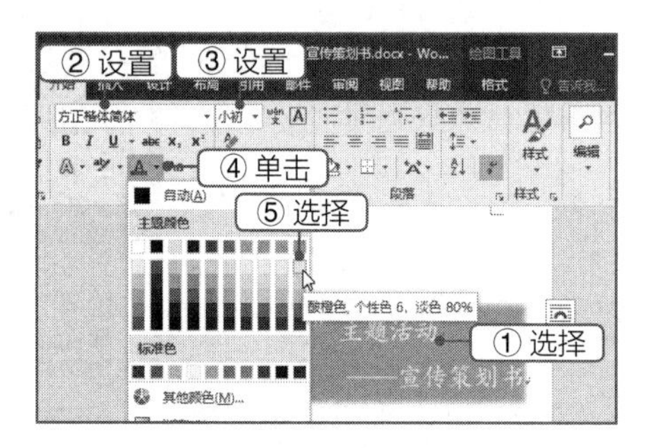

图5-56 设置字体格式

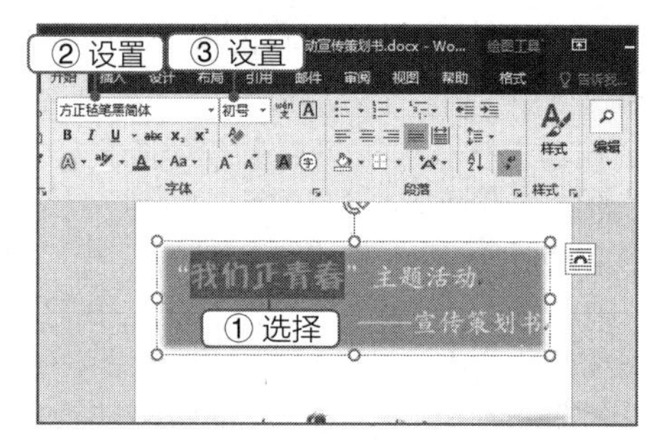

图5-57 继续设置字体格式

步骤12 在两行文本中间绘制一个矩形，在“绘图工具 格式”/“大小”组的“高度”数值框中输入“0.1厘米”，在“宽度”数值框中输入“16厘米”，在“形状样式”组中单击“形状轮廓”下拉按钮，在打开的下拉列表中选择“无轮廓”选项，单击“形状填充”下拉按钮，在打开的下拉列表中选择“渐变”选项，在打开的子列表中选择“其他渐变”选项，打开“设置形状格式”任务窗格。在该窗格中：在“填充”栏中单击选中“渐变填充”单选项；在“类型”下拉列表框中选择“射线”选项；在“方向”下拉列表框中选择“从中心”选项；在“渐变光圈”栏中单击最左侧的滑块；在“颜色”下拉列表框中选择“主题颜色”栏中的“白色，背景1”选项，同样将最右侧的滑块颜色设置为“白色，背景1”；在“透明度”数值框中输入“100%”；单击选择多余的滑块，按“Delete”键将其删除。具体操作和最终效果如图5-58所示。

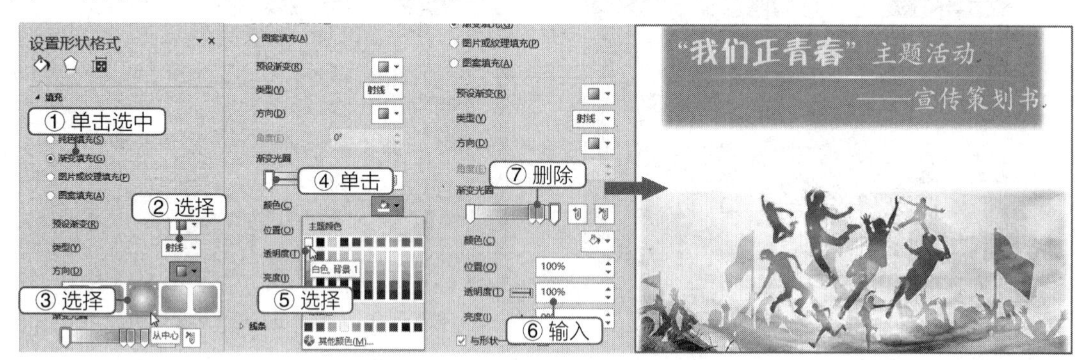

图5-58 设置形状格式

步骤13 将光标定位到第2页的开始位置，输入文本“活动背景”，设置字体为“方正综艺简体”，字号为“小三”，在文本上右击，在弹出的快捷菜单中选择“段落”命令，打开“段落”对话框，在“缩进”栏的“特殊”下拉列表框中选择“首行”选项，在“缩进值”数值框中输入“6字符”，单击“确定”按钮，然后在文本左侧绘制一个长宽都为“0.5厘米”的矩形，设置形状轮廓和形状填充都为“酸橙色，个性色6”。

步骤14 将光标定位到“活动背景”文本右侧，按多次“Enter”键，在“插入”/“文本”组中单击“文本框”下拉按钮，在打开的下拉列表中选择“绘制横排文本框”选项，在页面中绘制一个宽度为12厘米左右的文本框，设置形状轮廓和形状填充分别为“无轮廓”和“无填充”，并在文本框中输入文本内容，文本字体为“宋体”，字号为“小四”。

步骤15 用同样的方法输入“活动主题”和“活动对象”，并插入文本框输入对应的文本，在该页面中文字的两侧绘制两根竖线，选择两根竖线，将形状轮廓设置为“酸橙色，个性色6”，选择右侧的竖线，在“绘图工具 格式”/“形状样式”组中单击“形状轮廓”下拉按钮，在打开的下拉列表中选择“粗细”选项，在打开的子列表中选择“3磅”选项。

步骤16 用同样的方法在第3页文档中输入“活动目的”，在下面插入文本框并输入相应文本，然后选择文本框中的文本，在“开始”/“段落”组中单击“项目符号”按钮☷·右侧的下拉按钮·，在打开的下拉列表中选择“✧”符号对应的选项，插入项目符号。

步骤17 输入“活动开展”文本，在其下插入文本框，首先输入“校内宣传”文本，设置字体为“宋体”，字号为“四号”，字体颜色为“酸橙色，个性色6”，并插入“■”项目符号，设置该项目符号的段落格式为“悬挂缩进2字符”。

步骤18 在该文本框中输入其他文本，同时选择“前期准备”和“活动进程”文本；在“开始”/“段落”组中单击“编号”按钮☷·右侧的下拉按钮·，在打开的下拉列表的“编号库”栏中选择“1.——”样式编号对应的选项。具体操作如图5-59所示，然后选择其他文本，为其设置“1)——”样式的编号。

步骤19 用同样的方法在最后一页文档中输入文本并设置字体格式和段落格式。

步骤20 在页面页眉处双击，进入页眉和页脚的编辑状态，插入一长一短两个矩形，设置短的矩形的形状轮廓和形状填充分别为“无轮廓”和“绿色，个性色5”，设置长的矩形的形状轮廓和形状填充分别为“无轮廓”和“酸橙色，个性色6”。在页脚插入一个菱形，设置形状轮廓和形状填充分别为“无轮廓”和“酸橙色，个性色6”。

步骤21 在页脚的菱形形状上插入一个文本框，设置其形状轮廓和形状填充分别为“无轮廓”和“无填充”，然后调整文本框位置，使其放置在菱形的中间，将光标定位到文本框中，在“插入”/“页眉和页脚”组中单击“页码”下拉按钮，在打开的下拉列表中选择“当前位置”选项，在打开的子列表中选择“普通数字”选项。具体操作如图5-60所示。

图5-59 添加编号

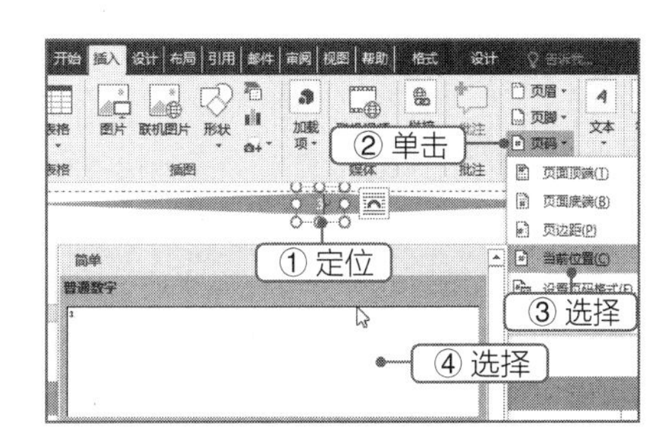

图5-60 插入页码

步骤22 在“页眉和页脚工具 页眉和页脚”/“关闭”组中单击“关闭页眉和页脚”按钮，按“Ctrl+S”组合键保存文档，完成文档的制作。

5.9 本章小结

本章主要介绍了文档编辑软件Word 2016的相关操作，包括基本文档操作、文本编辑、文档排版、表格应用、图文混排、页面格式设置和邮件合并等。通过本章的学习，大学生可以掌握日常办公中各种文档的制作方法，例如，商务文书、职场文档、礼仪文书和日常事务文档等。

在制作文档的同时，还可以培养大学生的写作能力、语言表达能力、审美能力和适应社会发展的能力等。例如，制作公益宣传文档和礼仪文书时，大学生能够学习我国的优秀传统文化，提升对传统文化的兴趣，增强民族自信心。制作行政公文时，大学生不但可以学习相关的公文格式，还可以在制作过程中养成一丝不苟的态度，进一步培养服务社会、感恩国家的精神。制作商务文书时，大学生可以身临其境地体会职场，并学会各种常用办公文档的制作方法，从而提升个人对工作和社会的认知能力和自信心。

总之，通过学习文档编辑软件Word 2016，大学生不但能够掌握使用计算机编辑和制作各种文档的方法，提高工作效率，而且还能提升实践能力和创新能力，提升自我价值和自信心。

5.10 练习

练习
查看答案和解析

1. 启动Word 2016，按照下列要求对文档进行操作。

（1）新建空白文档，将其以“产品宣传单”为名进行保存，然后插入“背景图片”图片。

（2）插入“填充：白色；边框：红色，主题色2；清晰阴影：红色，主题色2”效果的艺术字“保湿美白面膜”，然后转换艺术字的文字效果为“下翘”，并调整艺术字的位置与大小。

（3）插入横排文本框并输入文本，在其中设置文本的项目符号，字号为“四号”，然后设置形状填充为“无填充”，形状轮廓为“无轮廓”，设置文本的艺术字样式为“填充：紫色，主题色4；软棱台”，最后调整文本框的位置。

2. 打开“产品说明书”文档，按照下列要求对文档进行操作。

（1）在标题行下插入文本，然后将文档中相应位置的“饮水机”文本替换为“防爆饮水机”文本，再修改正文内容中的公司名称和电话号码。

（2）设置标题文本的字体格式为“黑体、二号”，段落对齐为“居中”，正文的字号为“四号”，段落缩进方式为“首行缩进”，再设置最后3行的段落对齐方式为“右对齐”。

（3）为相应的文本内容设置编号“1. 2. 3.”和“1） 2） 3）”，在“安装说明”文本后设置编号时，可先设置编号“1. 2.”，然后用格式刷设置编号“3. 4.”。

（4）选择“公司详细的地址和电话”文本，为字符设置“黑色”底纹。

3. 新建一个空白文档，并将其以“个人简历”为名进行保存，按照下列要求对文档进行操作。

（1）输入标题文本，并设置格式为“汉仪中宋简、三号、居中”，缩进为“段前0.5行、段后1行”。

（2）插入一个7列14行的表格。

（3）合并第1行的第6列和第7列单元格、第2～5行的第7列单元格。

（4）删除第8行的第2列与第3列单元格之间的框线。

（5）将第9行和第10行单元格分别拆分为2列1行。

（6）在表格中输入相关文字，调整表格大小，使其更为美观。

CHAPTER 6

第6章 电子表格软件Excel 2016

任何行业都离不开数据，数据能直接反映业务的真实情况，而对数据的分析和处理结果，则会影响到关键决策。对大学生来说，将来无论是从事产品、运营、商务、人事还是研发工作，都需要学会整理、分析和利用数据。Excel 2016是Office 2016办公组件之一，也是一款功能十分强大的数据分析与处理软件，利用其可以轻松地将庞大、复杂的数据转换为比较直观的表格或图表，在提高办公效率的同时，为决策提供支持。本章主要介绍Excel 2016的相关操作，包括Excel 2016的基本操作、数据与编辑、单元格格式设置、公式与函数、数据管理、图表等内容。

学习目标

- 了解Excel 2016的基础知识
- 掌握Excel 2016的数据与编辑操作
- 掌握Excel 2016公式与函数的使用方法
- 熟悉Excel 2016的数据管理操作
- 掌握Excel 2016中图表的使用方法

素养目标

- 培养数据思维能力
- 培养数据分析与处理的能力
- 具备高效工作的能力
- 提升应对全国计算机等级考试的能力

课堂案例展示

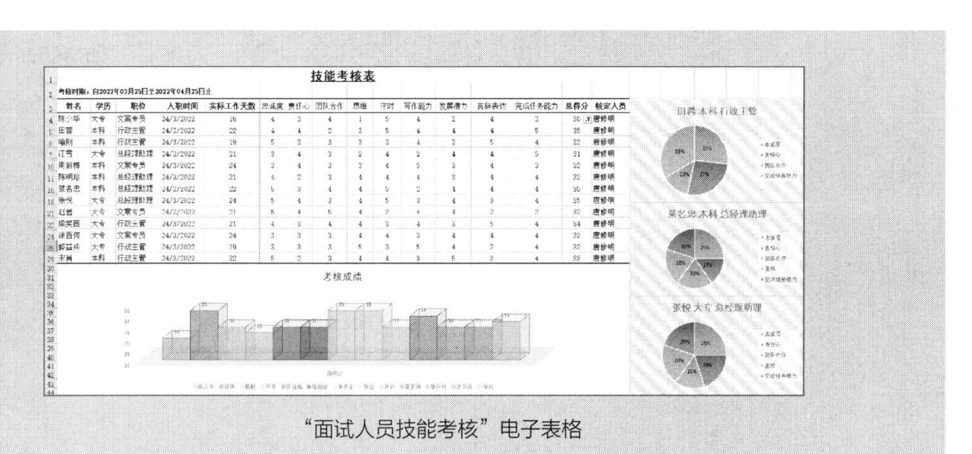

“面试人员技能考核”电子表格

6.1 Excel 2016入门

Excel是一款主流的数据分析与处理软件，利用Excel可以制作各种图表，为解决数据问题提供思路。下面对Excel 2016中一些基本操作进行介绍，包括操作界面、视图方式、工作簿及其操作、工作表及其操作和单元格及其操作等。

6.1.1 Excel 2016 简介

Excel 2016是一款主要用于制作电子表格、完成数据运算、进行数据统计和分析的软件，它被广泛地应用于管理、统计、金融等众多领域。通过Excel 2016，用户可以轻松、快速地制作出统计报表、工资表、考勤表等，还可以灵活地对各种数据进行整理、计算、汇总、查询和分析。即使要处理大量数据，借助Excel 2016提供的各种功能也可以实现高效办公。图6-1所示为使用Excel 2016制作的表格。

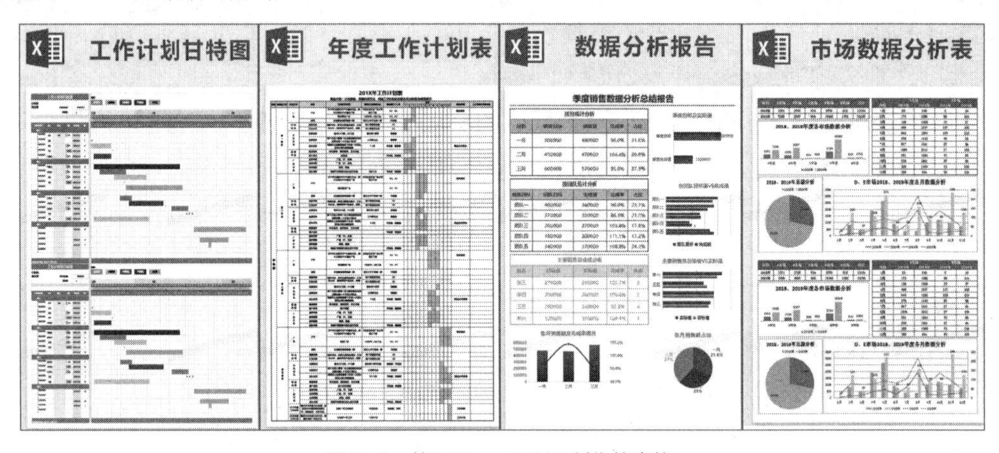

图6-1 使用Excel 2016制作的表格

6.1.2 Excel 2016 的操作界面

Excel 2016的操作界面与Office 2016其他组件的操作界面大致相似，由快速访问工具栏、标题栏、“文件”菜单、功能选项卡、功能区、编辑栏和工作表编辑区等部分组成，如图6-2所示。与其他组件不同的主要有编辑栏和工作表编辑区。

图6-2 Excel 2016的操作界面

1. 编辑栏

编辑栏主要用于显示和编辑当前活动单元格中的数据或公式。在默认情况下，编辑栏中会显示名称框、“插入函数”按钮fx和编辑框等部分，当在单元格中输入数据或插入公式与函数时，编辑栏中的“取消”按钮×和“输入”按钮✓也将显示出来。

- **名称框**：用来显示当前单元格的地址和函数名称，或定位单元格。例如，在名称框中输入“B5”后，按“Enter”键将定位并选择B5单元格。
- **“取消”按钮×**：单击该按钮表示取消输入的内容。
- **“输入”按钮✓**：单击该按钮表示确定并完成输入。
- **“插入函数”按钮fx**：单击该按钮，将快速打开“插入函数”对话框，在其中可选择相应的函数插入单元格中。
- **编辑框**：用于显示单元格中输入或编辑的内容，也可以在选择单元格后，直接在编辑框中进行输入和编辑的操作。

2. 工作表编辑区

工作表编辑区是在Excel 2016中编辑数据的主要场所，表格中的内容通常显示在工作表编辑区中，用户的大部分操作也需要通过工作表编辑区进行。工作表编辑区主要包括行号与列标、工作表标签等部分。

- **行号与列标**：行号用“1，2，3，…”等阿拉伯数字标识，列标用“A，B，C，…”等大写英文字母标识。一般情况下，单元格地址由“列标+行号”的形式组成，例如，位于A列1行的单元格，表示为A1单元格。
- **工作表标签**：用来显示工作表的名称，Excel 2016默认工作簿中只包含一张工作表，单击“新工作表”按钮⊕，将新建一张工作表并显示标签。当工作簿中包含多张工作表时，可通过单击任意一个工作表标签进行工作表之间的切换操作。

6.1.3 Excel 2016 的视图方式

在Excel 2016中，用户可根据需要通过在操作界面状态栏中单击视图按钮组中相应的按钮，或在“视图”/“工作簿视图”组中单击相应的按钮来切换视图方式。

- **普通视图**：普通视图是Excel 2016中的默认视图，用于正常显示工作表，在其中可以执行数据输入、数据计算和图表制作等操作。
- **页面布局视图**：在页面布局视图中，每一页都会显示页边距、页眉和页脚，用户可以编辑数据、添加页眉和页脚，还可以通过拖动上方或左侧标尺中的控制条设置页面边距。
- **分页预览视图**：分页预览视图可以显示蓝色的分页符，用户可以拖动分页符以改变显示的页数和每页的显示比例。

6.1.4 Excel 2016 的工作簿及其操作

工作簿即Excel文件，也称电子表格（以下简称表格），是Excel中存储和编辑数据的文件，一个工作簿通常就是一个Excel文档。工作簿的基本操作包括新建、保存、打开和关闭。

1. 新建工作簿

在默认情况下，新建的工作簿以“工作簿1”命名，若继续新建则以“工作簿2”“工作簿3”……命名，名称一般会显示在Excel 2016操作界面的标题栏中。新建工作簿的方法如下。

- 启动Excel 2016，此时软件将自动新建一个名为“工作簿1”的空白工作簿。
- 在需新建工作簿的桌面或文件夹空白处右击，在弹出的快捷菜单中选择“新建”/“Microsoft Excel 工作表”命令，可新建一个名为“新建 Microsoft Excel 工作表”的空白工作簿。
- 启动Excel 2016，选择“文件”/“新建”命令，在打开的“新建”界面中选择“空白工作簿”选项，即可新建一个空白工作簿。

提示 在“新建”界面中选择其他选项，可创建带模板的工作簿，如选择“学生课程安排”选项，在打开的对话框中单击“新建”按钮，即可创建一个已设置好表格样式的工作簿。

2. 保存工作簿

编辑工作簿后，需要对工作簿进行保存操作。重复编辑的工作簿，可根据需要直接进行保存，也可通过另存为操作将编辑过的工作簿保存为新的文件。

- **直接保存：**在快速访问工具栏中单击“保存”按钮，或按“Ctrl+S”组合键，或选择“文件”/“保存”命令，在打开的“另存为”界面中选择不同的保存方式进行保存，如图6-3所示。如果是第一次进行保存操作，执行上述操作后将打开“另存为”对话框，在该对话框中可设置文件的保存位置，在“文件名”下拉列表框中可输入工作簿名称，设置完成后单击“保存”按钮完成保存操作；若已保存过工作簿，则不再打开“另存为”对话框，直接完成保存操作。

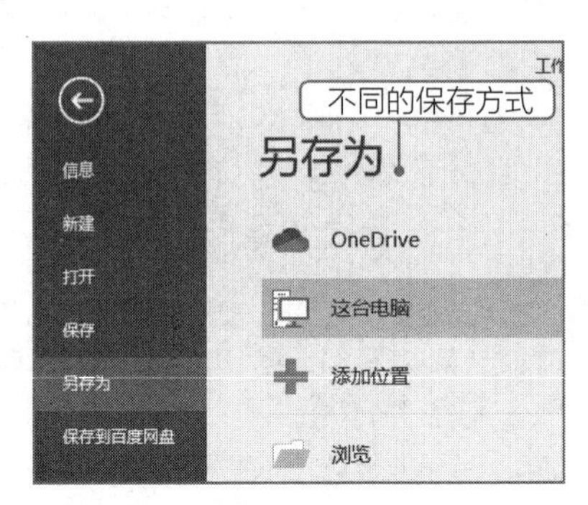

图6-3 另存为工作簿

- **另存为：**如果需要将编辑过的工作簿保存为新文件，可选择“文件”/“另存为”命令，在打开的“另存为”界面中选择所需的保存方式保存工作簿。

3. 打开工作簿

对工作簿进行查看和再次编辑时，需要打开工作簿。

- 选择“文件”/“打开”命令或按“Ctrl+O”组合键，打开“打开”界面，其中显示了最近编辑过的工作簿和打开过的文件夹。若想打开最近使用过的工作簿，只需选择“工作簿”栏中的相应文件；若想打开计算机中保存的工作簿，则需单击“浏览”按钮，在打开的“打开”对话框中选择要打开的工作簿，然后单击“打开”按钮。
- 打开工作簿所在的文件夹，双击工作簿，可直接将其打开。

4. 关闭工作簿

在Excel 2016中，常用的关闭工作簿的方式主要有以下两种。

- 选择“文件”/“关闭”命令。
- 按“Ctrl+W”组合键。

6.1.5 Excel 2016 的工作表及其操作

工作表是显示和分析数据的场所，主要用于组织和管理各种数据信息。工作表存储在工作簿中，在默认情况下，一张工作簿中只包含一张工作表，名称为“Sheet1”，用户也可根据需要添加或删除工作表。下面介绍工作表的基本操作。

1. 选择工作表

选择工作表有以下4种方式。

- **选择一张工作表：**单击相应的工作表标签，即可选择该工作表。
- **选择连续的多张工作表：**在选择一张工作表后按住“Shift”键，再选择不相邻的另一张工作表，即可同时选择这两张工作表及其之间的所有工作表。被选择的工作表标签呈白底显示。
- **选择不连续的多张工作表：**选择一张工作表后按住“Ctrl”键，再依次单击其他工作表标签，即可同时选择所单击的工作表。

- **选择所有工作表**：在工作表标签的任意位置右击，在弹出的快捷菜单中选择“选定全部工作表”命令，可选择所有工作表。

2. 重命名工作表

重命名工作表，可以帮助用户快速了解工作表内容，便于查找和分类。

- 双击工作表标签，此时工作表标签呈可编辑状态，输入新的名称后按“Enter”键。
- 在工作表标签上右击，在弹出的快捷菜单中选择“重命名”命令，此时工作表标签呈可编辑状态，输入新的名称后按“Enter”键。

3. 移动和复制工作表

移动和复制工作表的操作主要有在同一工作簿或不同工作簿中两种方式。

- **在同一工作簿中移动和复制工作表**：在同一工作簿中，移动工作表是在其标签上按住鼠标左键不放，将其拖动到目标位置；复制工作表需要在拖动工作表的同时按住“Ctrl”键。
- **在不同工作簿中移动和复制工作表**：在不同工作簿中移动和复制工作表是指将一个工作簿中的内容移动或复制到另一个工作簿中。

视频教学
在不同工作簿中移动和复制工作表

【例6-1】打开“客户档案表”工作簿，将“2022年”工作表中的内容复制到“2022年客户档案表”中。

步骤1 打开“客户档案表”工作簿和“2022年客户档案表”工作簿，在“客户档案表”工作簿中的“2022年”工作表标签上右击，在弹出的快捷菜单中选择“移动或复制”命令，打开“移动或复制工作表”对话框。

步骤2 在“工作簿”下拉列表框中选择“2022年客户档案表.xlsx”工作簿；在“下列选定工作表之前”列表框中选择要移动或复制到的位置，这里选择“(移至最后)”选项；单击选中“建立副本”复选框，复制工作表；单击“确定”按钮，完成工作表的复制。具体操作和最终效果如图6-4所示。

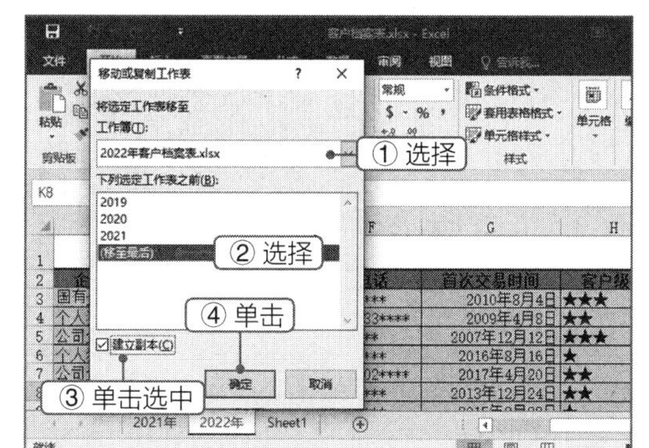

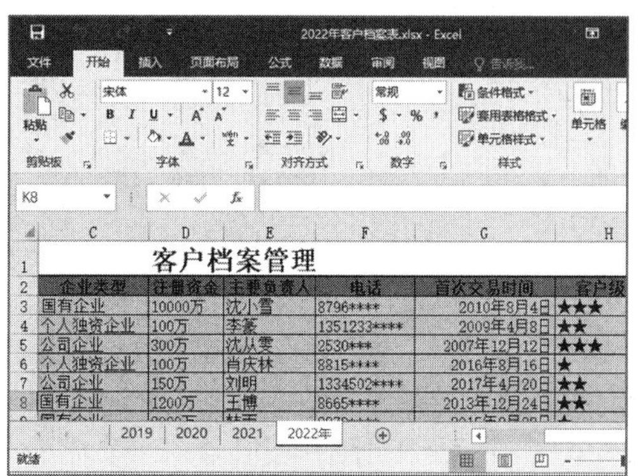

图6-4 复制工作表

提示 若在“移动或复制工作表”对话框中取消选中“建立副本”复选框，则表示直接将工作表移动到另一个工作簿中，该工作表将从原工作簿中剪切。

4. 新建工作表

根据实际需要，用户可在工作簿中新建工作表，有以下两种方法。

- **通过按钮新建**：在打开工作簿的工作表标签后单击“新工作表”按钮⊕，即可新建一张空白的工作表。
- **通过对话框新建**：在工作表名称上右击，在弹出的快捷菜单中选择“插入”命令，打开“插入”对话框，在“常用”选项卡中选择“工作表”选项，表示新建一张空白工作表；也可以在“电子表格方案”选项卡中选择一种表格样式，单击“确定”按钮，新建一张带样式的工作表。

5. 删除工作表

删除工作表的操作为：在工作表标签上右击，在弹出的快捷菜单中选择“删除”命令。如果工作表中有数据，删除工作表时将打开提示对话框，单击“删除”按钮。

6. 保护工作表

Excel 2016不仅提供了编辑和存储数据的功能，还提供了密码保护功能，用以保护工作表。

视频教学
保护工作表

【例6-2】打开“客户档案表1”工作簿，为“2022年”工作表设置保护密码，然后将其撤销。

步骤1 打开“客户档案表1”工作簿，在“2022年”工作表标签上右击，在弹出的快捷菜单中选择“保护工作表”命令。

步骤2 打开“保护工作表”对话框，在“取消工作表保护时使用的密码”文本框中输入密码，这里输入“123456”；单击“确定”按钮，打开“确认密码”对话框，在“重新输入密码”文本框中再次输入密码后单击“确定”按钮。具体操作如图6-5所示。

步骤3 在“2022年”工作表标签上右击，在弹出的快捷菜单中选择“撤销工作表保护”命令，打开“撤销工作表保护”对话框，在“密码”文本框中输入前面设置的密码，单击“确定”按钮。具体操作如图6-6所示。

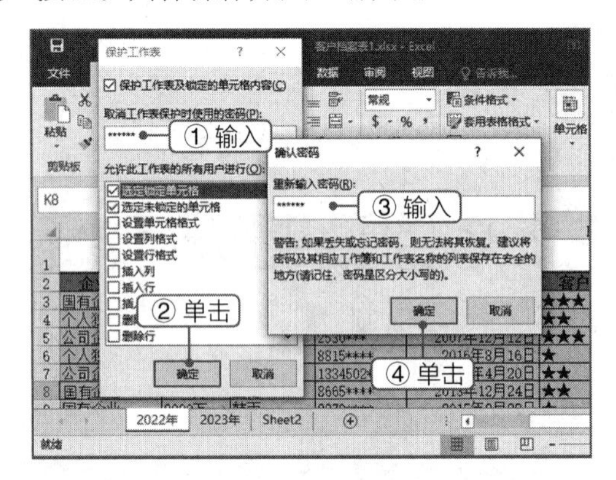

图6-5 保护工作表

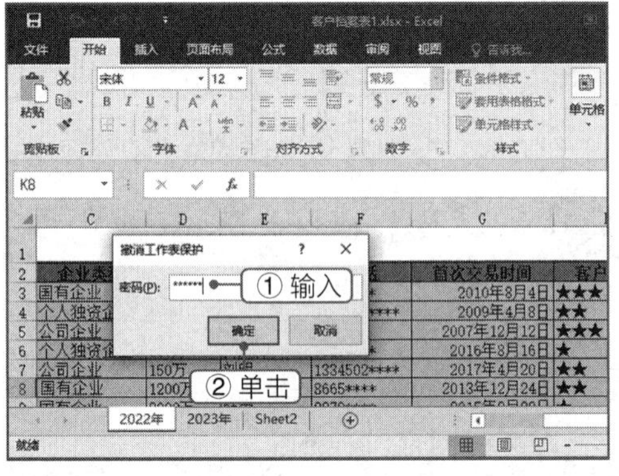

图6-6 撤销工作表保护

提示 在工作表标签上右击，在弹出的快捷菜单中选择“工作表标签颜色”命令，在其子菜单中选择所需的颜色，可以为工作表标签设置标识颜色。

6.1.6 Excel 2016 的单元格及其操作

单元格是Excel 2016中最基本的存储数据单元，它通过对应的行号和列标进行命名和引用。多个连续的单元格称为单元格区域，其地址表示为“单元格:单元格”。例如，A2单元格与C5单元格之间连续的单元格区域可表示为A2:C5单元格区域。

1. 选择单元格

在Excel 2016中选择单元格的方法有以下几种。

- **选择单个单元格：** 单击要选择的单元格。
- **选择多个连续的单元格：** 选择一个单元格，然后按住鼠标左键不放并拖动鼠标指针，可选择多个连续的单元格。

- **选择不连续的单元格**：按住“Ctrl”键不放，分别单击要选择的单元格，可选择不连续的多个单元格。
- **选择整行**：单击行号可选择整行单元格。
- **选择整列**：单击列标可选择整列单元格。
- **选择整个工作表中的所有单元格**：单击工作表编辑区左上角行号与列标交叉处的◢按钮即可选择整个工作表中的所有单元格。

2. 合并与拆分单元格

在Excel 2016中编辑和处理数据时，经常需要对单元格或单元格区域进行合并与拆分操作。

（1）合并单元格

合并单元格的操作方法为：选择需要合并的多个单元格，然后在“开始”/“对齐方式”组中单击“合并后居中”按钮右侧的下拉按钮，在打开的下拉列表中可以选择“跨越合并”“合并单元格”“取消单元格合并”等选项。

（2）拆分单元格

拆分单元格的操作方法为：选择合并的单元格，然后单击“合并后居中”按钮，或在“开始”/“对齐方式”组右下角单击按钮，打开“设置单元格格式”对话框，在“对齐”选项卡的“文本控制”栏中取消选中“合并单元格”复选框，单击“确定”按钮。

3. 插入与删除单元格

用户可根据需要插入或删除单个单元格，也可插入或删除一行或一列单元格。

（1）插入单元格

插入单元格的操作方法为：在工作表中选择待插入单元格所显示的位置，例如，在A14单元格所在位置插入单元格，则需选择A14单元格，然后在“开始”/“单元格”组中单击“插入”按钮下方的下拉按钮，在打开的下拉列表中选择“插入单元格”选项，打开“插入”对话框，如图6-7所示。单击选中“整行”单选项，表示插入整行单元格；单击选中“整列”单选项，表示插入整列单元格；单击选中“活动单元格右移”单选项或“活动单元格下移”单选项，可在所选单元格的左侧或上方插入单元格。操作完成后单击“确定”按钮完成插入。

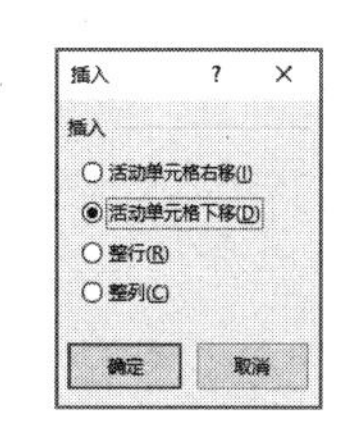

图6-7 “插入”对话框

（2）删除单元格

删除单元格的操作方法为：选择要删除的单元格，单击“开始”/“单元格”组中的“删除”按钮下方的下拉按钮，在打开的下拉列表中选择“删除单元格”选项，打开“删除文档”对话框，单击选中相应的单选项后，单击“确定”按钮。此外，单击“删除”按钮下方的下拉按钮，在打开的下拉列表中选择“删除工作表行”或“删除工作表列”选项，可删除整行或整列单元格。

6.2 Excel 2016的数据与编辑

数据是表格的核心内容，用户需要学会在单元格中输入和填充数据，以及编辑数据和设置数据格式。

6.2.1 数据的输入与填充

输入数据是制作表格的基础，Excel 2016支持输入各种类型的数据，包括文本和数字等一般数据，以及身份证、小数或货币等特殊数据。在Excel 2016中，对于一些相同的数据，或者有规律的数据序列还可利用快速填充功能实现高效输入。

1. 输入普通数据

在Excel 2016中输入一般数据主要有以下3种方式。

- **选择单元格输入：**选择单元格后，直接输入数据，然后按“Enter”键。
- **在单元格中输入：**双击要输入数据的单元格，将文本插入点定位到其中，输入所需数据后按“Enter”键。
- **在编辑栏中输入：**选择单元格，然后在编辑栏中单击，将文本插入点定位到编辑栏中，输入数据并按“Enter”键。

2. 快速填充数据

在Excel中快速填充数据主要有以下3种方法。

视频教学
通过“序列”对话框填充

- **通过“序列”对话框填充：**输入有规律的数据时，只需在表格中输入一个数据，打开“序列”对话框，设置数据序列，即可在连续单元格中快速输入有规律的数据。

【例6-3】在单元格中输入数据，并快速填充。

步骤1 在A1单元格中输入起始数据“20220520”，然后选择需要填充规律数据的A1:A10单元格区域，在“开始”/“编辑”组中单击“填充”下拉按钮，在打开的下拉列表中选择“序列”选项，打开“序列”对话框。

步骤2 在“序列产生在”栏中选择序列产生的位置，这里单击选中“列”单选项；在“类型”栏中选择序列的特性，这里单击选中“等差序列”单选项；在“步长值”文本框中输入序列的步长，这里输入“1”；单击“确定”按钮，便可填充序列数据。具体操作如图6-8所示。

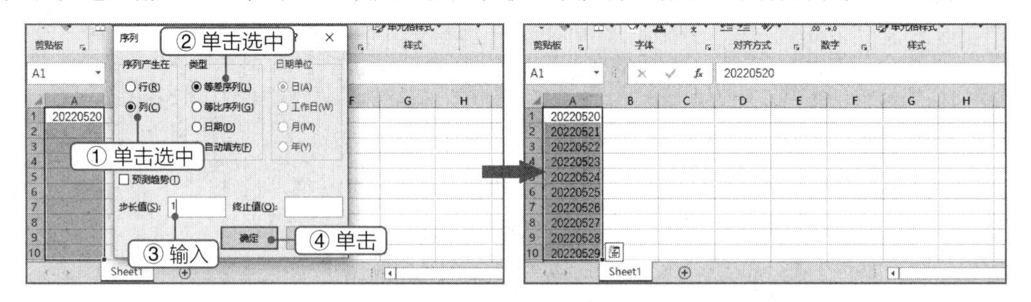

图6-8 通过“序列”对话框快速填充数据

- **使用控制柄填充相同数据：**在起始单元格中输入起始数据，将鼠标指针移至该单元格右下角的控制柄上，当其变为+形状时，按住鼠标左键不放并拖动至所需位置，释放鼠标，即可在选择的单元格区域中填充相同的数据。

提示 在起始单元格中输入起始数据，按住“Ctrl”键拖动控制柄，软件将默认按照公差为1的等差数列进行填充。如果设置了填充方式，则软件将按照所设置的方式进行填充。

- **使用控制柄填充有规律的数据：**选择已输入数据的两个单元格，将鼠标指针移至选区右下角的控制柄上，当其变为+形状时，按住鼠标左键不放拖动至所需位置后释放鼠标，软件即可根据两个数据的特点自动填充有规律的数据。

6.2.2 数据的编辑

在Excel 2016中，对数据的编辑操作包括修改、删除、移动、复制、查找、替换等。

1. 修改和删除数据

在表格中修改和删除数据主要有以下3种方法。

- **在单元格中修改或删除：**双击需修改或删除数据的单元格，在单元格中定位文本插入点，修改或删除数据，然后按“Enter”键完成操作。
- **选择单元格修改或删除：**当需要对某个单元格中的全部数据进行修改或删除时，只需选择该单元格，然后重新输入正确的数据或删除数据；也可在选择单元格后按“Delete”键删除所有数据，或输入需要的数据，再按“Enter”键快速完成修改。
- **在编辑栏中修改或删除：**选择单元格，在编辑栏中单击，将文本插入点定位到编辑栏中，修改或删除数据后按“Enter”键。

2. 移动和复制数据

在表格中移动和复制数据主要有以下3种方法。

- **通过“剪贴板”组移动或复制数据：**选择需移动或复制数据的单元格，在“开始”/“剪贴板”组中单击“剪切”按钮或“复制”按钮，选择目标单元格，然后单击“剪贴板”组中的“粘贴”按钮。
- **通过快捷菜单移动或复制数据：**选择需移动或复制数据的单元格，右击，在弹出的快捷菜单中选择“剪切”或“复制”命令，选择目标单元格，然后右击，在弹出的快捷菜单中选择“粘贴”命令。
- **通过快捷键移动或复制数据：**选择需移动或复制数据的单元格，按“Ctrl+X”组合键或“Ctrl+C”组合键，选择目标单元格，然后按“Ctrl+V”组合键。

3. 查找和替换数据

视频教学
查找数据

表格中存在大量数据时，通过查找和替换操作能够迅速完成数据的搜索和修改，极大提高数据整理工作的效率。

（1）查找数据

利用Excel 2016提供的查找功能不仅可以查找普通数据，还可以查找公式、值和批注等。

【例6-4】在“客户档案表1”工作簿中查找“国有企业”。

步骤1 打开“客户档案表1”工作簿，在“开始”/“编辑”组中单击“查找和选择”下拉按钮，在打开的下拉列表中选择“查找”选项，打开“查找和替换”对话框。

步骤2 在“查找内容”下拉列表框中输入“国有企业”，单击“查找下一个”按钮，便能快速查找到匹配条件的单元格。具体操作如图6-9所示。

步骤3 单击“选项”按钮，可以展开更多查找条件，包括查找范围、所查内容的格式等。单击“查找全部”按钮，可以在“查找和替换”对话框下方列表框中显示所有包含所需查找文本的单元格的位置，如图6-10所示。最后单击“关闭”按钮关闭“查找和替换”对话框。

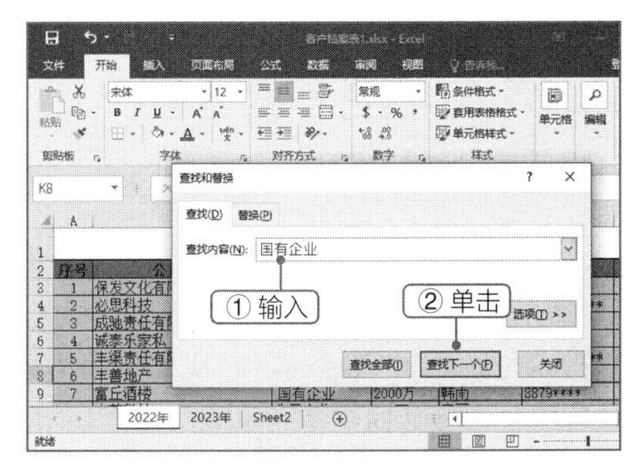

图6-9 查找数据

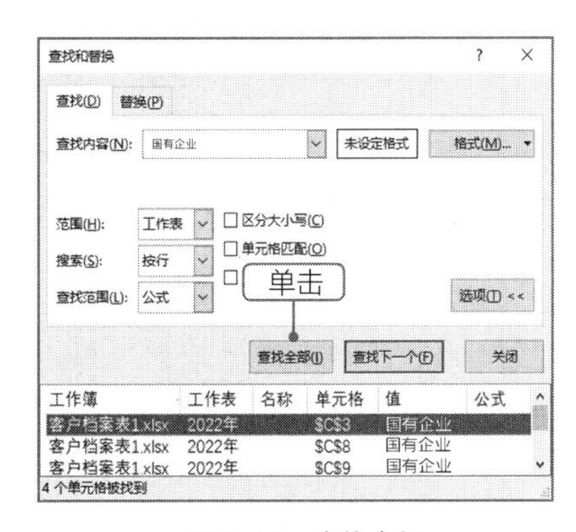

图6-10 查找全部

提示 在工作表中按“Ctrl+F”组合键，可快速打开“查找和替换”对话框。

（2）替换数据

如果发现表格中有多处相同的错误，或需对某项数据进行统一修改，可通过Excel 2016的替换功能来快速实现。其操作方法与查找数据相似，首先打开要编辑的工作簿，在“开始”/“编辑”组中单击“查找和选择”下拉按钮，在打开的下拉列表中选择“替换”选项，打开“查找和替换”对话框，在“替换”选项卡的“查找内容”下拉列表框中输入要查找的数据，在“替换为”下拉列表框中输入需要替换的数据，单击“替换”按钮进行一次替换操作，也可以单击“全部替换”按钮，替换所有符合条件的数据，最后单击“关闭”按钮完成替换操作。

6.2.3 数据格式设置

在输入并编辑好表格数据后，为了使工作表中的数据更加清晰明了、美观实用，通常需要设置数据格式，包括设置字体格式、对齐方式和数字格式等。

1. 设置字体格式

在Excel 2016中，设置字体格式主要通过“字体”组和“设置单元格格式”对话框的“字体”选项卡两种方式来实现。

- **通过“字体”组设置：**选择单元格，在“开始”/“字体”组中的“字体”下拉列表框和“字号”下拉列表框中选择对应的选项，可为表格中的数据设置字体和字号，单击“加粗”按钮 **B**、“倾斜”按钮 *I*、“下划线”按钮 U 和“字体颜色”按钮 A，可为表格中的数据设置加粗、倾斜、下划线和颜色效果。
- **通过“设置单元格格式”对话框设置：**选择要设置的单元格，右击，在弹出的快捷菜单中选择“设置单元格格式”命令，打开“设置单元格格式”对话框，单击“字体”选项卡，在其中可以设置单元格中数据的字体、字形、字号、下划线和颜色等。

2. 设置对齐方式

在Excel 2016中，设置对齐方式主要通过“对齐方式”组和“设置单元格格式”对话框的“对齐”选项卡来实现。

- **通过“对齐方式”组设置：**选择要设置的单元格，在“开始”/“对齐方式”组中单击“左对齐”按钮、“居中”按钮、“右对齐”按钮等，可快速为单元格中的数据设置相应的对齐方式。
- **通过“设置单元格格式”对话框设置：**选择需要设置对齐方式的单元格或单元格区域，单击“开始”/“对齐方式”组中右下角的按钮，打开“设置单元格格式”对话框，单击“对齐”选项卡，可以设置单元格中数据的水平和垂直对齐方式、文字的排列方向等。

3. 设置数字格式

设置数字格式是指修改数值类单元格格式，可以通过“数字”组和“设置单元格格式”对话框的“数字”选项卡实现。

- **通过“数字”组设置：**选择要设置的单元格，在“开始”/“数字”组的“数字格式”下拉列表框中可以选择一种数字格式。此外，单击“会计数字格式”按钮、“百分比样式”按钮 %、“千位分隔样式”按钮 ,、“增加小数位数”按钮和“减少小数位数”按钮等，可快速将数据转换为会计数字、百分比、千位分隔符等格式。
- **通过“设置单元格格式”对话框设置：**选择需要设置数字格式的单元格，打开“设置单元格格式”对话框，单击“数字”选项卡，在其中可以设置单元格中的数字类型，包括常规、数值、货币、会计专用、日期、时间、百分比、分数、文本、特殊和自定义等。

提示 将单元格的数字格式设置为“文本”，就可以在其中输入身份证号码。

6.3 Excel 2016的单元格格式设置

设置单元格格式的目的通常是突出显示其中的数据，包括设置单元格的行高和列宽、边框、填充颜色，以及使用条件格式和套用表格格式等。

6.3.1 设置行高和列宽

在Excel 2016中，单元格的行高与列宽可根据需要进行调整，一般情况下，将其调整为能够完全显示数据为宜。设置行高和列宽的方法主要有以下两种。

- **通过拖动边框线调整：**将鼠标指针移至单元格的行号或列标之间的分隔线上，按住鼠标左键，此时将出现一条灰色的实线，代表边框线移动的位置，拖动鼠标指针到适当位置后即可调整单元格行高或列宽。
- **通过对话框设置：**在“开始”/“单元格”组中单击“格式”下拉按钮，在打开的下拉列表中选择“行高”选项或“列宽”选项，在打开的“行高”对话框或“列宽”对话框中输入行高值或列宽值，单击“确定”按钮。

6.3.2 设置单元格边框

在Excel 2016中，单元格边框在默认状态下是无法打印出来的，为了满足打印的需求，需要设置单元格边框。设置单元格边框效果可通过“字体”组和“设置单元格格式”对话框的“边框”选项卡两种方式实现。

- **通过“字体”组设置：**选择要设置的单元格后，在“开始”/“字体”组中单击“下框线”按钮右侧的下拉按钮，在打开的下拉列表中的“边框”栏下可选择所需的边框线样式，如图6-11所示，在“绘制边框”栏的“线条颜色”和“线型”子选项中可选择边框的线型和颜色。
- **通过“设置单元格格式”对话框设置：**选择需要设置边框的单元格，打开“设置单元格格式”对话框，单击“边框”选项卡，在其中可设置各种样式或颜色的边框。

图6-11 通过“字体”组设置边框

6.3.3 设置单元格填充颜色

设置填充颜色可通过“字体”组和“设置单元格格式”对话框的“填充”选项卡实现。

- **通过“字体”组设置：**选择需要设置的单元格后，在“开始”/“字体”组中单击“填充颜色”按钮右侧的下拉按钮，在打开的下拉列表中可选择所需的填充颜色。
- **通过“设置单元格格式”对话框设置：**选择需要设置的单元格，打开“设置单元格格式”对话框，单击“填充”选项卡，在其中可设置填充的颜色和图案样式等。

6.3.4 使用条件格式

利用Excel 2016的条件格式功能，可以为表格设置不同的条件格式，并将满足条件的单元格数据突出显示，便于查看表格内容。

1. 快速设置条件格式

Excel 2016为用户提供了很多常用的条件格式，选择对应的选项可快速应用条件格式。

视频教学
快速设置条件格式

【例6-5】 在“固定资产管理”工作簿中为“购置金额大于10 000元”的单元格设置条件格式。

步骤1 选择要设置条件格式的单元格区域，这里选择I3 : I11单元格区域。

步骤2 在“开始” / “样式”组中单击“条件格式”下拉按钮，在打开的下拉列表中选择“突出显示单元格规则” / “大于”选项。具体操作如图6-12所示。

步骤3 打开“大于”对话框，在左侧文本框中输入“10000”；在“设置为”下拉列表框中选择所需的选项，设置突出显示的颜色；单击“确定”按钮。具体操作如图6-13所示。设置完成后，即可看到满足条件的数据被突出显示的效果。

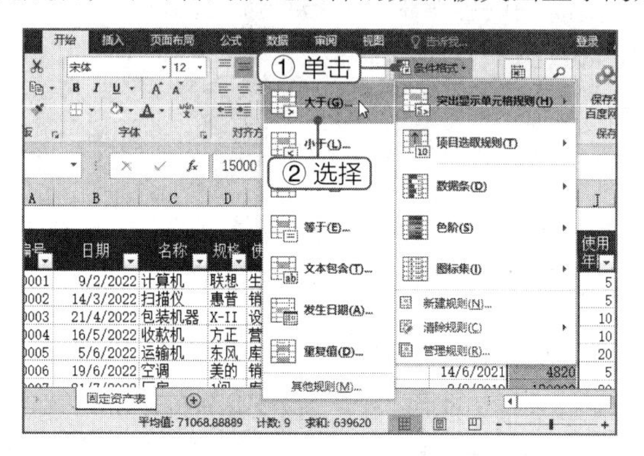

图6-12 选择条件格式

图6-13 设置条件格式

提示 对于已设置条件格式的单元格，如果需要清除条件格式，可在“条件格式”下拉列表中选择“清除规则” / “清除整个工作表的规则”选项，取消整个工作表中的条件格式，或选择“清除规则” / “清除所选单元格的规则”选项，清除指定单元格的条件格式。

2. 新建条件格式规则

如果Excel 2016提供的条件格式选项不能满足实际需要，用户也可通过新建条件格式规则的方式来创建适合的条件格式。选择需要设置条件格式的单元格区域后，在“开始” / “样式”组中单击“条件格式”下拉按钮，在打开的下拉列表中选择“新建规则”选项，打开“新建格式规则”对话框，在其中可以选择规则类型并编辑应用条件格式的单元格格式，如图6-14所示，设置完成后单击“确定”按钮。

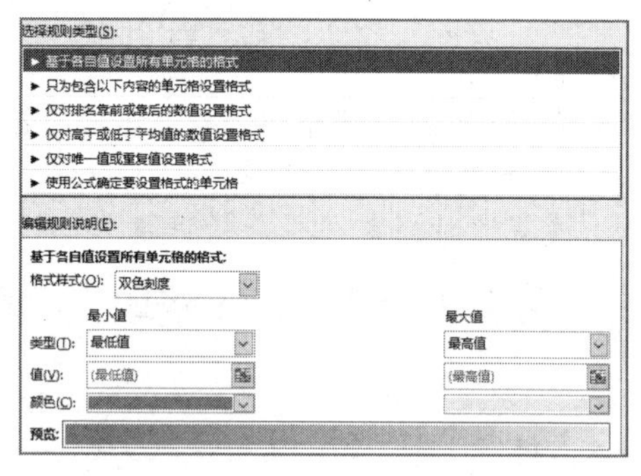

图6-14 “新建格式规则”对话框

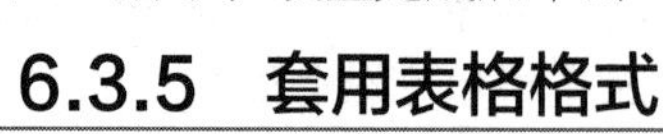

6.3.5 套用表格格式

利用Excel 2016的套用表格格式功能可以快速设置单元格和表格格式，以美化单元格和表格。

- **应用单元格样式：** 选择要设置样式的单元格，在“开始” / “样式”组中单击“单元格样式”下拉按钮，在打开的下拉列表中可直接选择一种Excel 2016预置的单元格样式，如图6-15所示。
- **套用表格格式：** 选择要套用格式的表格区域，在“开始” / “样式”组中单击“套用表格格式”下拉按钮，在打开的下拉列表中可直接选择一种Excel 2016预置的表格格式，如图6-16

所示。选择表格格式后会打开“创建表”对话框，默认选择整个表格区域，也可以通过在工作表编辑区拖动鼠标指针重新选择数据区域，然后单击“确定”按钮应用表格格式。

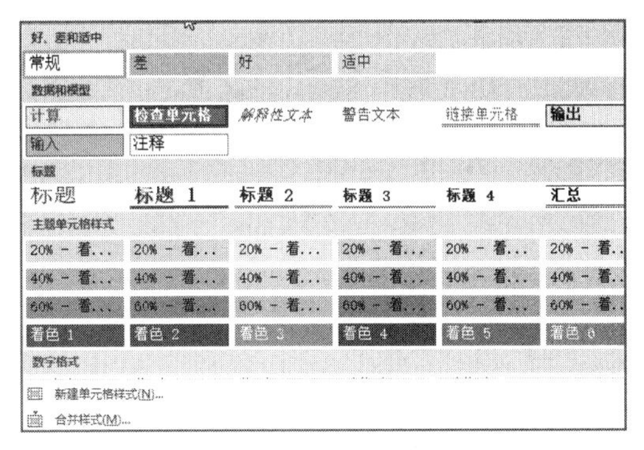

图6-15　应用单元格样式

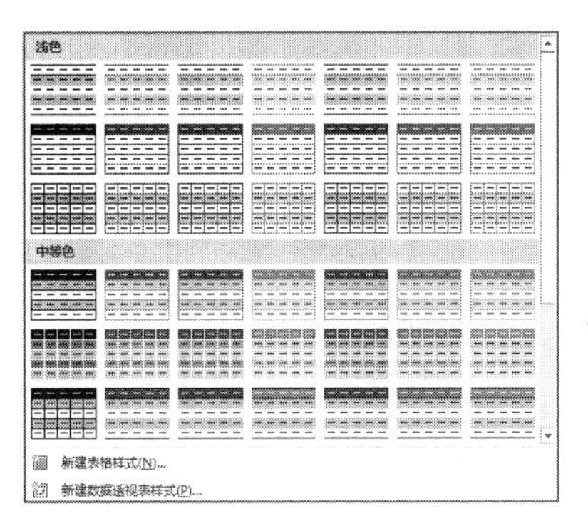

图6-16　套用表格格式

6.4 Excel 2016的公式与函数

Excel 2016具备强大的数据计算和分析功能，用户不仅可以通过公式对数据进行一般的加、减、乘、除运算，还可以利用函数进行一些高级运算。

6.4.1　公式的概念

Excel 2016中的公式即指对工作表中的数据进行计算的等式，以“=”（等号）开始，通过各种运算符号，将值或常量和单元格引用、函数返回值等组合起来，形成公式表达式。Excel 2016可以自动计算公式表达式的结果，并显示在相应的单元格中。

- **数据的类型**：在Excel 2016中，常用的数据类型主要包括数值型、文本型和逻辑型3种，其中数值型数据是表示大小的一个值，文本型数据表示一个名称或提示信息，逻辑型数据表示真或者假。
- **常量**：Excel 2016中的常量包括数字和文本等各类数据，主要可分为数值型常量、文本型常量和逻辑型常量。数值型常量可以是整数、小数或百分数，不能带千分位和货币符号。文本型常量是用英文双引号（" "）引起来的若干字符，但其中不能包含英文双引号。逻辑型常量只有两个值，true和false，表示真和假。
- **运算符**：运算符是公式的基本元素，它用于对公式中的元素进行特定类型的运算。Excel 2016中的运算符主要包括算术运算符、比较运算符、逻辑运算符和文本连接符。
- **公式的构成**：公式由“=”＋“运算式”构成，运算式是由运算符构成的计算式或者函数。运算式中参与运算的可以是常量，可以是单元格地址，也可以是函数。

提示 算术运算符包括加、减、乘、除、乘方等，运算结果是数值型数据。比较运算符包括等于、大于、小于、大于等于、小于等于和不等于等。逻辑运算符包括与（and）、或（or）、非（not），运算结果为逻辑型数据。文本连接符指“&”，用于将两个文本连接成一个文本。

6.4.2　公式的使用

在Excel 2016中使用公式计算数据时，用户除了需要输入和编辑公式之外，通常还需要对公式进行填充、复制和移动等操作。

1. 输入公式

在Excel 2016中输入公式的方法与输入文本的方法类似，只需将公式输入相应的单元格中，即可计算出数据结果。输入公式指的是输入只包含运算符、常量数值、单元格引用和单元格区域引用的简单公式。选择要输入公式的单元格，在单元格或编辑栏中输入“=”，接着输入公式内容，如“=B3+C3+D3+E3”，完成后按“Enter”键或单击编辑栏上的“输入”按钮✔，如图6-17所示。

图6-17 在编辑栏中输入公式

2. 编辑公式

选择含有公式的单元格，将文本插入点定位在编辑栏或单元格中需要修改的位置，按“BackSpace”键删除多余或错误的内容，再输入正确的内容，完成后按“Enter”键确认即可完成公式的编辑。编辑完成后，Excel 2016将自动对新公式进行计算。

3. 填充公式

在输入公式完成计算后，如果单元格所在行或所在列后的其他单元格皆需使用该公式进行计算，可通过填充公式的方式快速完成其他单元格数据的计算。

选择已添加公式的单元格，将鼠标指针移至该单元格右下角的控制柄上，当其变为+形状时，按住鼠标左键不放并拖动至所需位置，释放鼠标，即可在选择的单元格区域中填充相同的公式并计算出结果，如图6-18所示。

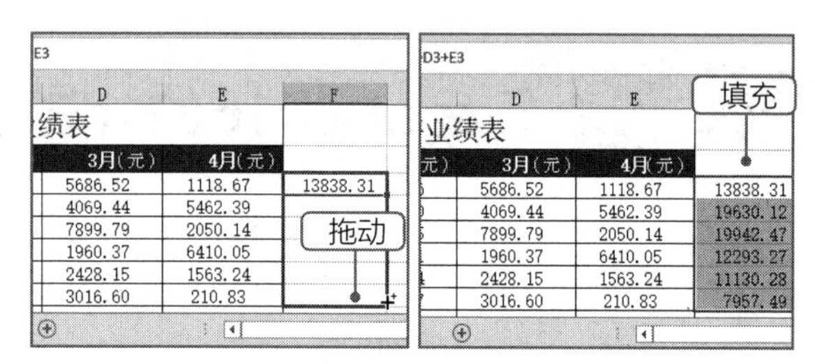

图6-18 拖动鼠标指针填充公式

提示 在填充公式时，被填充的目标单元格中数据的计算方式会根据原始单元格的公式引用情况而有所不同。如果原始单元格为相对引用，则目标单元格的公式会根据位移情况自动调整；如果原始单元格为绝对引用，则目标单元格的公式不会发生改变。

4. 复制和移动公式

在Excel 2016中通过复制和移动公式也可以快速完成数据的计算。在复制公式的过程中，Excel 2016会自动调整引用单元格的地址，避免手动输入公式的麻烦，提高工作效率。复制公式的操作与复制数据的操作一样。

移动公式即将原始单元格的公式移动到目标单元格中，公式在移动过程中不会根据单元格的位移情况发生改变。移动公式的方法与移动数据的方法相同。

6.4.3 单元格的引用

单元格引用是指引用数据的单元格区域所在的位置。在Excel 2016中，用户可以根据实际计算需要引用当前工作表、当前工作簿或其他工作簿中的单元格数据。在引用单元格后，公式的运算值将随着被引用单元格的变化而变化，如“=193800+123140+146520+152300”，数据“193800”位于B3单元格，其他数据依次位于C3、D3和E3单元格中，通过单元格引用，可以将公式输入为“=B3+C3+D3+E3”，可以获得相同的计算结果。

1. 单元格引用类型

在计算表格中的数据时，通常会通过复制或移动公式来实现快速计算，这就涉及单元格引用的知识。根据单元格地址是否改变，可将单元格引用分为相对引用、绝对引用和混合引用。

- **相对引用**：相对引用是指输入公式时直接通过单元格地址来引用单元格。相对引用单元格后，如果复制或剪切公式到其他单元格，那么公式中引用的单元格地址会根据复制或剪切的位置而发生相应改变。
- **绝对引用**：绝对引用是指无论引用单元格的公式位置如何改变，所引用的单元格地址均不会发生变化。绝对引用的形式是在单元格的行号、列标前加上符号“$”。
- **混合引用**：混合引用包含相对引用和绝对引用。混合引用有两种形式。一种是行绝对、列相对，如“B$2”，表示行地址不发生变化，但是列地址会随着新的位置发生变化；另一种是行相对、列绝对，如“$B2”，表示列地址保持不变，但是行地址会随着新的位置而发生变化。

2. 同一工作簿不同工作表的单元格引用

在同一工作簿中引用不同工作表中的内容，需要在单元格或单元格区域前标注工作表名称，表示引用该工作表中该单元格或单元格区域的值。

视频教学
同一工作簿不同工作表的单元格引用

【例6-6】在“日用品销售业绩表”工作簿“Sheet2”工作表的B3单元格中引用“Sheet1”工作表中的数据，并计算季度销售额。

步骤1 打开“日用品销售业绩表”工作簿，选择“Sheet2”工作表的B3单元格，由于该单元格数据为“白酒”的季度销售额，即需要加总“Sheet1”工作表中“白酒”4个月的销售额。单击编辑栏中的“插入函数”按钮 f_x，打开“插入函数”对话框，在“选择函数”列表框中选择“SUM”选项，单击“确定”按钮。具体操作如图6-19所示。

步骤2 打开“函数参数”对话框，单击“Number1”文本框后的“收缩”按钮缩小对话框，返回工作表编辑区。单击“Sheet1”工作表标签，在“Sheet1”工作表中选择B3：D3单元格区域。具体操作如图6-20所示。

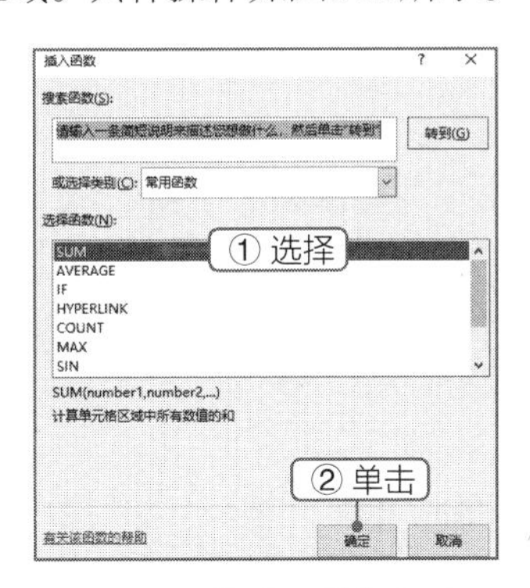

图6-19 “插入函数”对话框

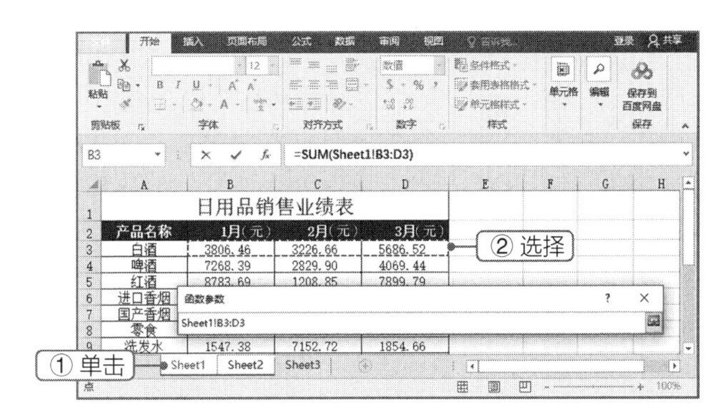

图6-20 选择引用区域

步骤3 选择完成后单击“展开”按钮还原“函数参数”对话框，可看到所引用单元格区域以及引用结果，单击“确定”按钮。

步骤4 返回“Sheet2”工作表，在B3单元格中显示了计算结果，将鼠标指针移至B3单元格右下角的控制柄上，当其变为**+**形状时，按住鼠标左键并拖动鼠标指针至B13单元格，计算出其他产品的季度销售额，如图6-21所示。

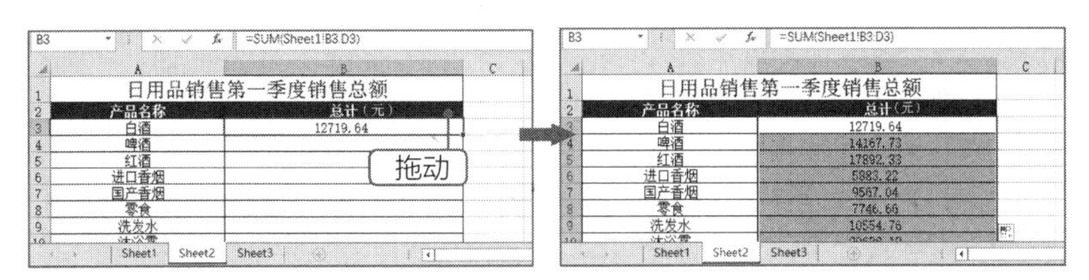

图6-21 填充数据

3. 不同工作簿不同工作表的单元格引用

视频教学
不同工作簿不同工作表的单元格引用

在Excel 2016中不仅可以引用同一工作簿中的内容，还可以引用不同工作簿中的内容，为了操作方便，可将引用工作簿和被引用工作簿同时打开。

【例6-7】 在“销售业绩评定表”工作簿中引用“销售业绩总额”工作簿中的数据。

步骤1 打开“销售业绩评定表”工作簿和“销售业绩总额”工作簿，选择“销售业绩评定表”工作簿的“Sheet1”工作表的D14单元格，输入“=”，切换到“销售业绩总额”工作簿，选择B3单元格，如图6-22所示。

步骤2 编辑栏中显示当前引用公式，按“Ctrl+Enter”组合键确认引用，返回“销售业绩评定表”工作簿，即可查看D14单元格中已成功引用“销售业绩总额”工作簿中B3单元格的数据，如图6-23所示。

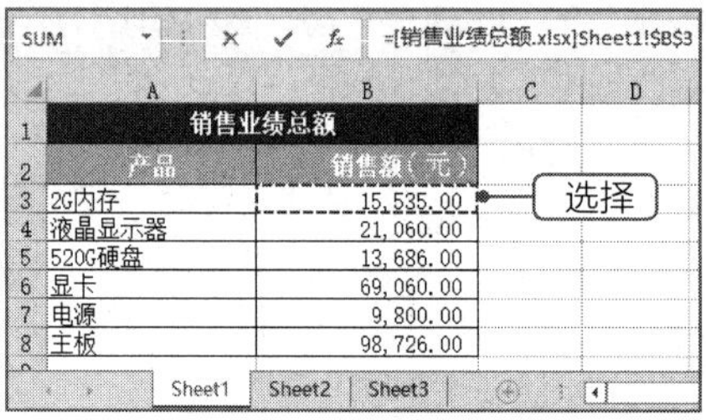

图6-22 输入“=”并选择被引用单元格

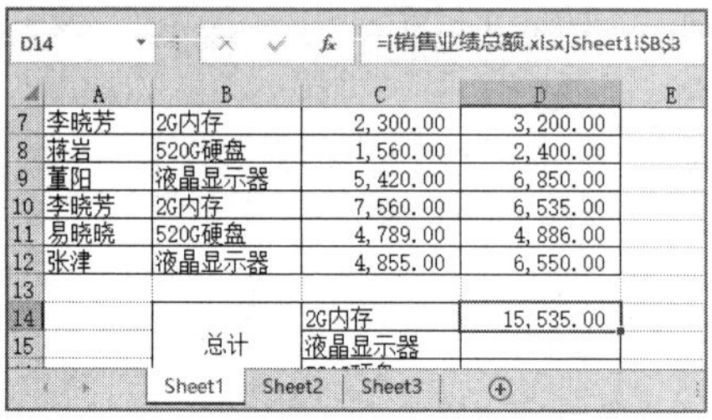

图6-23 查看引用效果

步骤3 按照相同的操作方法，计算“销售业绩评定表”工作簿中D15、D16单元格中的数据。

6.4.4 函数的使用

函数相当于预设好的公式，使用函数可以简化公式输入过程，提高计算效率。Excel 2016中有财务、统计、逻辑、文本、日期和时间、查找与引用、数学和三角函数、工程、多维数据集和信息等常用函数。函数一般包括等号、函数名称和函数参数3个部分，其中函数名称表示函数的功能，每个函数都具有唯一的函数名称。函数参数指函数运算对象，可以是数字、文本、逻辑值、表达式、引用或其他函数等。

1. 常用函数

Excel 2016中提供了多种函数，每个函数的功能、语法结构及其参数的含义各不相同。

- **SUM函数**：SUM函数是对选择的单元格或单元格区域进行求和计算的一种函数，语法结构为SUM（number1,number2,...），其中，number1,number2,...表示若干个需要求和的参数。填写参数时，可以填写单元格（如E6、E7、E8），或单元格区域（如E6:E8），甚至混合内容（如E6、E7:E8）。
- **AVERAGE函数**：AVERAGE函数用于求平均值，计算方法是将选择的单元格或单元格区域中的数据先相加再除以单元格个数，语法结构为AVERAGE（number1,number2,...），其中number1,number2,...表示需要计算的若干个参数的平均值。
- **IF函数**：IF函数是一种常用的条件函数，它能执行真假值判断，并根据逻辑计算的真假值返回不同结果，语法结构为IF（logical_test,value_if_true,value_if_false）。其中，logical_test表示计算结果为true或false的任意值或表达式；value_if_true表示logical_test为true时要返回的值，可以是任意数据；value_if_false表示logical_test为false时要返回的值，也可以是任意数据。

- **COUNT函数**：COUNT函数用于返回包含数字及包含参数列表中的数字的单元格的个数，通常利用它来计算单元格区域或数字数组中数字字段的输入项个数，其语法结构为COUNT（value1,value2,...），其中，value1, value2,...为包含或引用各种类型数据的参数（1~30个），但只有数字类型的数据才会被计算。
- **MAX/MIN函数**：MAX函数用于返回所选单元格区域中所有数值的最大值，MIN函数则用来返回所选单元格区域中所有数值的最小值。其语法结构为MAX/MIN（number1,number2,...），其中，number1,number2,...表示要筛选的若干个数值或引用。

注意 在某些情况下，可能需要将某函数作为另一函数的参数使用，这就是嵌套函数。将函数作为参数使用时，它返回的数值类型必须与参数使用的数值类型相同。如果参数为整数值，那么嵌套函数也必须返回整数值，否则Excel将显示“#VALUE!”错误值。例如，嵌套函数“=IF(AVERAGE(F2:F5)>50,SUM(G2:G5),0)，”表示只有F2:F5单元格区域的平均值大于50时，才会对G2:G5单元格区域的数值求和，否则返回0。

2. 插入函数

在Excel 2016中插入函数是通过“插入函数”对话框实现的。其操作方法为：选择要插入函数的单元格，单击编辑栏中的“插入函数”按钮 *fx*，或者在“公式”/“函数库”组中单击“插入函数”按钮，或者按“Shift+F3”组合键，打开“插入函数”对话框，在其中选择所需函数类型后，单击“确定”按钮，将打开“函数参数”对话框，在其中对参数值进行准确设置后，单击“确定”按钮，即可在所选单元格中显示计算结果。

6.4.5 快速计算与自动求和

Excel 2016的计算功能非常人性化，用户既可以选择通过输入公式、函数来进行计算，也可直接选择某个单元格区域查看其求和、求平均值等的结果。

1. 快速计算

选择需要计算单元格之和或单元格平均值的区域，在Excel 2016操作界面的状态栏中可以直接查看计算结果，包括平均值、单元格个数、总和等，如图6-24所示。

2	产品名称	单位	单价（元）	销售量（台）	销售额（元）
3	传真机	台	1600	3	4800
4	台式电脑	台	4800	2	9600
5	笔记本	台	9990	3	29970
6	台式电脑	台	4800	2	9600
7	笔记本	台	9990	3	29970
8	台式电脑	台	4800	2	9600
9	打印机	台	3660	4	14640

一月份 二月份 三月份 四月份 五月 ...
平均值: 15590 计数: 6 求和: 93540 100%

图6-24 快速计算

2. 自动求和

SUM函数主要用于计算某一单元格区域中所有数值之和。用户选择需要求和的单元格，在“公式”/“函数库”组中单击“自动求和”按钮Σ，即可在当前单元格中插入SUM函数，同时Excel 2016将自动识别函数参数，单击编辑栏中的“输入”按钮✔或按“Enter”键，完成求和计算。

提示 单击“自动求和”按钮Σ下方的下拉按钮，在打开的下拉列表中还可以选择“平均值”“最大值”“最小值”等选项，用于计算所选区域的平均值、最大值和最小值等。

6.5 Excel 2016的数据管理

Excel 2016的数据管理包括进行排序、筛选、分类汇总、分组显示和合并计算等操作。

6.5.1 数据排序

数据排序是统计工作中的一项重要内容，对数据进行排序有助于直观地显示数据并帮助相关人员更好地理解数据、组织并查找所需数据。数据排序主要有以下3种方式。

1. 快速排序

快速排序通常适用于一列数据，操作方法为：选择需要排序的数据列中的任意单元格，单击“数据”/“排序和筛选”组中的“升序”按钮或“降序”按钮。

2. 组合排序

在对某列数据进行排序时，如果遇到多个单元格数据值相同的情况，可以使用组合排序的方式来决定数据排列的先后。组合排序是指设置主、次关键字排序。

视频教学
组合排序

【例6-8】在“新员工培训成绩汇总”工作簿中将“总成绩”作为主要关键字降序排列，将“财务知识”作为次要关键字升序排列。

步骤1 打开“新员工培训成绩汇总”工作簿，选择“总成绩”列中的任意单元格，单击“数据”/“排序和筛选”组中的“排序”按钮。

步骤2 打开“排序”对话框，在“主要关键字”下拉列表框中选择“总成绩”选项，在“次序”下拉列表框中选择“降序”选项，单击“添加条件”按钮，添加“次要关键字”条件。然后在“次要关键字”下拉列表框中选择“财务知识”选项，在“次序”下拉列表框中选择“升序”选项；单击“确定”按钮。具体操作如图6-25所示。

图6-25 组合排序

步骤3 返回工作表编辑区，其中的数据将优先以“总成绩”进行降序排列，“总成绩”相同时，再以“财务知识”成绩进行升序排序。

3. 自定义排序

使用自定义排序可以通过设置多个关键字对数据进行排序，并可以通过其他关键字对相同数值的数据进行排序。Excel 2016提供了内置的日期和年月自定义列表，用户也可根据实际需求设置。

视频教学
自定义排序

【例6-9】在“新员工培训成绩汇总1”工作簿中将“财务知识”作为主要关键字进行降序排列，再将“应聘职位”按“总经理助理、行政主管、文案专员”的方式进行排序。

步骤1 打开“新员工培训成绩汇总1”工作簿，打开“排序”对话框，在“主要关键字”下拉列表框中选择“财务知识”选项，在“次序”下拉列表框中选择“降序”选项。

步骤2 单击“添加条件”按钮，添加“次要关键字”条件。在“次要关键字”下拉列表框中选择“应聘职位”选项，在“次序”下拉列表框中选择“自定义序列”选项。

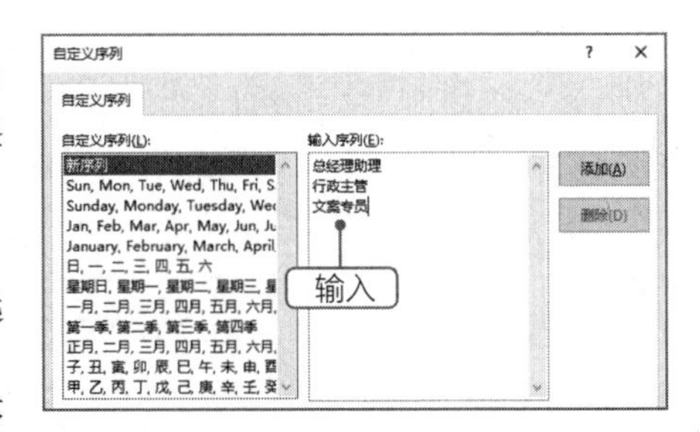

图6-26 自定义排序

步骤3 打开“自定义序列”对话框，在“输入序列”列表框中输入排列顺序，如图6-26所示，然后单击

“确定”按钮。

步骤4 返回“排序”对话框，单击“确定”按钮确认设置。此时工作表中“财务知识”成绩相同的单元格会按照“应聘职位”自定义条件进行排序。

6.5.2 数据筛选

数据筛选是在大量数据中筛选出满足某一个或某几个条件的数据，主要有自动筛选、自定义筛选和高级筛选3种方式。

1. 自动筛选

自动筛选数据即Excel 2016根据用户设定的筛选条件，自动显示符合条件的数据，隐藏其他数据。自动筛选的操作方法为：在工作簿中选择需要进行自动筛选的单元格区域，单击“数据”/“排序和筛选”组中的“筛选”按钮，此时各列表头右侧将出现下拉按钮，单击下拉按钮，在打开的下拉列表框中选择需要筛选的选项或取消选择不需要显示的数据，不满足条件的数据将自动隐藏。再次单击“数据”/“排序和筛选”组中的“筛选”按钮即可取消自动筛选。

视频教学
自定义筛选

2. 自定义筛选

自定义筛选建立在自动筛选基础上，用户可设置筛选选项，灵活地筛选出所需数据。

【例6-10】在“新员工培训成绩汇总”工作簿中，自定义筛选出“电脑操作”成绩大于85分的人员。

步骤1 打开“新员工培训成绩汇总”工作簿，选择任意有数据的单元格，单击“数据”/“排序和筛选”组中的“筛选”按钮。

步骤2 单击K2单元格右侧的下拉按钮，在打开的下拉列表框中选择“数字筛选”/“自定义筛选”选项。

步骤3 打开“自定义自动筛选方式”对话框，在左侧的下拉列表框中选择筛选条件，这里选择“大于”选项；在右侧的下拉列表框中输入条件的具体数值，这里输入“85”；单击“确定”按钮，完成自定义筛选操作。具体操作和最终效果如图6-27所示。

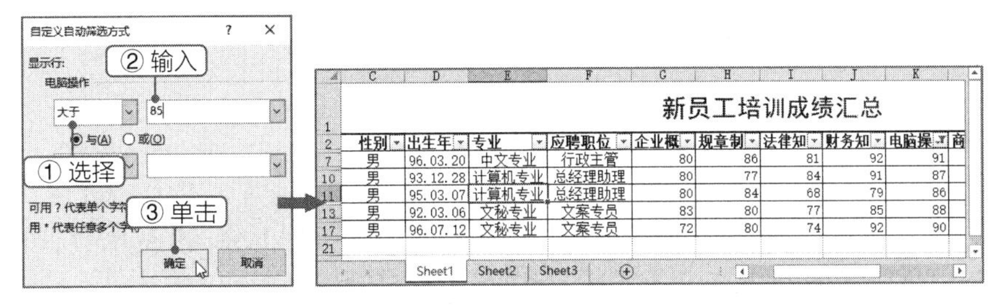

图6-27 自定义筛选

提示 “自定义自动筛选方式”对话框中包括两组判断条件，上面一组为必选项，下面一组为可选项。上下两组条件通过“与”单选项和“或”单选项两种运算进行关联，其中“与”单选项表示筛选同时满足上下两组条件的数据，“或”单选项表示筛选满足两组条件中任意一组条件的数据。

3. 高级筛选

使用高级筛选功能可以筛选出同时满足两个或两个以上约束条件的数据。

【例6-11】在“新员工培训成绩汇总”工作簿中筛选“财务知识”和“质量管理”成绩大

于等于85分的人员。

步骤1 打开“新员工培训成绩汇总”工作簿，在S2和T2单元格中分别输入“财务知识”和“质量管理”文本。

步骤2 分别在S3和T3单元格中输入“>=85”，表示筛选条件为“财务知识”和“质量管理”成绩大于等于“85”。

步骤3 选择筛选区域中的任意单元格或者选择筛选区域，单击“数据”/“排序和筛选”组中的“高级”按钮，打开“高级筛选”对话框。

步骤4 单击选中“将筛选结果复制到其他位置”单选项；设置筛选条件，定位到“列表区域”文本框中，然后在工作表中选择A2:Q20单元格区域，用同样的方法将条件区域设置为S2:T3单元格区域，将复制到的区域设置为A22单元格；单击“确定”按钮完成筛选。具体操作和最终效果如图6-28所示。

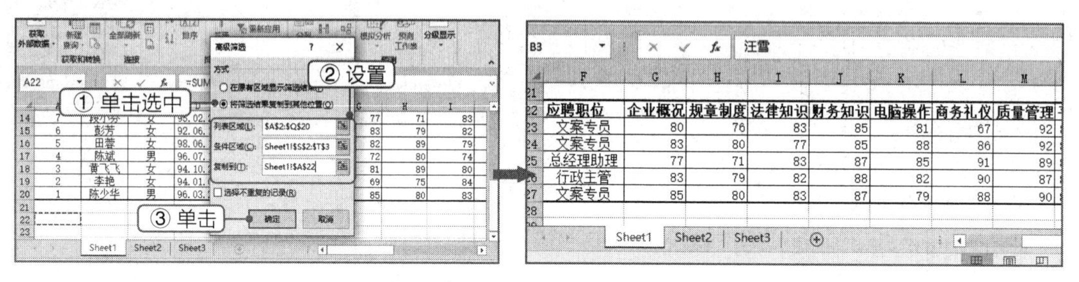

图6-28 高级筛选

6.5.3 分类汇总

分类汇总指将表格中同一类别的数据放在一起进行统计，使数据变得更加清晰直观。Excel 2016中的分类汇总主要包括单项分类汇总和嵌套分类汇总。

1. 单项分类汇总

在创建分类汇总之前，应先对需要分类汇总的数据进行排序，然后选择排序后的任意单元格，单击“数据”/“分级显示”组中的“分类汇总”按钮，打开“分类汇总”对话框，在其中对分类字段、汇总方式、选定汇总项等进行设置，完成后单击“确定”按钮。

2. 嵌套分类汇总

对已分类汇总的数据再次进行分类汇总，即嵌套分类汇总。在完成基础分类汇总后，单击“数据”/“分级显示”组中的“分类汇总”按钮，打开“分类汇总”对话框，在“分类字段”下拉列表框中选择一个新的分类选项，再对汇总方式、选定汇总项进行设置，取消选中“替换当前分类汇总”复选框，单击“确定”按钮，即可完成嵌套分类汇总的设置。图6-29所示为在“产品名称”的基础上对“销售店”嵌套分类汇总的结果。

太成销售记录表							
编号	日期	销售店	产品名称	单位	单价（元）	销售量	销售额（元）
BJP-01	2022.2.5	城北店	笔记本	台	9990	3	29970
BJP-01	2022.2.11	城北店	笔记本	台	9990	3	29970
		城北店 汇总				6	
BJP-01	2022.2.2	城南店	笔记本	台	9990	2	19980
BJP-01	2022.2.9	城南店	笔记本	台	9990	2	19980
		城南店 汇总				4	
			笔记本 汇总				99900
CZJ-01	2022.2.2	城北店	传真机	台	1600	3	4800
		城北店 汇总				3	
CZJ-01	2022.2.6	城东店	传真机	台	1600	1	1600
CZJ-01	2022.2.11	城东店	传真机	台	1600	1	1600
CZJ-01	2022.2.12	城东店	传真机	台	1600	1	1600
		城东店 汇总				3	
CZJ-01	2022.2.4	城南店	传真机	台	1600	1	1600

图6-29 嵌套分类汇总

6.5.4 分组显示

创建数据的分类汇总后，在工作表的左侧将显示不同级别分类汇总的按钮，单击相应的按钮可分别显示或隐藏汇总项和相应的明细数据，这就是分组显示，也称分级显示。

1. 显示或隐藏

分组显示主要有以下3种方法。

- 单击1按钮，只显示列表的总计结果；单击2按钮，显示各分类的汇总结果和列表的总计结果；单击3按钮，显示列表的详细数据。按钮的数字越小，表示汇总层级越高，数字最大时表示显示所有明细数据。
- 单击“展开”按钮+，显示该分类中的明细数据；单击“折叠”按钮-，隐藏该分类中的明细数据。
- 单击级别条，将隐藏该分类中的明细数据。

提示 在“数据”/“分级显示”组中单击“显示明细数据”或“隐藏明细数据”按钮也可显示或隐藏单个分类汇总的明细数据。

2. 自行创建分组显示

对于未进行分类汇总的工作表，可以自行创建分组显示。其操作方法为：在数据列表的任意位置单击定位，对进行分组的数据行或列进行排序，然后选择同一级别的数据行或列，在“数据”/“分级显示”组中单击“创建组”按钮，所选行或列将关联为一组。在“数据”/“分级显示”组中单击“创建组”按钮下方的下拉按钮，在打开的下拉列表中选择“自动建立分级显示”选项，可以自动创建分组显示。

3. 删除分组显示

在包含分组显示的工作表中，在“数据”/“分级显示”组中单击“取消组合”按钮下方的下拉按钮，在打开的下拉列表中选择“清除分级显示”选项，即可删除分组显示。

4. 复制分组显示的数据

在分组显示的数据中，可以只复制显示的数据，其操作方法为：在分组显示的工作表中选择需要复制的数据区域，在“开始”/“编辑”组中单击“查找和选择”下拉按钮，在打开的下拉列表中选择“定位条件”选项，打开“定位条件”对话框，在“选择”栏中单击选中“可见单元格”单选项，单击“确定”按钮，如图6-30所示，然后复制该数据区域，被隐藏的数据将不会被复制。

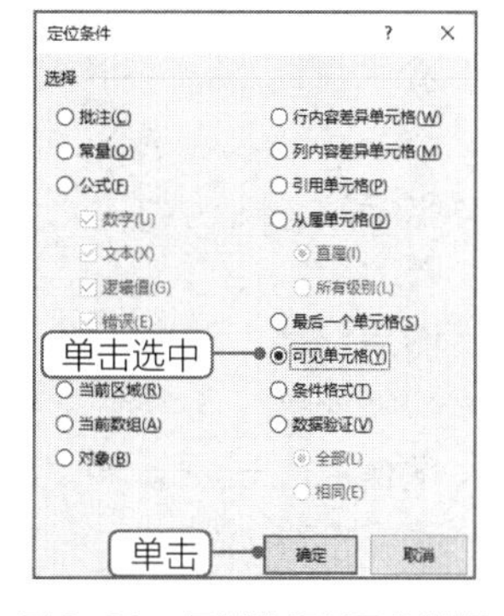

图6-30 复制分组显示的数据

6.5.5 合并计算

使用Excel 2016的合并计算功能可以将几张工作表中的数据合并到一张工作表中。

【例6-12】使用合并计算功能求出“分店销量统计”工作簿的“总销售额”工作表中B3单元格的数据。

视频教学
合并计算

步骤1 打开“分店销量统计”工作簿，在“总销售额”工作表中选择显示合并计算结果的目标单元格，这里选择B3单元格，在“数据”/“数据工具”组中单击“合并计算”按钮，打开“合并计算”对话框。

步骤2 在“函数”下拉列表框中选择“求和”选项，在“引用位置”文本框中输入或选择第1个被引用单元格，然后单击“添加”按钮将其添加到

"所有引用位置"列表框中。具体操作和最终效果如图6-31所示。然后用相同的方法选择第2个被引用单元格，将其添加到"所有引用位置"列表框中，选择完成后单击"确定"按钮。

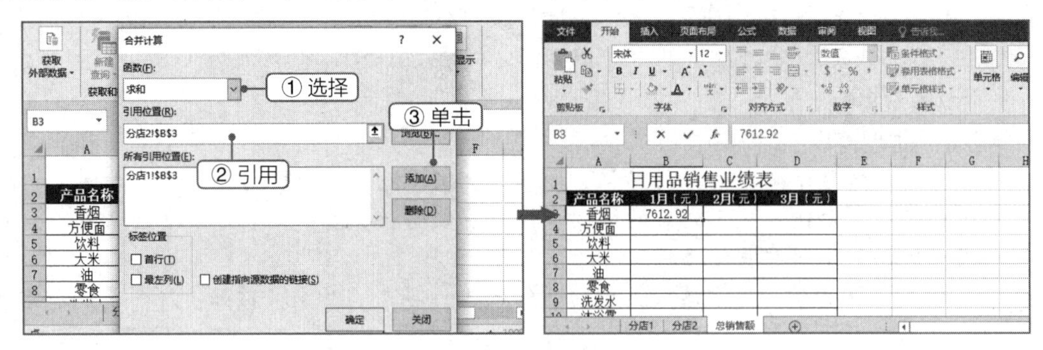

图6-31　合并计算

6.6 Excel 2016的图表

为了更好地展示数据及数据之间的内在关系，需要对数据进行抽象化的分析研究，这就要使用Excel 2016的图表功能。下面介绍Excel 2016的图表。

6.6.1 图表的概念

图表是一种可视化的数据分析工具，Excel 2016为用户提供了柱形图、条形图、折线图和饼图等丰富的图表类型。通常图表由图表区和绘图区构成，图表区指图表整个背景区域，绘图区包括数据系列、坐标轴、图表标题、数据标签和图例等部分。

- **数据系列**：图表中的相关数据点，代表着表格中的行、列。图表中每一个数据系列都具有不同的颜色和图案，且各个数据系列的含义将通过图例体现。在图表中，可以绘制一个或多个数据系列。
- **坐标轴**：度量参考线。*X*轴为水平坐标轴，通常表示分类，*Y*轴为垂直坐标轴，通常表示数据。
- **图表标题**：图表名称，一般自动居中并与坐标轴或图表顶部对齐。
- **数据标签**：为数据标记附加信息的标签，通常代表表格中某单元格的数据点或值。
- **图例**：表示图表的数据系列，通常有多少数据系列，就有多少图例，其颜色或图案与数据系列相对应。

6.6.2 图表的创建与设置

为了使表格中的数据看起来更直观，可以用图表的方式来展现数据。在Excel 2016中，图表能清楚展示各个数据的大小和变化情况、数据的差异和走势，从而帮助用户更好地分析数据。

1. 创建图表

图表是根据表格数据生成的，因此在插入图表前，需要先编辑表格中的数据。然后选择数据区域，在"插入"/"图表"组中单击"推荐的图表"按钮，打开"插入图表"对话框，如图6-32所示。在"推荐的图

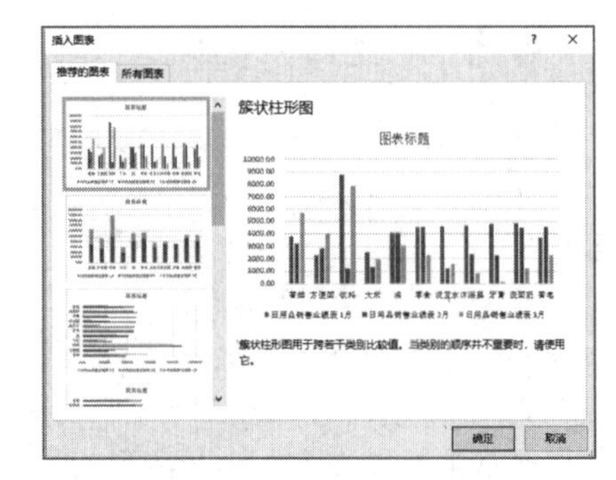

图6-32 "插入图表"对话框

表”选项卡中提供了适合当前数据的图表类型，在“所有图表”选项卡中显示的是可以使用的所有图表，选择所需的图表类型后，单击“确定”按钮。

2. 设置图表

在默认情况下，图表将被插入工作表编辑区中心位置，需要对图表的位置和大小进行调整。选择图表，将鼠标指针移动到图表中，当其变为✥形状时，按住鼠标左键拖动鼠标指针，可调整图表位置；将鼠标指针移动到图表4个角上，当其变为⟺形状时，按住鼠标左键拖动鼠标指针，可调整图表大小。选择不同的图表类型，图表中的组成部分也会不同。对于不需要的部分，选择后按“BackSpace”键或“Delete”键可将其删除。

6.6.3 图表的编辑

在插入图表后，如果图表不够美观或数据有误，也可重新编辑。例如，编辑图表数据、设置图表位置、更改图表类型、设置图表样式、设置图表布局和编辑图表元素等。

1. 编辑图表数据

如果表格中的数据发生了改变，Excel 2016会自动更新图表。如果图表所选的数据区域有误，则需要用户手动进行更改，操作方法为：在“图表工具 设计”/“数据”组中单击“选择数据”按钮，打开“选择数据源”对话框，在其中可重新选择和设置数据。

2. 设置图表位置

在创建图表时，图表默认创建在当前工作表中，用户也可根据需要将其移动到新的工作表中，操作方法为：选择“图表工具 设计”/“位置”组，单击“移动图表”按钮，打开“移动图表”对话框，单击选中“新工作表”单选项，将图表移动到新工作表中。

3. 更改图表类型

如果所选的图表类型不适合展示当前数据，可以更换图表类型，操作方法为：选择图表，再选择“图表工具 设计”/“类型”组，单击“更改图表类型”按钮，在打开的“更改图表类型”对话框中重新选择所需图表类型。

4. 设置图表样式

创建图表后，为了使图表效果更美观，可以对其样式进行设置。Excel 2016为用户提供了多种预设布局和样式，可以快速将其应用于图表中。操作方法为：选择图表，选择“图表工具 设计”/“图表样式”组，在列表框中选择所需样式，如图6-33所示。

5. 设置图表布局

除了可以为图表应用样式外，还可以根据需要更改图表布局。其操作方法为：选择要更改布局的图表，在“图表工具 设计”/“图表布局”组中单击“快速布局”下拉按钮，在打开的下拉列表中选择合适的图表布局，如图6-34所示。

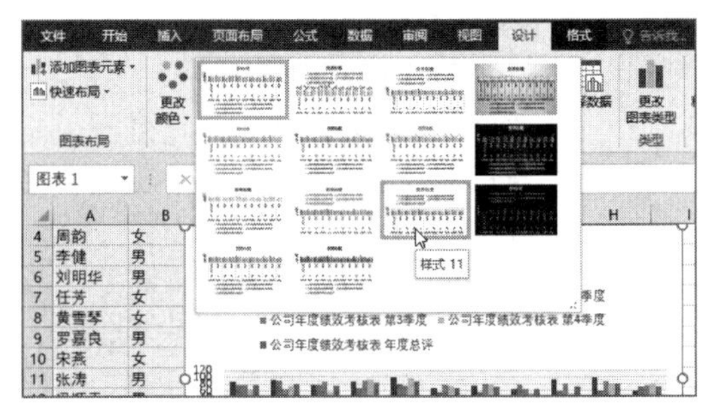

图6-33 快速应用样式

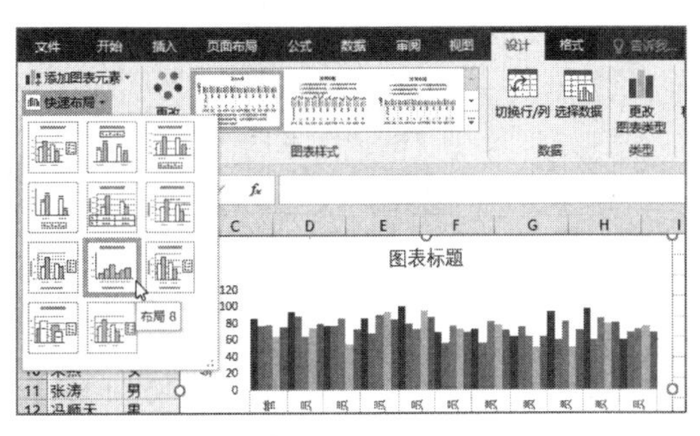

图6-34 快速布局

6. 编辑图表元素

在选择图表类型或应用图表布局后，图表中各元素的样式都会随之改变，如果对图表标题、坐标轴标题和图例等元素的位置、显示方式等不满意，可进行调整。其操作方法为：选择“图表工具 设计”/“图表布局”组，单击“添加图表元素”下拉按钮，在打开的下拉列表中选择需要调整的图表元素，并在子列表中选择相应的选项。

6.6.4 快速突显数据的迷你图

迷你图是工作表单元格中的一个微型图表，使用迷你图可以显示一系列数值的变化趋势。插入迷你图的操作方法为：选择需要插入迷你图的空白单元格，在“插入”/“迷你图”组中选择要创建的迷你图类型，在打开的“创建迷你图”对话框的“数据范围”文本框中输入或选择迷你图所基于的数据区域，在“位置范围”文本框中选择迷你图放置的位置，单击“确定”按钮。具体操作和最终效果如图6-35所示。

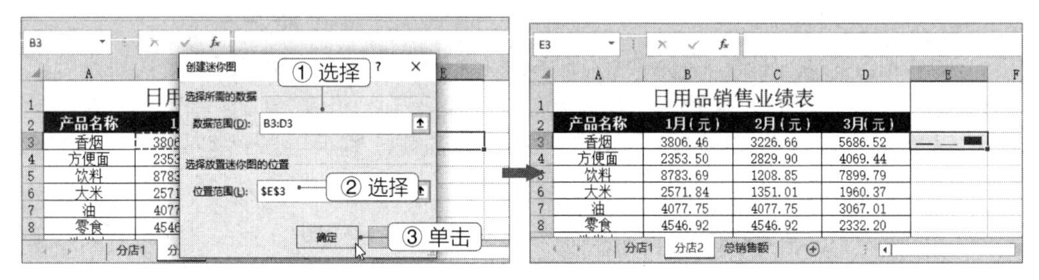

图6-35 创建迷你图

6.6.5 数据透视表

数据透视表是一种数据交互式报表，能对大量数据进行快速汇总，使用户能快速浏览、分析和合并数据，从数据透视表中发现和得到需要的信息。

1. 创建数据透视表

创建数据透视表后，在指定的工作表区域中可查看。数据透视表主要由数据透视表布局区域和数据透视表字段列表构成，二者的特点及作用分别如下。

视频教学
创建数据透视表

- **数据透视表布局区域**：指生成数据透视表的区域，可以在字段列表区域中单击选中字段名旁边的复选框，或右击某个字段名并在弹出的快捷菜单中选择该字段要移动到的位置。
- **数据透视表字段列表**：数据透视表字段列表区域用于显示数据源中的列标题。每个标题都是一个字段，例如，“日期”“原料”“费用”等。

【例6-13】在“网店销售提成表”工作簿中创建数据透视表。

步骤1 打开“网店销售提成表”工作簿，选择“销售一部”工作表，然后选择工作表中包含数据的任意单元格，单击“插入”/“表格”组中的“数据透视表”按钮 。

步骤2 打开“创建数据透视表”对话框，在“请选择要分析的数据”栏中自动选择了表格中包含数据的单元格区域，保持默认设置。在“选择放置数据透视表的位置”栏中单击选中“现有工作表”单选项，并在“位置”文本框中输入“A16”，如图6-36所示，单击“确定”按钮。

步骤3 在“销售一部”工作表中将自动新建一个空白数据透视表，并在右侧显示“数据透视表字段”任务窗格，在其中用户可以根据实际需要将表格中的对应数据字段分别添加到“筛选器”“列”“行”“值”4个区域中。这里单击选中“销售人员”复选框，并将该字段拖动到“筛选器”区域中，然后利用同样的方法将“所售商品”字段添加到“列”区域中，将“客户ID”字段添加到“行”区域中，将“销售金额”字段添加到“值”区域中，如图6-37所示。

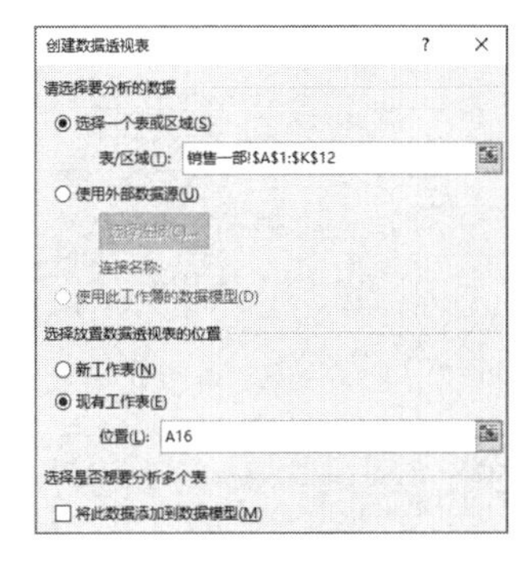

图6-36　设置数据透视表的位置

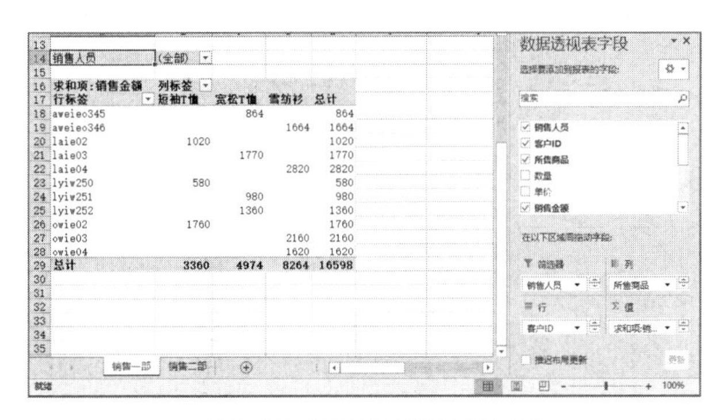

图6-37　添加数据透视表的字段

2. 设置数据透视表

设置数据透视表的操作包括更改字段、排序和筛选，以及刷新数据等。

（1）更改字段

更改数据透视表字段，实质上就是对数据透视表中已经添加的字段进行移动或删除。

- **移动字段**：移动字段指调整数据透视表中字段的显示位置。其操作方法为：在“数据透视表字段”任务窗格中的“在以下区域间拖动字段”栏中，单击要移动的字段，在打开的下拉列表框中选择字段的显示位置。如果某一区域中添加了多个字段，用户还可以对同一区域中的字段进行“上移”“下移”“移至开头”“移至末尾”操作。
- **删除字段**：在“数据透视表字段”任务窗格中的“选择要添加到报表的字段”栏下，取消选中对应的复选框，即可将字段从数据透视表中删除。

（2）排序和筛选

在数据透视表中对字段进行排序与筛选的方法主要有以下5种。

- **自动排序**：单击字段右侧的下拉按钮，在打开的下拉列表框中选择“降序”或“升序”选项。此方法适用于行标签和列标签中的字段。
- **其他排序**：单击字段右侧的下拉按钮，在打开的下拉列表框中选择“其他排序选项”选项，打开排序对话框，用户在其中可以自行设置排序方式。
- **通过下拉列表框筛选数据**：单击字段右侧的下拉按钮，在打开的下拉列表框中单击选中所需复选框，或取消选中不需的复选框，即可实现数据筛选操作。
- **通过标签筛选数据**：在字段下拉列表框中，用户还可以通过标签筛选数据。其操作方法为：单击字段右侧的下拉按钮，在打开的下拉列表框中选择“标签筛选”选项，再在打开的子列表中选择所需选项，然后在打开的对话框中设置筛选条件进行数据筛选操作。

提示　当选择数据透视表中任意单元格后，“排序和筛选”组中的“筛选”按钮呈灰色显示，表示不可用。此时用户可以选择紧邻列标签的空白单元格，然后单击“筛选”按钮，就可以像普通表格一样对数据透视表进行数据筛选操作了。

- **通过值筛选数据**：其操作方法与通过标签筛选数据的操作类似。具体方法为：单击字段右侧的下拉按钮，在打开的下拉列表框中选择“值筛选”选项，再在打开的子列表中选择所需选项，然后在打开的对话框中设置筛选条件进行数据筛选操作。

提示　如果用户在数据透视表中应用了多个筛选条件，可以选择数据透视表中任意一个单元格，单击“数据透视表工具 分析”/“操作”组中的“清除”下拉按钮，在打开的下拉列表中选择“全部清除”选项，即可将当前数据透视表中的所有筛选条件一次性全部删除。

（3）刷新数据

当源数据发生变动后，在数据透视表中的数据不会同步更改，而需要对数据进行刷新操作。在Excel 2016中刷新数据透视表的方法有以下两种。

- **手动刷新**：选择数据透视表中任意单元格，单击“数据透视表工具 分析”/“数据”组中的“刷新”按钮，或者在数据透视表中右击，在弹出的快捷菜单中选择“刷新”命令。
- **自动刷新**：单击“数据透视表工具 分析”/“数据透视表”组中的“选项”按钮，打开“数据透视表选项”对话框，单击“数据”选项卡，在“数据透视表数据”栏中单击选中“打开文件时刷新数据”复选框，如图6-38所示，然后单击“确定”按钮。

图6-38 “数据透视表选项”对话框

6.6.6 数据透视图

数据透视图以图表的形式展示数据透视表中的数据。在创建数据透视图的同时，Excel 2016会同时创建数据透视表。也就是说，数据透视图和数据透视表是关联的，会同步变动。

1. 创建数据透视图

数据透视图的创建方法与数据透视表相似，通常有以下两种。

- **使用原始数据创建**：打开工作簿，在工作表中选择包含数据的任意单元格，单击“插入”/“图表”组中的“数据透视图”按钮，打开“创建数据透视图”对话框，选择要分析的数据和放置数据透视图的位置后，单击“确定”按钮，创建一个空白数据透视图和数据透视表。通过“数据透视表字段”任务窗格将字段添加到对应区域中，便可成功创建数据透视图。
- **使用数据透视表创建**：选择数据透视表中的任意一个单元格，单击“数据透视表工具 分析”/“工具”组中的“数据透视图”按钮，打开“插入图表”对话框，选择需要使用的图表类型，然后单击“确定”按钮，当前工作表中将会插入数据透视图，拖动该图可以改变其在工作表中的显示位置。创建的数据透视图如图6-39所示。

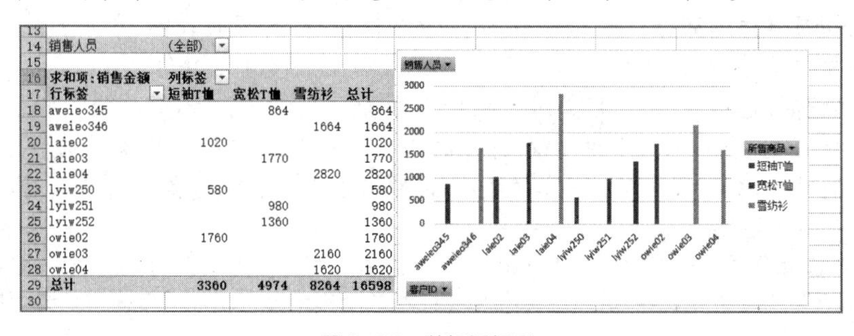

销售人员 (全部)

求和项:销售金额 行标签	列标签 短袖T恤	宽松T恤	雪纺衫	总计
aweieo345		864		864
aweieo346			1664	1664
laie02	1020			1020
laie03		1770		1770
laie04			2820	2820
lyiw250	580			580
lyiw251		980		980
lyiw252		1360		1360
owie02	1760			1760
owie03			2160	2160
owie04			1620	1620
总计	3360	4974	8264	16598

图6-39 数据透视图

2. 设置数据透视图

设置数据透视图包括更改图表类型和布局、添加图表元素、筛选图表中的数据和更改数据源等操作。

（1）更改图表类型

在Excel 2016中，用户可以根据需要更改图表类型，使图表能够更加准确地反映数据特征。操作方法为：选择数据透视图，单击“数据透视图工具 设计”/“类型”组中的“更改图表类型”按钮，在打开的“更改图表类型”对话框中选择所需图表后，单击“确定”按钮。

（2）更改图表布局

在完成数据透视图的创建后，有时用户需要更改其布局，以使其符合操作习惯。操作方法为：选择数据透视图，单击“数据透视图工具 设计”/“图表布局”组中的“快速布局”下拉按钮，在打开的下拉列表中选择所需的图表布局。

（3）添加图表元素

数据透视图以与其他图表相同的方式显示数据系列、类别和坐标轴。另外，用户还可手动添加一些元素来辅助分析数据，如添加图表标题、数据标签、趋势线等元素。操作方法为：选择数据透视图，单击“数据透视图工具 设计”/“图表布局”组中的“添加图表元素”下拉按钮，在打开的下拉列表中选择所需选项进行设置。

（4）筛选图表中的数据

筛选图表中数据的方法很简单：单击图表中含有下拉按钮的单元格，在打开的下拉列表框中单击选中或取消选中对应复选框。用户也可以通过值、标签或日期进行筛选，其方法与筛选数据透视表中数据的方法类似。

（5）更改数据源

在使用数据透视图的过程中，为了分析不同情形下的数据信息，用户可以更改数据源记录。操作方法为：选择创建的数据透视表，单击“数据透视表工具 分析”/“数据”组中的“更改数据源”按钮，打开“更改数据透视表数据源”对话框，如图6-40所示。在“表/区域”文本框中重新选择要分析的数据后，单击“确定”按钮，返回工作表。此时，数据透视表和数据透视图中的数据会随之改变。

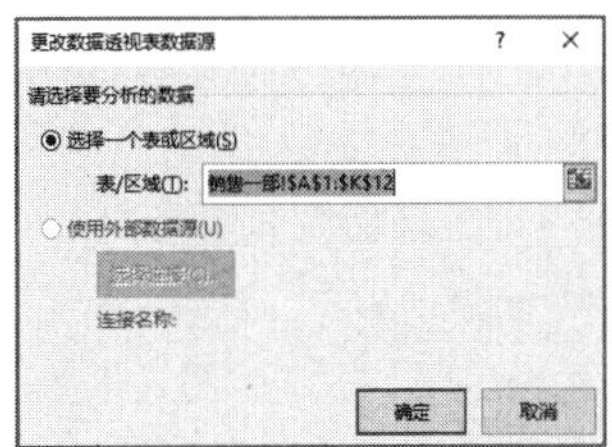

图6-40 “更改数据透视表数据源”对话框

6.7 Excel 2016应用综合案例

本案例将制作“面试人员技能考核”电子表格，包括新建工作簿、数据输入与编辑、单元格格式设置、数据排序、创建和分析图表等操作，具体操作如下。

视频教学 Excel 2016 应用综合案例

步骤1 启动Excel 2016，新建空白工作簿，选择“文件”/“保存”命令，以“面试人员技能考核”为名保存文档。

步骤2 选择A1:P1单元格区域，在“开始”/“对齐方式”组中单击“合并后居中”按钮，输入“技能考核表”文本，在“字体”组的“字体”下拉列表框中选择“黑体”选项，在“字号”下拉列表框中选择“20”选项，单击“加粗”按钮和“下划线”按钮。

步骤3 合并A2:E2单元格区域，输入文本，字体样式为“宋体、10.5、加粗”，在“对齐方式”组中单击“左对齐”按钮。

步骤4 在A3:P29单元格区域中输入文本和数据，字体样式为“宋体，12”，加粗显示A3:E3单元格区域和O3:P3单元格区域中的字体。

步骤5 在输入D4:D29单元格区域中的数据前，先选择该区域，在“开始”/“数字”组中的“数字格式”下拉列表框中选择“日期”选项，然后选择D4单元格，输入“24/3/2022”，将鼠标指针移至D4单元格右下角的控制柄上，当其变为+形状时，按住鼠标左键并拖动鼠标指针至D29单元格，为选择的单元格区域填充相同的数据。用同样的方法在P4:P29单元格区域中快速填充相同的数据。

步骤6 分别选择A3:P3单元格区域和E3:O29单元格区域，将对齐方式设置为“居中”。

步骤7 选择A3:P3单元格区域，右击，在弹出的快捷菜单中选择“设置单元格格式”命令，打开“设置单元格格式”对话框。单击“边框”选项卡，在“线条”栏中选择第一列最下面的线条选项，在“边框”栏中单击“下框线”按钮，在“线条”栏中选择第二列从上往下的第5种线条选项，在“边框”栏中单击“上框线”按钮，单击“确定”按钮，为单元格区域设置上下边框。具体操作如图6-41所示。

步骤8 用同样的方法为A29:P29单元格区域设置与A3:P3单元格区域上边框样式相同的下边框，为E3:E29单元格区域设置与A3:P3单元格区域下边框样式相同的右边框。

步骤9 在第1行的行号处单击，选择第一行单元格区域并右击，在弹出的快捷菜单中选择“行高”命令，打开“行高”对话框，在“行高”文本框中输入“26.25”，单击“确定”按钮。

步骤10 用同样的方法设置第2行行高为“24.75”，第3行行高为“22.5”，第4~29行行高为“18.75”。

步骤11 将鼠标指针移至单元格列标之间的分隔线上，按住鼠标左键拖动，调整A~P列的列宽，表格的最终效果如图6-42所示。

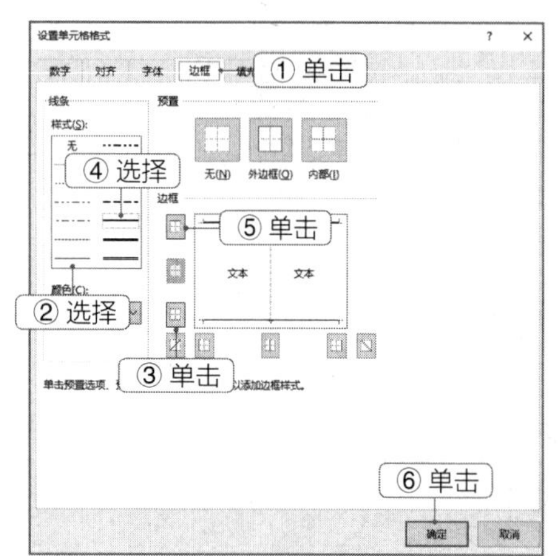

图6-41 设置单元格边框

技能考核表

考核时期：自2022年03月25日至2022年04月25日止

姓名	学历	职位	入职时间	实际工作天数	忠诚度	责任心	团队合作	思维	守时	写作能力	发展潜力
陈少华	大专	文案专员	24/3/2022	16	4	3	4	1	5	4	2
田蓉	本科	行政主管	24/3/2022	22	4	4	2	3	5	4	4
喻刚	本科	行政主管	24/3/2022	19	5	3	3	3	3	4	2
汪雪	大专	总经理助理	24/3/2022	21	3	4	3	2	4	2	4
杨丽华	本科	文案专员	24/3/2022	16	3	4	3	3	4	3	3
罗杉杉	本科	行政主管	24/3/2022	13	1	1	4	2	3	3	3
周前梅	本科	文案专员	24/3/2022	24	3	4	3	3	4	5	3
陈明珍	本科	总经理助理	24/3/2022	21	4	2	3	4	4	4	3
李君	本科	行政主管	24/3/2022	21	2	3	5	2	2	3	3
沈城	大专	文案专员	24/3/2022	24	4	4	2	3	3	3	4
赵明晨	大专	文案专员	24/3/2022	15	4	5	4	3	2	3	4
孙文杰	硕士	总经理助理	24/3/2022	12	1	2	3	3	2	3	4
菜名忠	本科	总经理助理	24/3/2022	22	5	3	4	4	5	2	4
牟乃贵	大专	文案专员	24/3/2022	21	3	3	4	3	4	2	3
张悦	大专	总经理助理	24/3/2022	24	5	4	3	4	5	3	4
郑易发	硕士	总经理助理	24/3/2022	22	3	4	3	2	3	4	2
陈帆	大专	总经理助理	24/3/2022	17	1	3	4	3	4	2	3
赵岩	大专	文案专员	24/3/2022	21	5	4	5	4	2	4	4
梁笑圆	大专	行政主管	24/3/2022	21	4	3	4	4	3	4	3
朱莉	硕士	总经理助理	24/3/2022	14	1	2	4	3	4	3	4
涂百何	大专	文案专员	24/3/2022	24	3	3	3	4	4	3	4

图6-42 表格的最终效果

步骤12 选择O3:O29单元格区域，右击，在弹出的快捷菜单中选择“筛选”/“按所选单元格的值筛选”命令，然后在O3单元格中单击按钮，在打开的列表中选择“数字筛选”/“自定义筛选”命令，打开“自定义自动筛选方式”对话框。在左侧的下拉列表框中选择“大于或等于”选项，在右侧的下拉列表框中输入“30”，单击“确定”按钮。具体操作如图6-43所示。

步骤13 在工作表中同时选择A3:A29单元格区域和O3:O29单元格区域，然后在“插入”/“图表”组中单击“推荐的图表”按钮，打开“插入图表”对话框，单击“所有图表”选项卡，在左侧的列表框中选择“柱形图”选项，在右侧窗格中选择“三维簇状柱形图”选项，在下面选择第二种图形样式，然后单击“确定”按钮。

步骤14 在工作表中拖动图表到表格的正下方，并将图表的长度调整至与表格相同，在图表中选择“图表标题”文本框，输入“考核成绩”。

步骤15 选择图表，在“图表工具 设计”/“图表布局”组中单击“添加图表元素”下拉按钮，在打开的下拉列表中选择“数据标签”/“其他数据标签选项”选项，打开“设置数据标签格式”任务窗格，此时图表中自动添加了数据标签。

步骤16 在“图表工具 设计”/“图表样式”组的“图表样式”列表框中选择“样式7”选项，如图6-44所示。

步骤17 按住“Ctrl”键，同时选择不相邻的单元格区域和单元格，包括F3:H3单元格区域、F5:H5单元格区域、N3单元格、N5单元格。

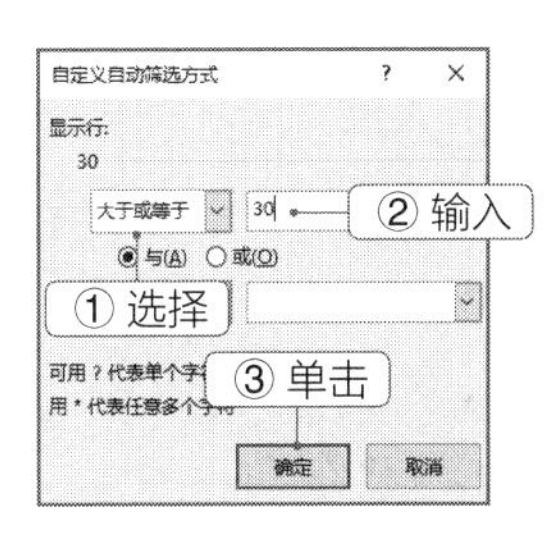

图6-43 筛选数据

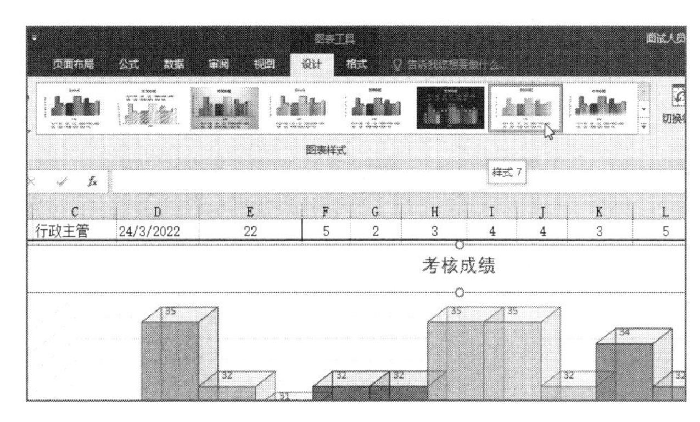

图6-44 设置图表样式

步骤18 插入饼图，样式为默认样式，在“图表标题”文本框中输入“田蓉 本科 行政主管”，然后在“图表工具 设计”/“图表样式”组的“图表样式”列表框中选择“样式3”选项，再选择“样式6”选项，将图表移动到表格的右侧。

步骤19 用同样的方法，为F3:I3单元格区域、F16:I16单元格区域、N3单元格、N16单元格和F3:I3单元格区域、F18:I18单元格区域、N3单元格、N18单元格两组数据插入饼图，其图表标题分别为“菜名忠 本科 总经理助理”和“张悦 大专 总经理助理”，然后调整这3个图表的位置和大小。

步骤20 保存表格，完成制作，最终效果如图6-45所示。

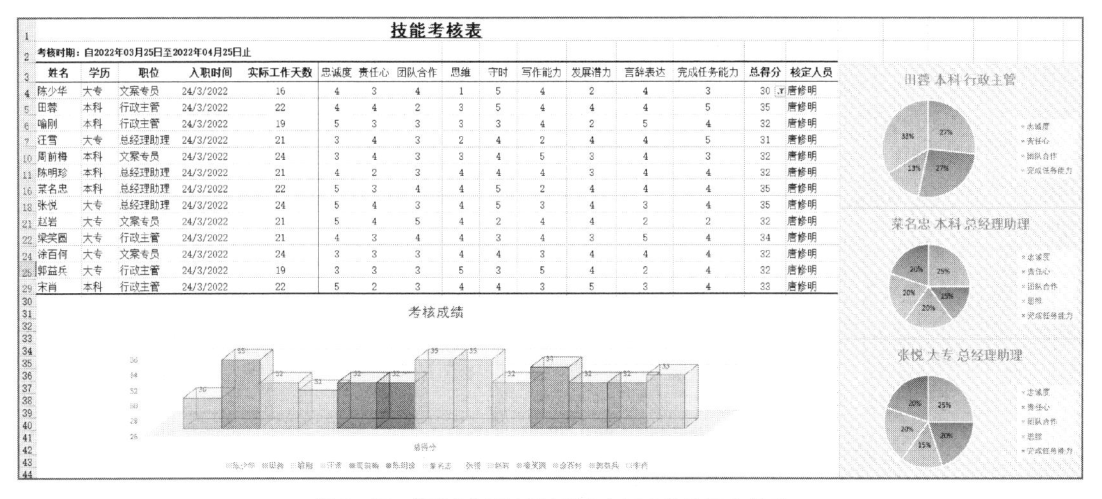

技能考核表

考核时期：自2022年03月25日至2022年04月25日止

姓名	学历	职位	入职时间	实际工作天数	忠诚度	责任心	团队合作	思维	守时	写作能力	发展潜力	言辞表达	完成任务能力	总得分	核定人员
陈少华	大专	文案专员	24/3/2022	16	4	3	4	1	5	4	2	4	3	30	唐修明
田蓉	本科	行政主管	24/3/2022	22	4	4	2	3	5	4	4	4	5	35	唐修明
喻刚	本科	行政主管	24/3/2022	19	5	3	3	3	3	4	2	5	4	32	唐修明
汪雪	大专	总经理助理	24/3/2022	21	3	4	3	2	4	2	4	4	5	31	唐修明
周前梅	本科	文案专员	24/3/2022	24	3	4	3	3	4	5	3	4	3	32	唐修明
陈明珍	本科	总经理助理	24/3/2022	21	4	2	3	4	4	4	3	4	4	32	唐修明
菜名忠	本科	总经理助理	24/3/2022	22	5	3	4	4	5	2	4	4	4	35	唐修明
张悦	大专	总经理助理	24/3/2022	24	5	4	3	4	5	3	4	3	4	35	唐修明
赵岩	大专	文案专员	24/3/2022	21	5	4	5	4	2	4	4	2	2	32	唐修明
梁笑圆	大专	行政主管	24/3/2022	21	4	3	4	4	3	4	3	5	4	34	唐修明
涂百何	大专	文案专员	24/3/2022	24	3	3	3	4	4	3	4	4	4	32	唐修明
郭益兵	大专	行政主管	24/3/2022	19	3	3	3	5	3	5	4	2	4	32	唐修明
宋肖	本科	行政主管	24/3/2022	22	5	2	3	4	4	3	5	3	4	33	唐修明

图6-45 “面试人员技能考核”电子表格的最终效果

6.8 本章小结

本章主要介绍了表格软件Excel 2016的相关操作，包括基本表格操作、数据与编辑、单元格格式设置、公式与函数、数据管理和图表等。

Excel是一款专门用于分析和处理数据的软件，数据在当前的信息社会中具有非常重要的作用。我国有很多互联网公司，都通过大数据分析，让用户随时随地获取数据信息服务。例如，腾讯发布的新闻信息数据，支付宝发布的消费信息数据，高德发布的地铁实时信息数据等。通过Excel等专业的软件，还可以进一步把这些数据信息制作成动态图表或对其进行有针对性的分析，以直观呈现出对用户或对企业有帮助的内容，且图表比文字更加清晰直观。信息时代，借助Excel分析数据能解决生活和工作中的一些问题，所以，大学生需要认真学习Excel，掌握信息分析这一生产生活的必备技能。

6.9 练习

1. 新建一个空白工作簿，以“出差登记表”为名保存，并按照下列要求对工作簿进行操作，效果如图6-46所示。

	A	B	C	D	E	F	G	H	I	J	K
1	出 差 登 记 表										
2						制表日期：					
3	姓名	部门	目的地	出差日期	返回日期	预计天数	实际天数	出差原因	联系电话	是否按时返回	备注
4	邓兴全	技术部	北京通县	22/7/4	22/7/19	15	15	维修设备	13562[illegible]856***	是	
5	王宏	营销部	北京大兴	22/7/4	22/7/20	15	16	新产品宣传	135624857***	否	应酬客户而延迟
6	毛戈	技术部	上海松江	22/7/4	22/7/16	12	12	提供技术支持	135624858***	是	
7	王南	技术部	上海青浦	22/7/5	22/7/15	12	12	新产品开发研讨会	135624859***	是	
8	刘惠	营销部	山西太原	22/7/5	22/7/13	8	8	新产品宣传	135624860***	是	
9	孙祥礼	技术部	山西大同	22/7/5	22/7/13	7	8	维修设备	135624861***	否	设备故障严重
10	刘栋	技术部	山西临汾	22/7/5	22/7/13	8	8	维修设备	135624862***	是	
11	李锋	技术部	四川青川	22/7/6	22/7/9	3	3	提供技术支持	135624863***	是	
12	周畅	技术部	四川自贡	22/7/6	22/7/10	4	4	维修设备	135624864***	是	
13	刘煌	营销部	河北石家庄	22/7/6	22/7/17	10	11	新产品宣传	135624865***	否	班机延误
14	钱嘉	技术部	河北承德	22/7/7	22/7/18	10	11	提供技术支持	135624866***	否	列车延误

图6-46 “出差登记表”工作簿

练习
查看答案和解析

（1）单击“Sheet1”工作表标签，将其名称更改为“出差登记表”，并在表格中输入相关文本和数据。

（2）合并A1:K1、F2:G2单元格区域。

（3）设置标题的字体格式为“宋体、26、加粗”，表头的字体格式为“宋体、12、加粗”，设置F2:G2单元格区域的字体格式为“宋体、10、红色”。

（4）设置数据对齐方式为居中对齐。

（5）为A1:K1、A3:K3单元格区域设置单元格填充颜色。

（6）为A1:K1、A3:K14单元格区域添加外边框效果。

2. 打开“销售额统计表”工作簿，按照下列要求对其进行操作，效果如图6-47所示。

	A	B	C	D	E	F	G
1	方宜超市年销售额统计						
2	商品编码	商品名称	一季度(元)	二季度(元)	三季度(元)	四季度(元)	总计(元)
3	fy2022012	国产香烟	70000	55000	64000	148000	337000
4	fy2022011	进口香烟	52000	45000	85000	140000	322000
5	fy2022009	啤酒	18000	32000	30000	57000	137000
6	fy2022010	红酒	13000	17000	24000	55000	109000
7	fy2022008	白酒	12000	13000	12800	18000	55800
8	fy2022016	护肤品	7500	10000	10800	13000	41300
9	fy2022002	色拉油	9000	8800	7000	13500	38300
10	fy2022003	菜油	7500	9500	9000	10500	36500
11	fy2022013	零食	1800	1800	9000	18000	30600
12	fy2022014	洗发水	1800	8000	4500	4000	18300
13	fy2022007	方便面	3000	2000	4000	3700	12700
14	fy2022006	巧克力	3000	1300	2400	5200	11900
15	fy2022015	沐浴露	1300	4000	3500	3000	11800
16	fy2022001	大米	3000	2200	2500	2700	10400
17	fy2022005	膨化食品	1500	2000	1900	3800	9200
18	fy2022004	挂面	1500	1600	1600	650	5350

图6-47 “销售额统计表”工作簿

（1）设置表格标题的字体格式为“宋体、18”。

（2）为表格的A2:G18单元格区域应用表格样式，并取消数据筛选。

（3）使用SUM函数计算G3:G18单元格区域的值。

（4）对G列单元格数据进行降序排列。

CHAPTER 7

第7章 演示文稿软件PowerPoint 2016

制作演示文稿已经成为大学生的一项必备技能，在很多行业和领域中，常以演示文稿展示项目的数据、目标任务、想法创意等信息。一份优秀的演示文稿具有较强的感染力，能够为制作者实现目标提供帮助。PowerPoint 2016就是一款专业的演示文稿制作软件，可以用于制作形象生动、图文并茂的幻灯片，被广泛应用在制作和演示工作汇报、产品介绍、培训课件、宣传策划等方面。本章主要介绍PowerPoint 2016的相关操作，包括PowerPoint 2016的基本操作、演示文稿的编辑与设置、幻灯片动画效果的设置、幻灯片的放映与输出等内容。

学习目标

- 了解PowerPoint 2016的基础知识
- 掌握演示文稿的编辑与设置方法
- 掌握 PowerPoint 2016幻灯片动画效果的设置操作
- 熟悉PowerPoint 2016幻灯片的放映与输出方法

素养目标

- 锻炼右脑的形象思维能力
- 培养幻灯片版式设计能力
- 具备一定的文案策划能力
- 提升个人自信心
- 培养现场演示的能力

课堂案例展示

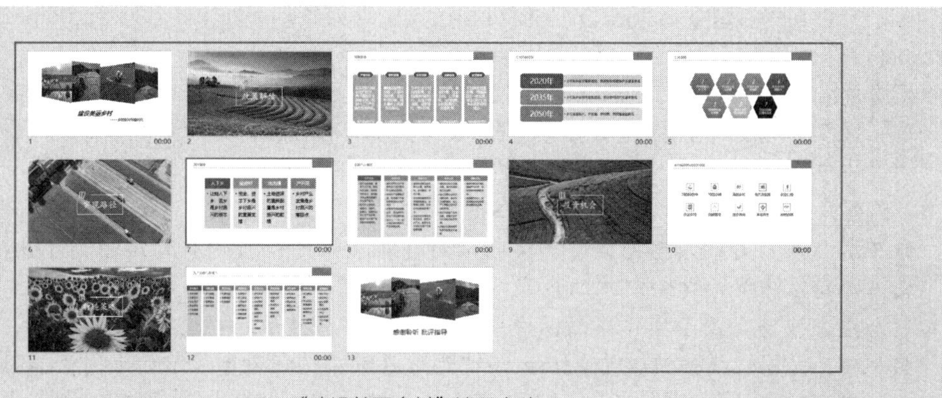

“建设美丽乡村”演示文稿

7.1 PowerPoint 2016入门

PowerPoint是一款主流的演示文稿制作和放映软件，能够在幻灯片中插入文本、图片、形状、表格、声音和视频等对象，制作出集文本、图形和多媒体于一体的演示文稿。PowerPoint也是Office的组件之一，所以其操作界面、启动和退出方法等也与Word和Excel基本相同。

7.1.1 PowerPoint 2016 简介

PowerPoint 2016主要用于制作和展示演示文稿，使用PowerPoint 2016制作的演示文稿可以通过投影机、电视机或计算机进行展示。演示文稿一般由若干张幻灯片组成，每张幻灯片中都可以放置文本、图片、多媒体、动画等内容，从而独立表达主题。完成演示文稿的制作后，即可使用幻灯片放映功能展示其内容，并可自定义控制整个演示过程。图7-1所示为使用PowerPoint制作的教学课件演示文稿。

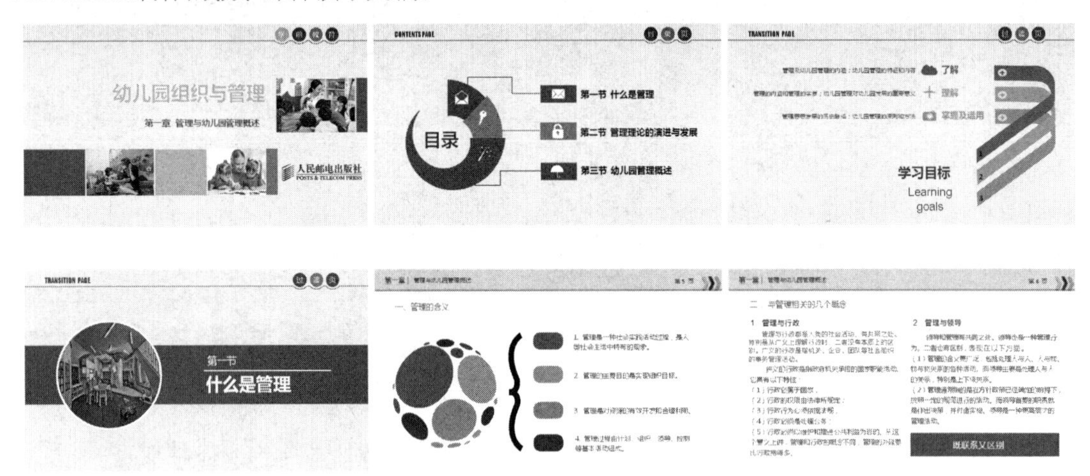

图7-1 教学课件演示文稿

7.1.2 PowerPoint 2016 的操作界面

启动PowerPoint 2016后，在打开的界面中将显示最近使用的文档信息，并提示用户创建一个新的演示文稿，选择要创建的演示文稿类型后，进入PowerPoint 2016的操作界面，如图7-2所示。PowerPoint 2016的操作界面与Word 2016和Excel 2016的操作界面大致相同，不同之处主要体现在幻灯片编辑区、“幻灯片”窗格和状态栏等部分，下面主要对PowerPoint 2016特有的组成部分进行介绍。

- **幻灯片编辑区**：幻灯片编辑区位于演示文稿编辑区的中心，用于显示和编辑幻灯片的内容。在默认情况下，标题幻灯片中包含一个正标题占位符和一个副标题占位符，内容幻灯片中包含一个标题占位符和一个内容占位符。
- **“幻灯片”窗格**：“幻灯片”窗格位于幻灯片编辑区的左侧，主要用于显示当前演示文稿中所有幻灯片的缩略图，单击某张幻灯片的缩略图，可跳转到该幻灯片并在右侧的幻灯片编辑区中显示该幻灯片的内容。
- **状态栏**：状态栏位于操作界面的底端，主要由状态提示栏、“备注”按钮、“批注”按钮、视图切换按钮组、“幻灯片放映”按钮、缩放比例栏6部分组成。其中，单击“备注”按钮和“批注”按钮，可以分别为幻灯片添加备注和批注内容，对演示者的演示内容进行提醒说明；拖动缩放比例栏中的缩放比例滑块，可以调节幻灯片的显示比例。单击状态栏最右侧的按钮，可以使幻灯片显示比例自动适应当前窗口。

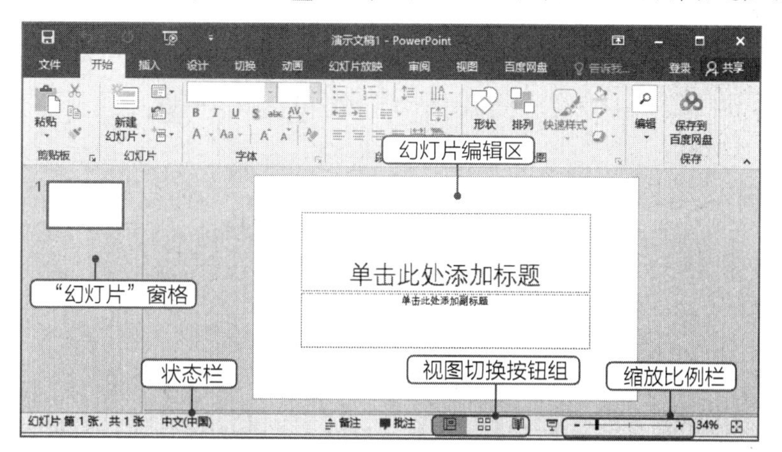

图7-2　PowerPoint 2016操作界面

7.1.3　PowerPoint 2016的视图方式

PowerPoint 2016为用户提供了普通视图、幻灯片浏览视图、幻灯片放映视图、阅读视图和备注页视图5种视图模式，在操作界面下方的状态栏中单击相应的视图切换按钮或在“视图”/“演示文稿视图”组中单击相应的视图切换按钮即可进入相应的视图。

- **普通视图**：普通视图是PowerPoint 2016默认的视图模式，打开演示文稿即进入普通视图，单击“普通视图”按钮也可切换到普通视图。在普通视图模式下，可以对幻灯片的总体结构进行调整，也可以对单张幻灯片进行编辑。普通视图是编辑幻灯片最常用的视图模式。
- **幻灯片浏览视图**：单击“幻灯片浏览”按钮进入幻灯片浏览视图。在该视图中可以浏览演示文稿中所有幻灯片的整体效果，并且可以对其整体结构进行调整。
- **幻灯片放映视图**：单击“幻灯片放映”按钮进入幻灯片放映视图。进入幻灯片放映视图后，演示文稿中的幻灯片将按放映设置进行全屏放映，在幻灯片放映视图中，可以浏览每张幻灯片的放映情况，测试幻灯片中插入的动画和声音效果，并可控制放映过程。
- **阅读视图**：单击“阅读视图”按钮进入幻灯片阅读视图。进入阅读视图后，可以以窗口方式查看演示文稿的放映效果，单击“上一张”按钮和“下一张”按钮可切换幻灯片。
- **备注页视图**：在“视图”/“演示文稿视图”组中单击“备注页”按钮，进入备注页视图。备注页视图以整页方式显示备注，在该视图模式下，用户能够方便地编辑备注内容。

7.1.4　PowerPoint 2016的演示文稿及其操作

PowerPoint 2016的基本操作主要包括新建、保存和打开演示文稿。

1．新建演示文稿

新建演示文稿的方法主要有新建空白演示文稿和利用模板新建演示文稿。

（1）新建空白演示文稿

启动PowerPoint 2016后，在打开的界面中选择“空白演示文稿”选项，可以新建一个名为“演示文稿1”的空白演示文稿。此外，也可以通过以下方法新建空白演示文稿。

- 选择“文件”/“新建”命令，在打开的“新建”界面中显示了多种演示文稿类型，此时选择“空白演示文稿”选项，即可新建一个空白演示文稿。
- 按“Ctrl+N”组合键。

（2）利用模板新建演示文稿

PowerPoint 2016提供了很多种模板，用户可在预设模板的基础上快速新建带有样式的演示文稿。其操作方法为：选择“文件”/“新建”命令，在打开的“新建”界面中选择所需的模板选项，然后单击“新建”按钮，便可新建该模板样式的演示文稿。

2. 保存演示文稿

保存演示文稿的方法为：选择“文件”/“保存”命令或单击快速访问工具栏中的“保存”按钮，在“另存为”界面中选择所需的保存方式后，在打开的“另存为”对话框中重新指定新的文件名称或保存位置，单击“保存”按钮。

3. 打开演示文稿

打开演示文稿的方法主要包括以下4种。

- **打开演示文稿**：启动PowerPoint 2016后，选择“文件”/“打开”命令或按“Ctrl+O”组合键，在“打开”界面中选择打开方式后，打开“打开”对话框，在其中选择需要打开的演示文稿，单击“打开”按钮。
- **打开最近使用的演示文稿**：PowerPoint 2016提供了记录最近打开的演示文稿的功能，如果想打开最近打开过的演示文稿，可选择“文件”/“打开”命令，在“打开”界面中选择“最近”选项查看最近打开的演示文稿名称，选择需打开的演示文稿即可将其打开。
- **以只读方式打开演示文稿**：以只读方式打开的演示文稿只能进行浏览，不能进行编辑。其操作方法为：打开“打开”对话框，在其中选择需要打开的演示文稿，单击“打开”按钮右侧的下拉按钮，在打开的下拉列表中选择“以只读方式打开”选项。此时，打开的演示文稿标题栏中将显示“只读”字样。
- **以副本方式打开演示文稿**：以副本方式打开演示文稿指将演示文稿作为副本打开，在副本中进行编辑后，不会影响源文件的内容。在打开的“打开”对话框中选择需打开的演示文稿后，单击“打开”按钮右侧的下拉按钮，在打开的下拉列表中选择“以副本方式打开”选项，此时演示文稿“标题”栏中将显示“副本”字样。

7.1.5 PowerPoint 2016 的幻灯片及其操作

一份演示文稿通常由多张幻灯片组成，对幻灯片的操作包括新建幻灯片、应用幻灯片版式、选择幻灯片、移动和复制幻灯片，以及删除幻灯片等，下面分别进行介绍。

1. 新建幻灯片

新建幻灯片的方法主要有以下两种。

- **在“幻灯片”窗格中新建**：在“幻灯片”窗格中的空白区域或已有的幻灯片上右击，在弹出的快捷菜单中选择“新建幻灯片”命令。
- **通过“幻灯片”组新建**：在普通视图或幻灯片浏览视图中选择一张幻灯片，在“开始”/“幻灯片”组中单击“新建幻灯片”按钮下方的下拉按钮，在打开的下拉列表中选择一种幻灯片版式，新建一张与该版式相同的幻灯片。

2. 应用幻灯片版式

在“开始”/“幻灯片”组中单击“版式”下拉按钮，在打开的下拉列表中选择一种幻灯片版式，可以将该版式应用于当前幻灯片。

3. 选择幻灯片

选择幻灯片是编辑幻灯片的前提，主要有以下3种方式。

- **选择单张幻灯片**：在“幻灯片”窗格中单击幻灯片缩略图即可选择当前幻灯片。
- **选择多张幻灯片**：在幻灯片浏览视图或“幻灯片”窗格中按住“Shift”键并单击幻灯片

可选择多张连续的幻灯片，按住“Ctrl”键并单击幻灯片可选择多张不连续的幻灯片。

- **选择全部幻灯片**：在幻灯片浏览视图或“幻灯片”窗格中按“Ctrl+A”组合键可选择全部幻灯片。

4. 移动和复制幻灯片

移动和复制幻灯片的方法主要有以下3种。

- **通过拖动**：选择幻灯片，按住鼠标左键将其拖动到目标位置后完成移动操作；选择幻灯片，按住“Ctrl”键并将其拖动到目标位置完成复制操作。
- **通过命令**：选择幻灯片并右击，在弹出的快捷菜单中选择“剪切”或“复制”命令，定位目标位置并右击，在弹出的快捷菜单中选择“粘贴”命令，可分别移动和复制幻灯片。
- **通过快捷键**：选择幻灯片，按“Ctrl+X”组合键（移动）或“Ctrl+C”组合键（复制），然后在目标位置按“Ctrl+V”组合键粘贴。

5. 删除幻灯片

在“幻灯片”窗格中选择要删除的幻灯片，然后右击，在弹出的快捷菜单中选择“删除幻灯片”命令，或按“Delete”键或“BackSpace”键删除当前幻灯片。

7.2 演示文稿的编辑与设置

为了提升演示文稿的展示效果，通常需要在幻灯片中添加文本、艺术字、图片、表格、图表、音频和视频等多种对象，并对幻灯片的主题、背景和母版等进行设置。

7.2.1 编辑幻灯片

编辑幻灯片是制作演示文稿的第一步，编辑幻灯片的主要操作包括添加和编辑文本、艺术字、表格、图表、SmartArt图形、图片以及添加多媒体文件等。

1. 添加和编辑文本

在幻灯片中输入文本后，需要设置文本格式。

（1）输入文本

在幻灯片中主要可以通过占位符和文本框两种方法输入文本。

- **通过占位符输入文本**：新建演示文稿或插入新幻灯片后，幻灯片中会包含两个或多个虚线文本框，即占位符。占位符分为文本占位符和项目占位符两种形式，如图7-3所示。文本占位符用于放置标题和正文等文本内容，单击占位符可以输入文本。项目占位符中包含“插入表格”“插入图表”“插入SmartArt图形”等图标，单击可插入相应的对象。

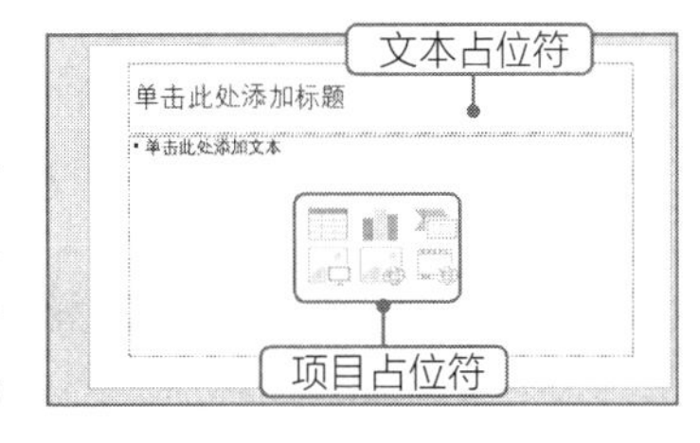

图7-3　占位符

- **通过文本框输入文本**：幻灯片中除了可以通过占位符输入文本外，还可以通过在空白位置绘制文本框来输入文本。在“插入”/“文本”组中单击“文本框”按钮下方的下拉按钮，在打开的下拉列表中选择“绘制横排文本框”选项或“竖排文本框”选项，当鼠标指针变为↓形状时，单击需要输入文本的空白位置就会出现一个文本框，在其中可以输入文本。

（2）编辑文本格式

在PowerPoint 2016中主要可以通过“字体”组和“字体”对话框设置文本格式。

- 选择文本，在“开始”/“字体”组中可以对字体、字号、颜色等进行设置，还可以通过单击“加粗”B、“倾斜”I、“下划线”U、“文字阴影”S等按钮为文本添加相应的效果。

- 选择文本，在“开始”/“字体”组右下角单击“字体”按钮，在打开的“字体”对话框中也可对文本的字体、字号、颜色等效果进行设置。

2. 添加和编辑艺术字

艺术字是一种具有美化效果的文本，可以令幻灯片更加醒目、美观。

（1）添加艺术字

在“插入”/“文本”组中单击“艺术字”下拉按钮，在打开的下拉列表中选择所需的艺术字样式选项，幻灯片中将添加一个该艺术字样式的文本框，在其中可输入艺术字的文本。

（2）编辑艺术字

在幻灯片中插入艺术字后，将自动激活“绘图工具 格式”选项卡，如图7-4所示，在其中可以对艺术字的文本填充、文本轮廓和文本效果等进行编辑。

图7-4 “绘图工具 格式”选项卡

3. 添加、编辑和美化表格

在幻灯片中不但可以添加表格，还能根据幻灯片的主题风格编辑和美化表格。

（1）添加表格

在幻灯片中添加表格主要有以下两种方法。

- **自动添加表格**：选择幻灯片，在“插入”/“表格”组中单击“表格”下拉按钮，在打开的下拉列表中通过拖动鼠标指针选择表格行列数，单击即可添加表格。
- **通过“插入表格”对话框添加表格**：选择幻灯片，在“插入”/“表格”组中单击“表格”下拉按钮，在打开的下拉列表中选择“插入表格”选项，打开“插入表格”对话框，在其中输入表格的行数和列数，单击“确定”按钮。

（2）编辑表格

插入表格后即可在其中输入文本和数据，并可根据需要对表格和单元格进行编辑操作，方法如下。

- **调整表格大小**：选择表格，表格四周将出现8个控制点，将鼠标指针移到控制点上，当鼠标指针变为“⤡”“⤢”“↕”“⟺”形状时，按住鼠标左键并拖动鼠标指针即可调整表格大小。
- **调整表格位置**：将鼠标指针移动到表格上，当鼠标指针变为形状时，按住鼠标左键拖动鼠标指针，可调整表格位置。
- **选择行/列**：将鼠标指针移至表格左侧，当鼠标指针变为➡形状时单击可选择该行。将鼠标指针移至表格上方，当鼠标指针变为⬇形状时单击可选择该列。
- **插入行/列**：将鼠标指针定位到表格的任意单元格中，通过“表格工具 布局”/“行和列”组，可以在表格所选单元格的上方、下方、左侧或右侧插入行或列。
- **删除行/列**：选择多余的行，在“表格工具 布局”/“行和列”组中单击“删除”下拉按钮，在打开的下拉列表中选择相应选项。
- **合并单元格**：选择要合并的单元格，在“表格工具 布局”/“合并”组中单击“合并单元格”按钮。

提示 将鼠标指针移到表格中需要调整列宽或行高的单元格分隔线上，当鼠标指针变为╋或╪形状时，按住鼠标左键向左右或上下拖动鼠标指针，即可调整列宽或行高。如果想精确调整表格行高或列宽的值，可在“表格工具 布局”/“单元格大小”组中的“高度”和“宽度”数值框中输入具体的数值。

（3）美化表格

为了使表格样式与幻灯片整体风格更匹配，可以为表格添加样式，PowerPoint 2016提供了很多预设的表格样式供用户使用。其操作方法为：在“表格工具 设计”/“表格样式”组中单击右下角的下拉按钮，在打开的下拉列表中选择需要的样式，如图7-5所示。同时，在该组中还可以通过单击对应的按钮，在打开的下拉列表中为表格设置底纹、边框和效果。

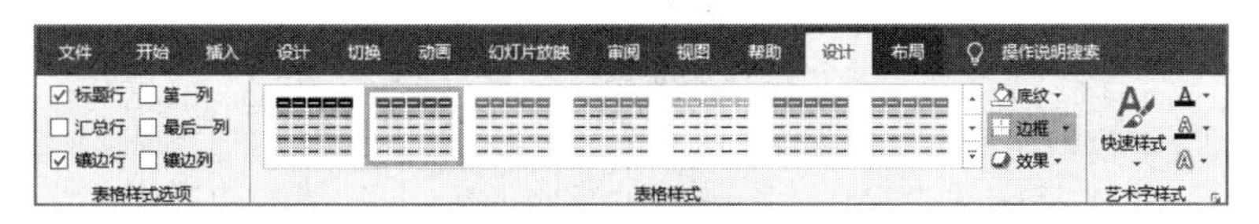

图7-5 美化表格

4. 添加和编辑图表

图表可以直观展示数据，增强幻灯片中内容的说服力。

（1）添加图表

在“插入”/“插图”组中单击“图表”按钮或在项目占位符中单击“插入图表”按钮，打开“插入图表”对话框，在对话框左侧选择图表类型，并选择一种图表样式，然后单击“确定”按钮，此时将打开“Microsoft PowerPoint中的图表”窗口，如图7-6所示，在其中输入表格数据，然后关闭表格，完成添加图表的操作。

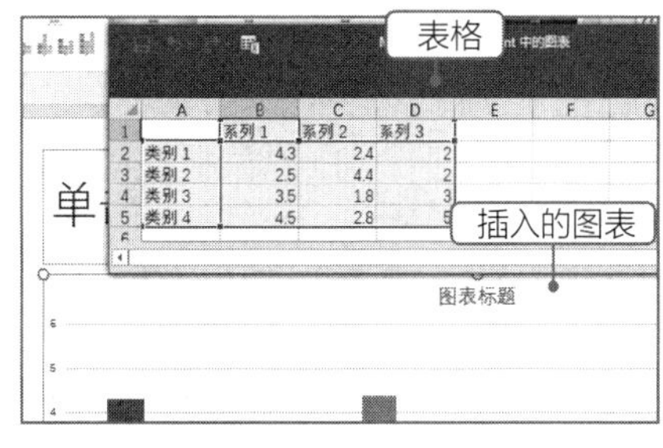

图7-6 在幻灯片中插入图表

（2）编辑图表

编辑图表是对图表的大小、位置、数据、类型等进行调整和更改，方法如下。

- **调整图表大小**：选择图表，将鼠标指针移到图表边框上，当鼠标指针变为双箭头形状时，按住鼠标左键并拖动鼠标指针。
- **调整图表位置**：将鼠标指针移动到图表上，当鼠标指针变为形状时，按住鼠标左键拖动鼠标指针，可调整图表位置。
- **修改图表数据**：在“图表工具 设计”/“数据”组中单击“编辑数据”按钮，打开“Microsoft PowerPoint中的图表”窗口，修改单元格中的数据。
- **更改图表类型**：在“图表工具 设计”/“类型”组中单击“更改图表类型”按钮，在打开的“更改图表类型”对话框中进行选择，然后单击“确定”按钮。

（3）美化图表

PowerPoint 2016为图表提供了很多预设样式，帮助用户快速美化图表。其操作方法为：选择图表，在“图表工具 设计”/“图表样式”组中单击右下角的下拉按钮，打开样式列表，在其中选择需要的样式。此外，也可选择图表中的某个数据系列，在“图表工具 格式”/“形状样式”组中对单个数据系列的样式进行设置。

（4）设置图表格式

图表主要由图表区、数据系列、图例、网格线和坐标轴等组成。设置图表格式的操作方法为：单击“图表工具 设计”/“图表布局”组中的“添加图表元素”下拉按钮，在打开的下拉列表中选择需要设置的图表元素后，再在打开的子列表中选择相应的选项。

5. 添加和编辑 SmartArt 图形

PowerPoint 2016中的SmartArt图形可以直观地说明图形内各个部分的关系，SmartArt图形包括列表、流程、循环、层次结构、关系和矩阵等类型，不同的类型分别适用于不同的场合。

（1）添加SmartArt图形

在“插入”/“插图”组中单击“SmartArt”按钮，打开“选择 SmartArt 图形”对话框。在对话框左侧选择SmartArt图形的类型，在对话框右侧的列表框中选择所需的样式，然后单击“确定”按钮。在SmartArt图形中还可以输入相应的文本并设置文本格式。

（2）编辑SmartArt图形

在“SmartArt工具 设计”选项卡中可以对SmartArt图形的样式进行设置。

- “创建图形”组：该组主要用于编辑SmartArt图形中的形状，单击“添加形状”按钮右侧的下拉按钮，在打开的下拉列表中选择相应选项可以添加对应的形状。单击“升级”按钮、“降级”按钮可以调整形状的级别；单击“上移”按钮、“下移”按钮可以调整形状的顺序。
- “版式”组：该组主要用于更换SmartArt图形的布局，在该组列表框中可选择要更换的布局。
- “SmartArt样式”组：该组主要用于设置SmartArt图形的样式，在列表框中选择所需样式即可。单击“更改颜色”下拉按钮，在打开的下拉列表中还可以设置SmartArt图形的颜色。

6. 添加和编辑图片

在幻灯片中可以添加计算机中保存的图片,也可以添加PowerPoint 2016自带的剪贴画。

（1）插入图片

选择幻灯片，在“插入”/“图像”组中单击“图片”按钮，在打开的“插入图片”对话框中选择所需图片的保存位置，然后选择图片，单击“插入”按钮。

（2）编辑图片

选择图片，在“图片工具 格式”选项卡的“调整”组、“图片样式”组、“排列”组和“大小”组中，可以对图片样式进行设置，如图7-7所示。

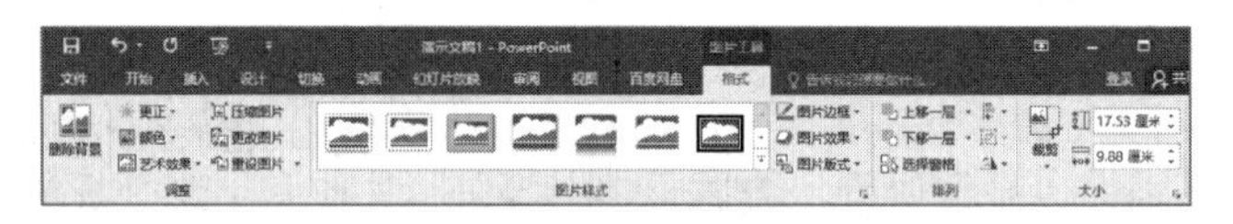

图7-7 编辑图片

（3）插入并编辑相册

利用PowerPoint 2016的批量插入图片和制作相册的功能可以在幻灯片中创建和编辑电子相册。

视频教学
插入并编辑相册

【例7-1】在演示文稿中插入图片，并应用“Facet”主题。

步骤1 在“插入”/“图像”组中单击“相册”按钮。

步骤2 在打开的“相册”对话框中单击“相册内容”栏下的“文件/磁盘”按钮，打开“插入新图片”对话框，选择要插入的图片，单击“插入”按钮。

步骤3 返回“相册”对话框，在“相册版式”栏下的“图片版式”下拉列表框中设置每页幻灯片的版式；在“相框形状”下拉列表框中选择相框样式。具体操作如图7-8所示。

步骤4 单击“相册版式”栏下“主题”文本框后的“浏览”按钮，在打开的对话框中选择“Facet”主题，如图7-9所示，单击“选择”按钮。返回“相册”对话框，单击“创建”按钮，PowerPoint 2016将自动创建一个应用所选择主题的相册演示文稿。

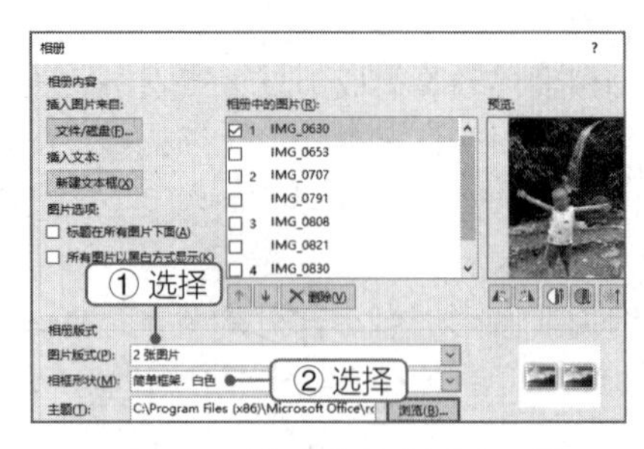

图7-8 选择图片版式和相框形状

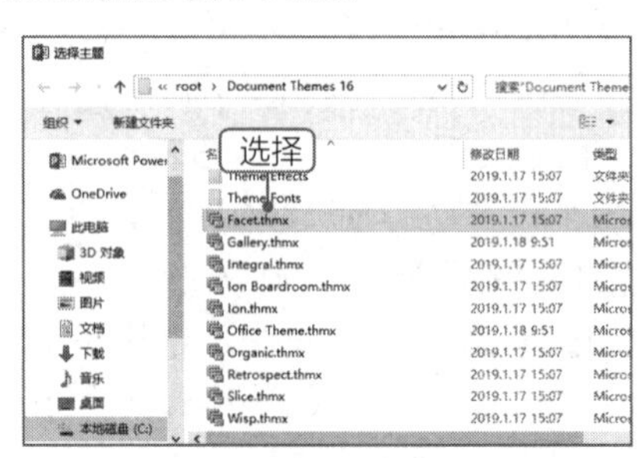

图7-9 选择相册主题

7. 添加多媒体文件

在PowerPoint 2016中可以通过在幻灯片中插入音频和视频文件的方式辅助讲解。

（1）添加音频文件

选择幻灯片，在“插入”/“媒体”组中单击“音频”下拉按钮🔊，在打开的下拉列表中提供了“PC上的音频”和“录制音频”两种插入方式。若选择“PC上的音频”选项，将打开“插入音频”对话框，在其中选择需要插入幻灯片中的音频文件，单击“插入”按钮，音频文件将插入幻灯片中，并自动激活“音频工具 格式”选项卡和“音频工具 播放”选项卡，通过这两个选项卡，可以对音频文件的外观样式和播放方式进行设置，如图7-10所示。

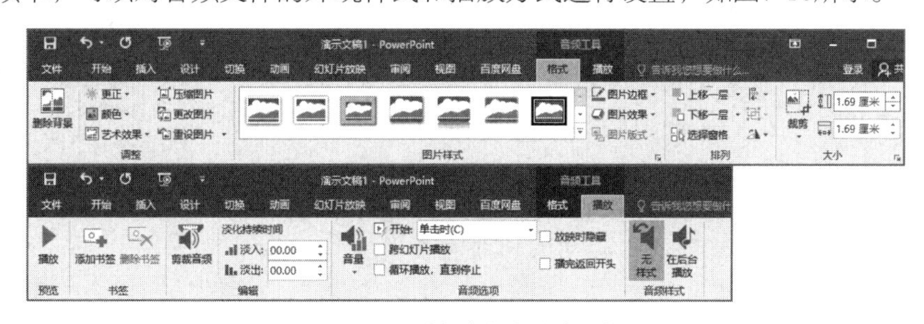

图7-10 编辑音频文件选项卡

（2）添加视频文件

在幻灯片中主要可以插入文件中的视频和来自网站的视频。其操作方法为：选择幻灯片，在“插入”/“媒体”组中单击“视频”下拉按钮▭，在打开的下拉列表中选择“此设备”选项，在打开的“插入视频文件”对话框中选择要插入的视频文件，单击“插入”按钮。

7.2.2 应用幻灯片主题

PowerPoint 2016为用户提供了很多预设了颜色、字体、效果、背景样式的主题，用户在选择主题后，还可自定义幻灯片的颜色、字体、效果和背景等。

1. 应用幻灯片主题

PowerPoint 2016的主题是一种对颜色、字体和效果等进行合理搭配的样式，用户只需选择一种主题，就可以为演示文稿中各幻灯片应用相同的样式效果，达到统一幻灯片风格的目的。应用幻灯片主题的操作方法为：在“设计”/“主题”组中单击右下角的下拉按钮▾，在打开的下拉列表中选择一种主题选项。

2. 更改主题颜色方案

在“设计”/“变体”组中单击右下角的下拉按钮▾，在打开的下拉列表中选择“颜色”选项，再在打开的子列表中选择一种主题颜色，即可将颜色方案应用于所有幻灯片。若在子列表中选择“自定义颜色”选项，在打开的对话框中可对幻灯片主题颜色的搭配方案进行自定义，如图7-11所示。

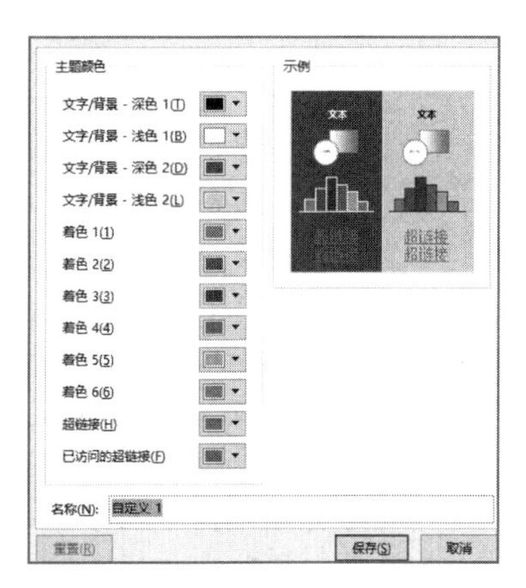

图7-11 自定义主题颜色

3. 更改字体方案

在“设计”/“变体”组中单击右下角的下拉按钮▾，在打开的下拉列表中选择“字体”选项，再在打开的子列表中选择一种选项，即可将字体方案应用于所有幻灯片。若在子列表中选择“自定义字体”选项，在打开的“新建主题字体”对话框中可对幻灯片中的标题和正文字体进行自定义。

4. 更改效果方案

在“设计”/“变体”组中单击右下角的下拉按钮，在打开的下拉列表中选择“效果”选项，再在打开的子列表中选择一种效果，可以快速更改图表、SmartArt 图形、形状、图片、表格和艺术字等幻灯片对象的效果。

5. 更改背景方案

幻灯片背景是指幻灯片中除占位符、文本框和图形图像等对象以外的区域。更改背景方案的方法如下。

- **应用背景样式**：在“设计”/“变体”组中单击右下角的下拉按钮，在打开的下拉列表中选择“背景样式”选项，再在打开的子列表中选择一种背景选项。
- **自定义背景样式**：在“设计”/“变体”组中单击右下角的下拉按钮，在打开的下拉列表中选择“背景样式”选项，再在打开的子列表中选择“设置背景格式”选项，打开“设置背景格式”任务窗格，如图7-12所示，在其中即可根据需要自行设置幻灯片背景。

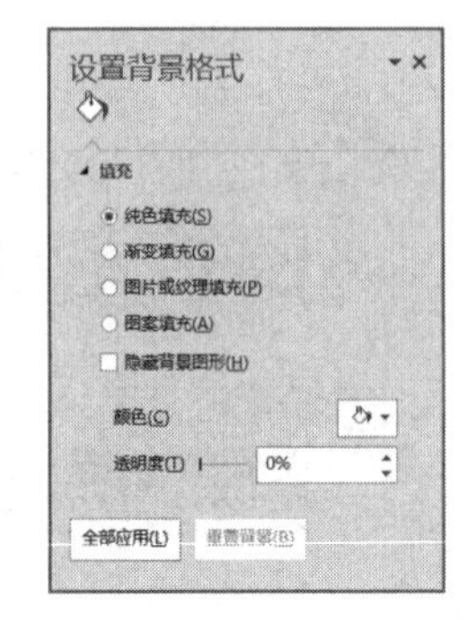

图7-12 “设置背景格式”任务窗格

提示 自定义背景样式后，在“设置背景格式”任务窗格中单击“全部应用”按钮，自定义的背景格式将应用于所有幻灯片，否则该背景格式只应用于所选幻灯片。

7.2.3 应用幻灯片母版

使用PowerPoint 2016的幻灯片母版功能可以为幻灯片应用统一的背景、标志、标题文本及主要文本格式，以设置和统一幻灯片风格。

1. 母版的类型

PowerPoint 2016中的母版包括幻灯片母版、讲义母版和备注母版3种类型。

- **幻灯片母版**：在“视图”/“母版视图”组中单击“幻灯片母版”按钮，进入幻灯片母版视图，如图7-13所示。幻灯片母版视图是编辑幻灯片母版样式的主要视图模式，在幻灯片母版视图中，左侧为“幻灯片版式选择”窗格，右侧为“幻灯片母版编辑”窗口。选择相应的幻灯片版式后，便可在右侧对幻灯片的标题、文本样式、背景效果、页面效果等进行设置，在母版中更改和设置的内容将应用于同一演示文稿中所有应用了该版式的幻灯片。

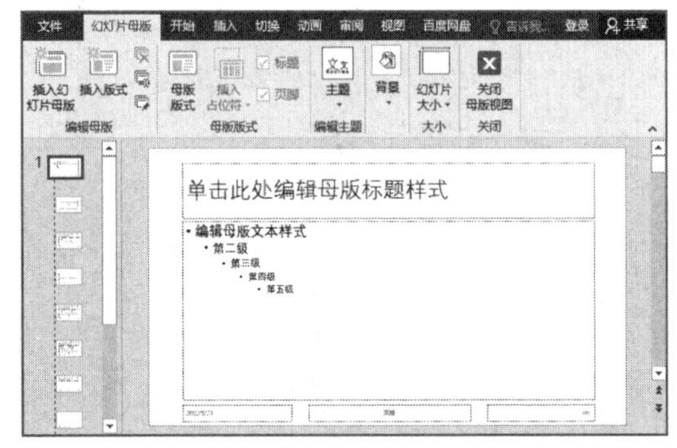

图7-13 幻灯片母版

- **讲义母版**：在“视图”/“母版视图”组中单击“讲义母版”按钮，进入讲义母版视图，如图7-14所示。在讲义母版视图中可查看页面上显示的多张幻灯片，也可设置页眉和页脚的内容，以及改变幻灯片的放置方向等。进入讲义母版视图后，通过

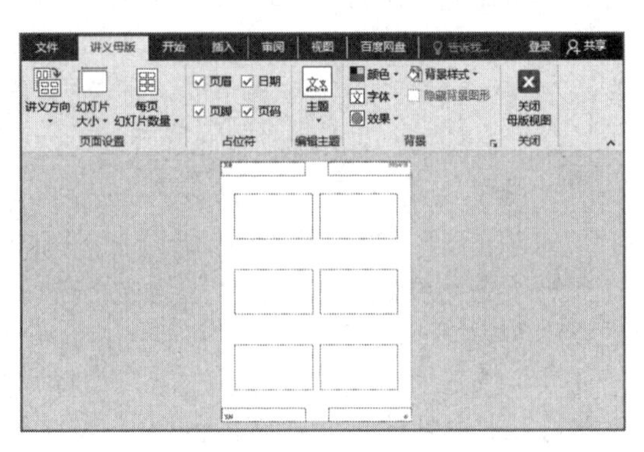

图7-14 讲义母版

“讲义母版”/“页面设置”组，可以设置讲义方向，以及幻灯片大小和每页幻灯片数量等；通过“占位符”组可设置是否在讲义中显示页眉、页脚、页码和日期；通过“编辑主题”组，可以修改讲义幻灯片的主题等；通过“背景”组可设置讲义背景。

- **备注母版**：在“视图”/“母版视图”组中单击“备注母版”按钮，进入备注母版视图。备注母版主要用于设置幻灯片“备注”窗格中的内容格式，选择各级标题文本后即可对其字体格式等进行设置。

2. 编辑幻灯片母版

编辑幻灯片母版与编辑幻灯片的方法非常类似，幻灯片母版中也可以添加图片、声音、文本等对象，但通常只添加通用对象，即只添加在大部分幻灯片中都需要使用的对象。完成母版样式的编辑后单击“关闭母版视图”按钮即可退出母版视图。

【例7-2】新建演示文稿，并设置幻灯片母版的主题、文本格式、形状样式、页脚以及图片等内容。

视频教学
编辑幻灯片母版

步骤1　新建一个空白演示文稿，并以“母版幻灯片”为名进行保存，然后单击“视图”/“母版视图”组中的“幻灯片母版”按钮。

步骤2　在“幻灯片母版”/“编辑主题”组中单击“主题”下拉按钮，在打开的下拉列表中选择“环保”选项，如图7-15所示。

步骤3　在幻灯片母版视图左侧的“幻灯片版式选择”窗格中选择第1张幻灯片版式，然后选择“单击此处编辑母版标题样式”占位符，设置占位符的文本格式为“方正大黑简体、44”。继续选择正文占位符，并设置占位符的文本格式为“黑体”。

步骤4　选择幻灯片中的绿色边框，在“绘图工具 格式”/“形状样式”组中单击列表框右下角的下拉按钮，在打开的下拉列表中选择“彩色轮廓-橙色，强调颜色5”选项。具体操作如图7-16所示。

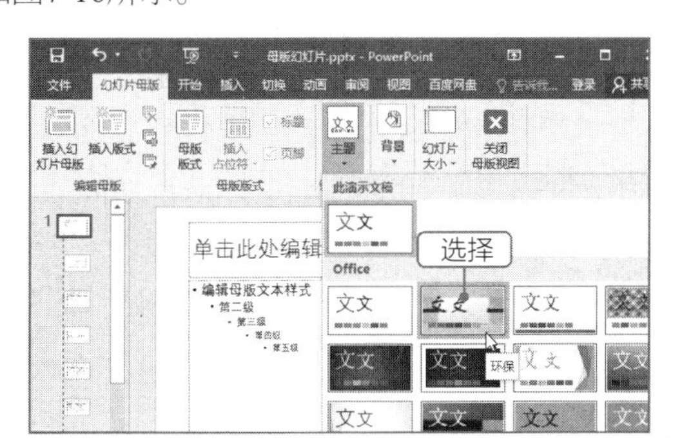

图7-15　应用母版主题

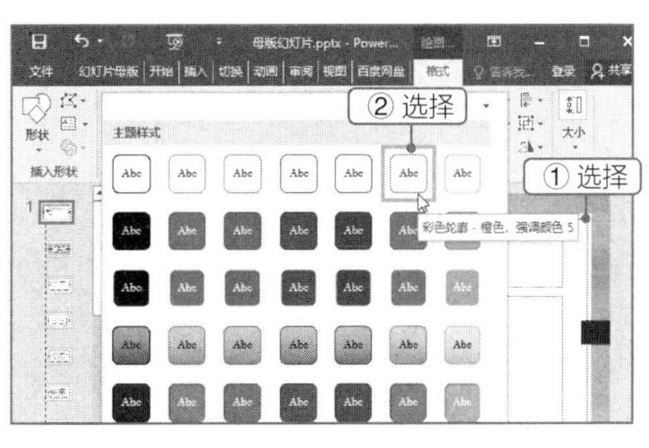

图7-16　更改形状样式

步骤5　在“插入”/“文本”组中单击“页眉和页脚”按钮，打开“页眉和页脚”对话框。在“幻灯片”选项卡中单击选中“页脚”复选框，在该复选框下的文本框中输入“企业资源分析”文本，单击选中“标题幻灯片中不显示”复选框，单击“全部应用”按钮。具体操作如图7-17所示。

步骤6　在“插入”/“图像”组中单击“图片”按钮，打开“插入图片”对话框，选择一张图片后，单击“插入”按钮。

步骤7　“图片工具 格式”/“大小”组中，将图片的高度和宽度分别设置为“1.05厘米”“1.33厘米”，然后拖动图片至幻灯片的左上角，如图7-18所示。

步骤8　按“Ctrl+C”和“Ctrl+V”组合键，复制图片，并将其拖动至幻灯片的右上角。

步骤9　返回幻灯片母版视图，在“关闭”组中单击“关闭母版视图”按钮切换至普通视图。

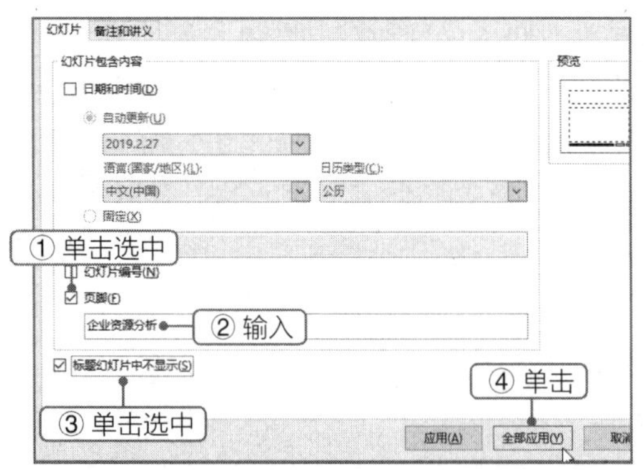

图7-17　设置幻灯片页脚

图7-18　添加和编辑图片

步骤10　在"幻灯片"窗格的空白区域右击，在弹出的快捷菜单中选择"新建幻灯片"命令，在新建的幻灯片中便会显示插入的图片和页脚。

7.3 PowerPoint 2016幻灯片动画效果的设置

在PowerPoint 2016中，可以为幻灯片中的文本、图片等对象设置动画效果，还可以为幻灯片设置切换动画效果等，增强演示文稿放映的生动性。

7.3.1　添加动画效果

PowerPoint 2016中添加的动画效果包括进入动画、退出动画、强调动画和动作路径动画4种类型。

1. 添加单一动画

添加单一动画是指为某个对象或多个对象添加一种动画效果。其操作方法为：在幻灯片编辑区中选择要设置动画的对象，在"动画"/"动画"组中单击右下角的下拉按钮，在打开的下拉列表中选择某一类型动画下的动画选项。为幻灯片对象添加动画效果后，该对象左上角将自动显示数字标志，数字顺序代表播放动画的顺序。

2. 添加组合动画

添加组合动画是指为同一个对象同时添加多种动画效果。其操作方法为：选择需要添加组合动画效果的幻灯片对象，先为其添加一个单一动画，然后在"高级动画"组中单击"添加动画"下拉按钮，在打开的下拉列表中选择某一类型的动画。添加组合动画后，该对象的左上角将出现多个数字标志，表示不同动画的播放顺序。

7.3.2　设置动画效果

为幻灯片中的对象添加动画效果后，还可以通过"动画"选项卡中的"动画""高级动画""计时"组，设置动画效果，如图7-19所示，以使动画效果在播放时更具条理性。例如，设置动画播放参数、调整动画的播放顺序和删除动画等。

图7-19　"动画"选项卡

- “动画”组：主要用于设置动画的效果选项，包括“序列”“方向”“形状”等，也可以在动画列表框中重新选择动画效果。
- “高级动画”组：主要用于对同一对象的多个动画进行设置，包括多个动画的添加、触发动画的设置等。此外，单击“动画窗格”按钮，在打开的“动画窗格”任务窗格中还可以对动画的播放顺序和播放效果进行预览。
- “计时”组：用于对添加动画的播放时间、播放速度和播放顺序进行设置。

7.3.3 设置幻灯片切换动画效果

幻灯片的切换动画是指放映时，当前幻灯片与下一张幻灯片的过渡动画效果。

【例7-3】打开“企业资源分析”演示文稿，为幻灯片设置切换动画。

步骤1 打开“企业资源分析”演示文稿，选择第一张幻灯片，在“切换”/“切换到此幻灯片”组中单击右下角的下拉按钮，在打开的下拉列表中选择“细微”栏中的“推入”选项。

步骤2 在“切换”/“计时”组中单击“声音”下拉按钮，在打开的下拉列表框中选择“camera.wav”选项；在“持续时间”数值框中输入切换动画的持续时间，这里输入“01.00”；在“换片方式”栏中单击选中“单击鼠标时”复选框，表示单击时播放切换动画；单击“全部应用”按钮，为整个演示文稿设置统一的切换效果。具体操作如图7-20所示。

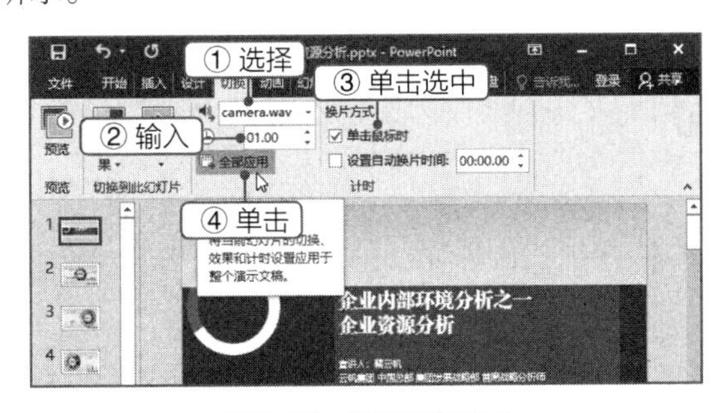

图7-20 设置切换动画

7.3.4 添加动作按钮

在幻灯片中创建动作按钮后，可将其设置为单击该动作按钮时，快速切换到上一张幻灯片、下一张幻灯片或第一张幻灯片。添加动作按钮的操作方法为：选择要添加动作按钮的幻灯片，在“插入”/“插图”组中单击“形状”下拉按钮，在打开的下拉列表中的“动作按钮”栏中选择要绘制的动作按钮，此时鼠标指针将变为+形状，将其移至幻灯片右下角，按住鼠标左键并向右下角拖动绘制一个动作按钮，此时将自动打开“操作设置”对话框，如图7-21所示。根据需要单击“单击鼠标”或“鼠标悬停”选项卡，在其中可以设置单击鼠标或悬停鼠标时要执行的操作，如链接到其他幻灯片或演示文稿、文件等。

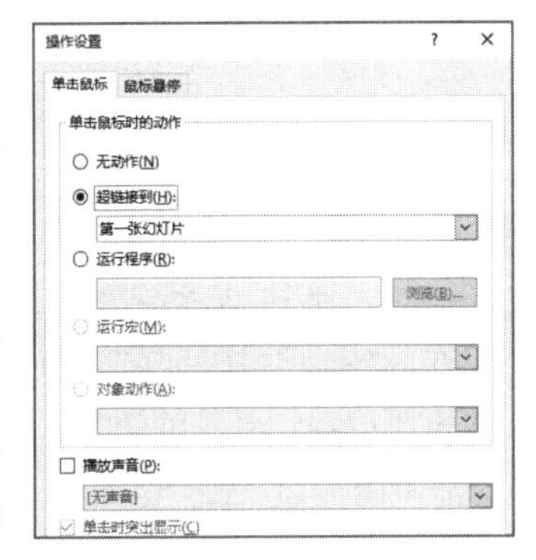

图7-21 “操作设置”对话框

7.3.5 创建超链接

除了使用动作按钮链接到指定幻灯片外，还可以为幻灯片中的文本或者图片等对象创建超链接，创建超链接后在放映幻灯片时便可单击该对象将页面跳转到链接所指向的幻灯片进行播放。创建超链接的操作方法为：在幻灯片编辑区中选择要添加超链接的对象，然后在“插入”/“链接”组中单击“超链接”按钮或按“Ctrl+K”组合键，打开“插入超链接”对话框，如图7-22所示。在左侧的“链接到”列表框中提供了4种不同的链接方式，选择所需链接方式后，在中间列表框中按实际链接要求进行设置，完成后单击“确定”按钮，即可为选择的对象添加超链接效果。在放映幻灯片时，单击创建了超链接的对象，可以快速跳转至所链接的页面或程序。

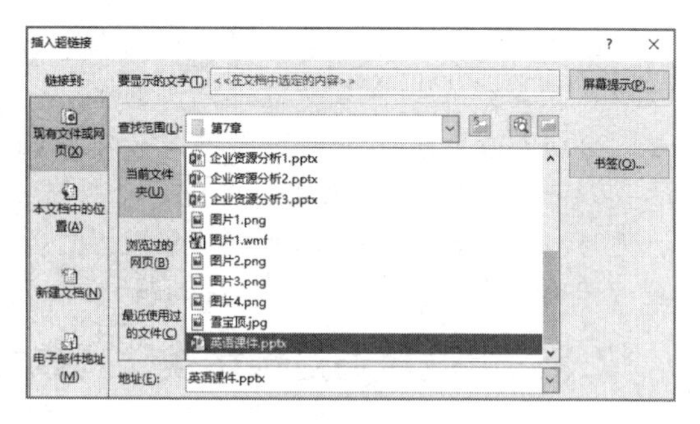

图7-22 “插入超链接”对话框

提示 在“插入超链接”对话框中单击右上角的“屏幕提示”按钮，在打开的“设置超链接屏幕提示”对话框中的“屏幕提示文字”文本框中可输入“鼠标指向链接对象时”等提示文字。

7.4 PowerPoint 2016幻灯片的放映与输出

使用PowerPoint 2016制作演示文稿的最终目的就是通过放映幻灯片的方式将其展示给观众。除了放映功能之外，PowerPoint 2016也提供了输出功能，用户可对幻灯片进行打包和发送。

7.4.1 放映设置

PowerPoint 2016对幻灯片的放映设置包括设置不同的放映方式、自定义放映、隐藏不需要放映的幻灯片、录制旁白和设置排练计时等。

1. 设置放映方式

在“幻灯片放映”/“设置”组中单击“设置幻灯片放映”按钮，打开“设置放映方式”对话框，在其中可以设置幻灯片的放映方式。

- **设置放映类型**：在“放映类型”栏中单击选中相应的单选项，为幻灯片设置相应的放映类型。其中，“演讲者放映（全屏幕）”是默认的放映类型，在放映过程中，演讲者具有完全的控制权；“观众自行浏览（窗口）”是一种让观众自行观看幻灯片的交互式放映类型，观众可以通过快捷菜单控制放映过程，但不能通过单击放映；“在展台浏览（全屏幕）”方式则除了保留鼠标指针用于选择屏幕对象进行放映外，不能进行其他放映控制，要终止放映只能按“Esc”键。
- **设置放映选项**：在“放映选项”栏中单击选中4个复选框可分别设置循环放映、不添加旁白、不播放动画效果和禁用图形加速效果。另外，还可以设置绘图笔和激光笔的颜色，在放映幻灯片时，可使用相应颜色的笔在幻灯片上写字或做标记。
- **设置放映幻灯片的数量**：在“放映幻灯片”栏中可设置需要放映的幻灯片的数量，可以选择放映演示文稿中的所有幻灯片，或手动输入放映开始和结束的幻灯片页数。
- **设置换片方式**：在“推进幻灯片”栏中可设置幻灯片的切换方式。单击选中“手动”单选项，表示在演示过程中将手动切换幻灯片及演示动画效果；单击选中“如果出现计时，则使用它”单选项，表示演示文稿将按照幻灯片的排练时间自动切换幻灯片和动画。

2. 自定义幻灯片放映

自定义幻灯片放映是指选择性地放映部分幻灯片，使用这种方式可以将需要放映的幻灯片另存为一个放映组合并命名，再进行放映，该方法主要适用于内容较多的演示文稿。

【例7-4】打开“企业资源分析1”演示文稿，在其中新建自定义放映方案。

步骤1 打开“企业资源分析1”演示文稿，在“幻灯片放映”/“开始放映幻灯片”组中单击“自定义幻灯片放映”下拉按钮，在打开的下拉列表中选择“自定义放映”选项，打开“自定义放映”对话框，单击“新建”按钮。

步骤2 在打开的“定义自定义放映”对话框的“幻灯片放映名称”文本框中输入放映名称，然后在“在演示文稿中的幻灯片”列表框中单击选中要放映的幻灯片前的复选框，单击“添加”按钮。具体操作如图7-23所示。

步骤3 添加后单击右侧的或按钮，可以调整播放顺序，单击“确定”按钮，返回“自定义放映”对话框，单击“放映”按钮即可进入幻灯片放映状态，如图7-24所示。

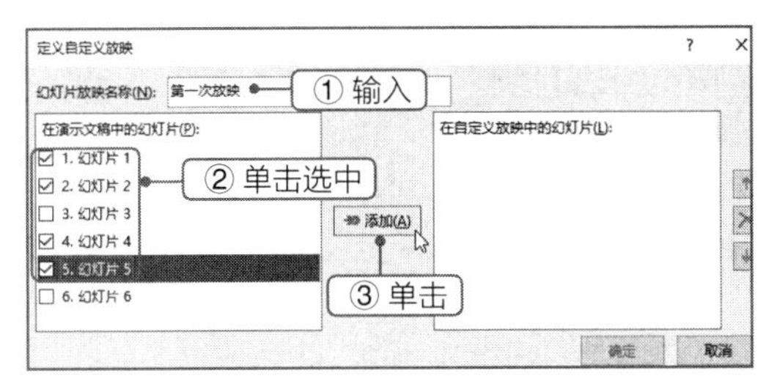

图7-23 选择需放映的幻灯片

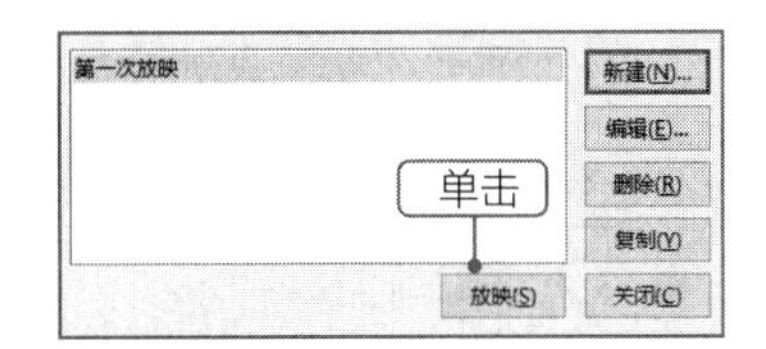

图7-24 放映幻灯片

3. 隐藏幻灯片

放映幻灯片时，可以将不需要放映的幻灯片隐藏起来。其操作方法为：在“幻灯片”窗格中选择需要隐藏的幻灯片，在“幻灯片放映”/“设置”组中单击“隐藏幻灯片”按钮，该幻灯片上将出现标志。再次单击“隐藏幻灯片”按钮便可将隐藏的幻灯片重新显示出来。

4. 录制旁白

若计算机中安装了音频输入设备就可录制旁白。为演示文稿录制旁白的操作方法为：在“幻灯片放映”/“设置”组中单击“录制”下拉按钮，打开“录制幻灯片演示”对话框，如图7-25所示，在其中选择要录制的内容后单击“开始录制”按钮，此时幻灯片开始放映并开始计时录音，放映结束的同时将完成旁白的录制。

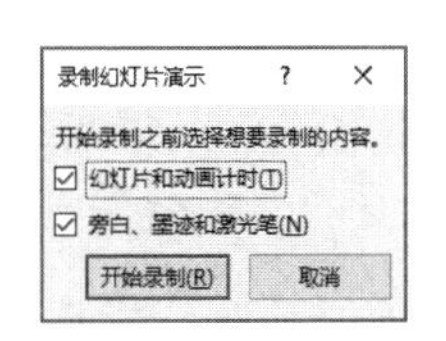

图7-25 选择录制内容

5. 设置排练计时

用户可以先统计出放映整个演示文稿和放映每张幻灯片所需的大致时间，然后通过设置排练计时使演示文稿自动按照设置好的时间和顺序进行播放。其操作方法为：在“幻灯片放映”/“设置”组中单击“排练计时”按钮，进入放映排练状态，并在放映界面左上角打开“录制”工具栏。放映幻灯片，幻灯片将在人工控制下不断进行切换，同时在“录制”工具栏中进行计时，完成后弹出提示对话框确认是否保留排练计时，单击“是”按钮完成排练计时操作。

7.4.2 放映幻灯片

在放映幻灯片的过程中，演讲者可以进行标记和定位等控制操作。

1. 放映幻灯片

幻灯片的放映包含开始放映和切换放映操作。

（1）开始放映

开始放映幻灯片的方法有以下3种。

- 在“幻灯片放映”/“开始放映幻灯片”组中单击“从头开始”按钮或按“F5”键，将从第1张幻灯片开始放映。
- 在“幻灯片放映”/“开始放映幻灯片”组中单击“从当前幻灯片开始”按钮或按“Shift+F5”组合键，将从当前选择的幻灯片开始放映。
- 单击状态栏上的“幻灯片放映”按钮，将从当前幻灯片开始放映。

（2）切换放映

切换放映是指在放映过程中切换到上一张或下一张幻灯片的操作。

- 切换到上一张幻灯片：按“Page Up”键、按“←”键或按“BackSpace”键。
- 切换到下一张幻灯片：单击、按空格键、按“Enter”键或按“→”键。

2. 放映过程中的控制

在幻灯片的放映过程中有时需要对某一幻灯片进行更多的说明和讲解，此时可以暂停幻灯片的放映。其方法为：按“S”键或“+”键，也可在需要暂停的幻灯片中右击，在弹出的快捷菜单中选择“暂停”命令。此外，在快捷菜单中还可以选择“指针选项”命令，在其子菜单中选择“笔”或“荧光笔”命令，对幻灯片中的重要内容做标记。

提示 在放映演示文稿时，无论当前放映的是哪一张幻灯片，都可以通过幻灯片的快速定位功能快速定位到指定的幻灯片进行放映。其方法为：在放映的幻灯片中右击，在弹出的快捷菜单中选择“定位至幻灯片”命令，在弹出的子菜单中选择目标幻灯片。

7.4.3 演示文稿的打包与发送

为了避免幻灯片在其他计算机上无法演示，在制作好演示文稿后可以对其进行打包操作。打包是指将独立的已综合起来共同使用的单个或多个文件，集合在一起，生成一种独立于运行环境的文件。

1. 打包演示文稿

打包演示文稿能解决运行环境的限制和文件损坏或无法调用等不可预料的问题，例如，打包好的文件能在没有安装PowerPoint软件的计算机上进行播放。打包演示文稿的操作方法为：选择“文件”/“导出”命令，打开“导出”界面，选择“将演示文稿打包成CD”选项，在打开的界面中单击“打包成CD”按钮；在打开的对话框中可以选择添加多个演示文稿进行打包，同时还可以选择打包文件的存放方式，如文件夹或CD；单击“复制到文件夹”按钮，在打开的对话框中设置好文件夹名称和存放的位置后，单击“确定”按钮进行打包操作。

2. 发送演示文稿

在 PowerPoint 2016中，用户可以将演示文稿以附件的形式发送给他人查阅。发送演示文稿的操作方法为：选择“文件”/“共享”命令，在打开的“共享”界面中选择“电子邮件”选项，然后在打开的界面中单击“作为附件发送”按钮，在打开的提示对话框中成功添加Outlook邮件后，便可进行邮件的编辑与发送操作。

提示 以邮件方式发送演示文稿时，有的演示文稿过大会导致出现传送慢或失败的情况，此时用户可利用压缩工具WinRAR压缩演示文稿，压缩文件后再发送。

7.5 PowerPoint 2016应用综合案例

本案例将制作“建设美丽乡村”演示文稿，涉及新建演示文稿和母版、设计幻灯片大小、添加和设置图片与形状、添加和设置SmartArt图形、输入和设置文本、新建幻灯片等操作，具体操作如下。

视频教学
PowerPoint 2016 应用综合案例

步骤1 启动PowerPoint 2016，新建空白演示文稿，选择“文件”/“保存”命令，以“建设美丽乡村”为名保存文档。

步骤2 在“设计”/“自定义”组中单击“幻灯片大小”下拉按钮，在打开的下拉列表中选择“自定义幻灯片大小”选项，打开“幻灯片大小”对话框，在“幻灯片大小”下拉列表框中选择“全屏显示（16:9）”选项，单击“确定”按钮。具体操作如图7-26所示。

步骤3 在第1张幻灯片中删除两个标题占位符，在“插入”/“图像”组中单击“图片”按钮，在打开的“插入图片”对话框中选择“封面1.jpg”图片，单击“插入”按钮。

步骤4 在“图片工具 格式”/“大小”组中单击“裁剪”按钮下方的下拉按钮，在打开的下拉列表中选择“裁剪为形状”选项，在弹出的子列表的“基本形状”栏中选择“梯形”选项，在“排列”组中单击“旋转”下拉按钮，在打开的下拉列表中选择“向右旋转90°”选项。

步骤5 通过拖动图片四周的控制点缩小图片，并将其移动到幻灯片左上角，在“图片样式”组中单击“图片效果”下拉按钮，在打开的下拉列表中选择“阴影”选项，在弹出的子列表的“外部”栏中选择“左下斜偏移”选项。

步骤6 用同样的方法在幻灯片中插入另外3张封面图片，效果如图7-27所示。

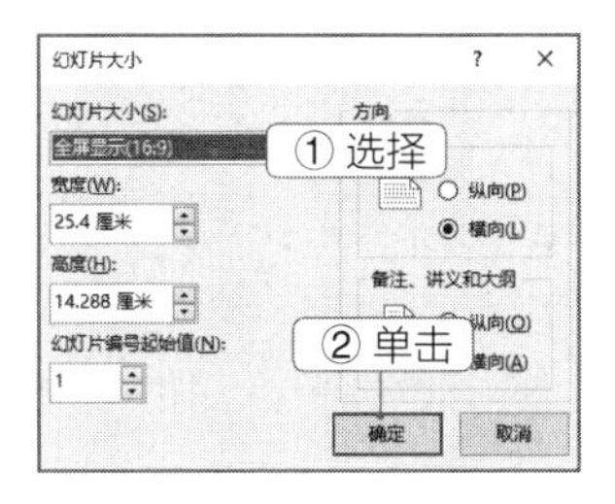

图7-26　设置幻灯片大小

图7-27　添加和编辑图片的效果

步骤7 在“插入”/“文本”组中单击“文本框”按钮下方的下拉按钮，在打开的下拉列表中选择“绘制横排文本框”选项，在幻灯片的中下部绘制文本框，在其中输入“建设美丽乡村——乡村振兴专题研究”，将“建设美丽乡村”的文本格式设置为“微软雅黑、32、加粗、倾斜、居中”，将“——乡村振兴专题研究”换行，将文本格式设置为“微软雅黑、18、右对齐”，文本的字体颜色设置为“蓝色，个性色5，深色50%”。

步骤8 在“幻灯片”窗格中的第1张幻灯片上右击，在弹出的快捷菜单中选择“复制幻灯片”命令，复制一张幻灯片作为演示文稿的结尾，修改文本框中的内容，输入“感谢聆听 批评指导”，文本格式设置为“微软雅黑、36、居中”。

步骤9 在“幻灯片”窗格中选择第1张幻灯片，在“开始”/“幻灯片”组中单击“新建幻灯片”按钮下方的下拉按钮，在打开的下拉列表的“Office主题”栏中选择“空白”选项，新建一张空白幻灯片，编号为“2”，插入“背景1.jpg”图片，并调整图片大小，使其铺满整张幻灯片。

步骤10 在“插入”/“插图”组中单击“形状”下拉按钮，在打开的下拉列表的“矩形”栏中选择“矩形”选项，在幻灯片中绘制一个矩形，在“绘图工具 格式”/“大小”组的“宽度”文本框中输入“0.1厘米”，在“形状样式”组中单击“形状填充”按钮右侧的下拉按钮，在打开的下拉列表的“主题颜色”栏中选择“白色，背景1”选项，单击“形状轮廓”按钮右侧的下拉按钮，在打开的下拉列表中选择“无轮廓”选项。

步骤11 用同样的方法再绘制3个矩形，将其中2个矩形的高度设置为“0.1厘米”，将这4个矩形围成1个大矩形，矩形的左上角为空，然后在左上角插入文本框，输入“01”，字体格式为“Agency FB，44.7，右对齐”，在围成的矩形中插入文本框，输入“政策解读”，字体格式为“方正楷体简体、48、居中”，字体颜色都为“白色，背景1”，将矩形和文本框移动到幻灯片中间位置，效果如图7-28所示。

图7-28　幻灯片效果

步骤12　用同样的方法新建3张空白幻灯片，将“背景2.jpg”“背景3.jpg”“背景4.jpg”分别插入这3张幻灯片中作为背景，并将第2张幻灯片中制作好的矩形和文本框复制到这3张幻灯片中，分别将文本修改为“02”“实现路径”“03”“投资机会”“04”“打造策略”。

步骤13　在“视图”/“母版视图”组中单击“幻灯片母版”按钮，进入幻灯片母版视图，在“编辑母版”组中单击“插入版式”按钮，新建一张母版幻灯片，删除所有占位符，在右上角绘制一个矩形，形状样式为“彩色填充-橙色，增强颜色2，无轮廓”。

步骤14　在母版幻灯片上边绘制一条直线，形状轮廓为“白色，背景1，深色35%”，并将直线设置为带“方点”的虚线。

步骤15　在“母版版式”组中单击“插入占位符”按钮下方的下拉按钮，在打开的下拉列表中选择“文本”选项，然后在母版幻灯片中绘制文本占位符，删除多余的文本，只保留一行文本，然后选择该占位符，在“开始”/“字体”组中设置文本格式为“微软雅黑、18、左对齐”，字体颜色为“白色，背景1，深色50%”，效果如图7-29所示。

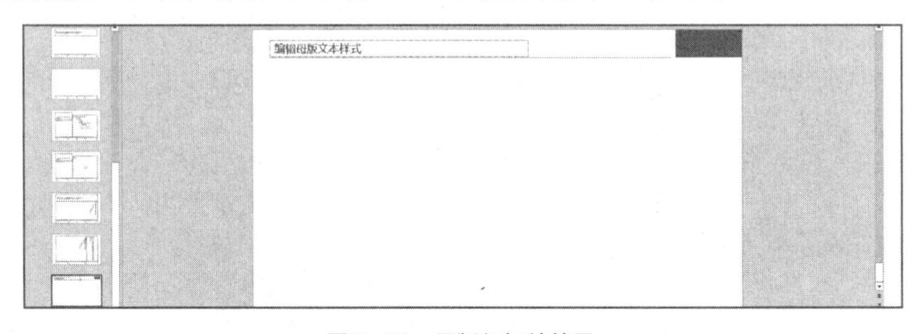

图7-29　母版幻灯片效果

步骤16　单击“关闭母版视图”按钮切换至普通视图，选择第2张幻灯片，在“开始”/“幻灯片”组中单击“新建幻灯片”按钮下方的下拉按钮，在打开的下拉列表的“Office主题”栏中选择“垂直排列标题与文本”选项，新建一张相同版式的幻灯片。

步骤17　在幻灯片的文本占位符中输入“政策解读”，在幻灯片中插入1个圆角矩形，通过黄色的角度控制点调整圆角角度，形状样式设置为“彩色填充-蓝色，增强颜色2，无轮廓”，在其中输入“产业兴旺”，字体格式设置为“微软雅黑、14、加粗、居中”；再绘制2个圆角矩形，一个的形状样式为“蓝色，个性色1，淡色40%，无轮廓”，在其中输入文本，字体格式设置为“微软雅黑、18、居中”；另一个的形状样式为“橙色，个性色2，淡色40%，无轮廓”，在其中输入文本，字体格式设置为“微软雅黑、14、居中”，所有字体的颜色都设置为“白色，背景1”，同时选择这3个圆角矩形，复制4个并纵向分布排列，然后修改其中的文本，效果如图7-30所示。

步骤18 用同样的方法再新建一个母版幻灯片，输入标题后，在“插入”/“插图”组中单击“SmartArt”按钮，打开“选择SmartArt图形”对话框，在左侧选择“列表”选项，在中间的列表框中选择“垂直块列表”选项，单击“确定”按钮。

步骤19 在插入的SmartArt图形中输入文本，并将字体设置为“微软雅黑”，调整图形大小，然后在“SmartArt工具 设计”/“SmartArt样式”组中单击“更改颜色”下拉按钮，在打开的下拉列表的“彩色”栏中选择“彩色范围-个性色5至6”选项，效果如图7-31所示。

图7-30 添加与编辑形状的效果

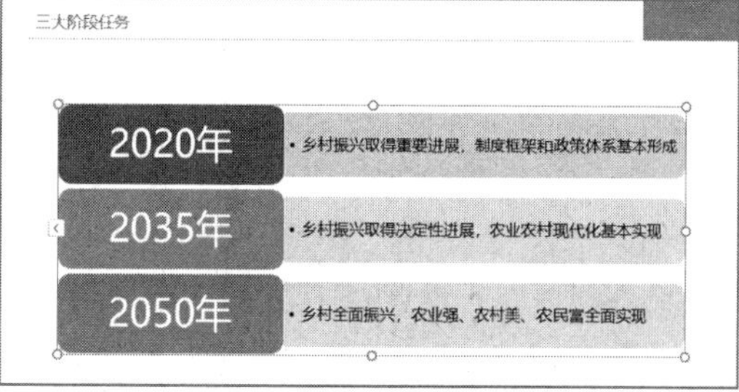

图7-31 添加和编辑SmartArt图形的效果（一）

步骤20 添加母版幻灯片，在其中添加7个“六边形”形状，设置不同的形状样式，然后在其中输入不同的文本内容。

步骤21 选择第6张幻灯片，添加两张母版幻灯片，在其中添加“水平项目符号列表”SmartArt图形，并更改其颜色；然后在“SmartArt工具 设计”/“创建图形”组中单击“添加形状”按钮右侧的下拉按钮，在打开的下拉列表中选择“在后面添加形状”选项，为SmartArt图形添加项目形状，并在其中输入文本，效果如图7-32所示。

步骤22 选择第9张幻灯片，添加一张母版幻灯片，在其中插入“图标1~图标10.png”图片，并在图片外添加一个矩形，样式为“彩色轮廓，无填充”，插入文本框并在其中输入文本，效果如图7-33所示。

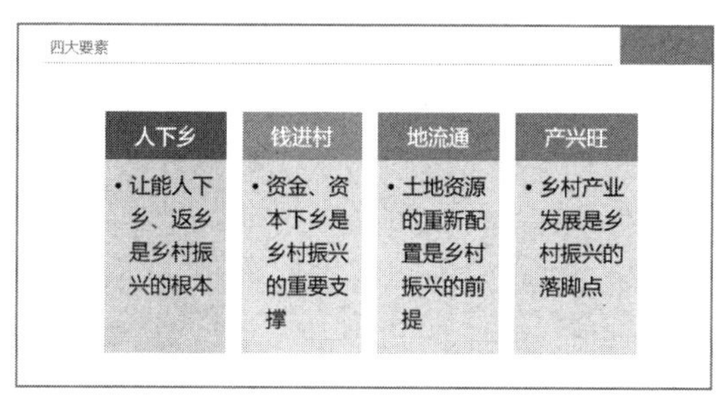

图7-32 添加和编辑SmartArt图形的效果（二）

图7-33 添加和编辑图片与形状的效果

步骤23 选择第11张幻灯片，添加一张母版幻灯片，在其中添加“水平项目符号列表”SmartArt图形，设置样式后在其中输入文本，完成整个演示文稿的制作。

7.6 本章小结

本章主要介绍了演示文稿软件PowerPoint 2016的相关操作，包括演示文稿的基本操作、编辑与设置、幻灯片动画效果的设置、幻灯片的放映与输出等。

对大学生来说，制作演示文稿是非常重要的技能，需要认真学习。因为，职场中对具备该技能的人才的需求量非常大，很多行业和领域（例如，图书出版、课程开发、模板设计、商务定制、企业培训等），都需要制作演示文稿的专业人才。在很多场合，如果能制作出别人容易理解且赏心悦目的演示文稿，制作者通常会获得更多关注和认可。

7.7 练习

练习
查看答案和解析

1. 新建一个空白演示文稿，并将其以“二十四节气介绍”为名进行保存，按照下列要求进行操作，效果如图7-34所示。

（1）新建多张幻灯片，并在其中插入图片。

（2）在幻灯片中插入形状，并设置形状样式。

（3）在幻灯片中插入文本框，在其中输入文本并设置文本格式。

（4）录制每张幻灯片的放映时间，并保存放映时间。

（5）在放映过程中标记幻灯片中的重点内容。

图7-34 “二十四节气介绍”演示文稿

2. 打开“英语课件”演示文稿，对其母版进行设置，按照下列要求进行操作，效果如图7-35所示。

（1）进入幻灯片母版视图，设置标题幻灯片版式的主标题文本格式为“方正大黑简体、绿色、阴影”，副标题文本格式为“方正楷体简体、橙色、阴影（内部：左上）”。

（2）退出幻灯片母版视图，为第2张幻灯片各标题设置超链接，使其链接到对应的幻灯片。

（3）在第2张幻灯片的右下角插入“前一项”“后一项”两个动作按钮，并为其应用“彩色填充-橄榄色，强调颜色3”样式，复制制作好的动作按钮至第3~6张幻灯片中。

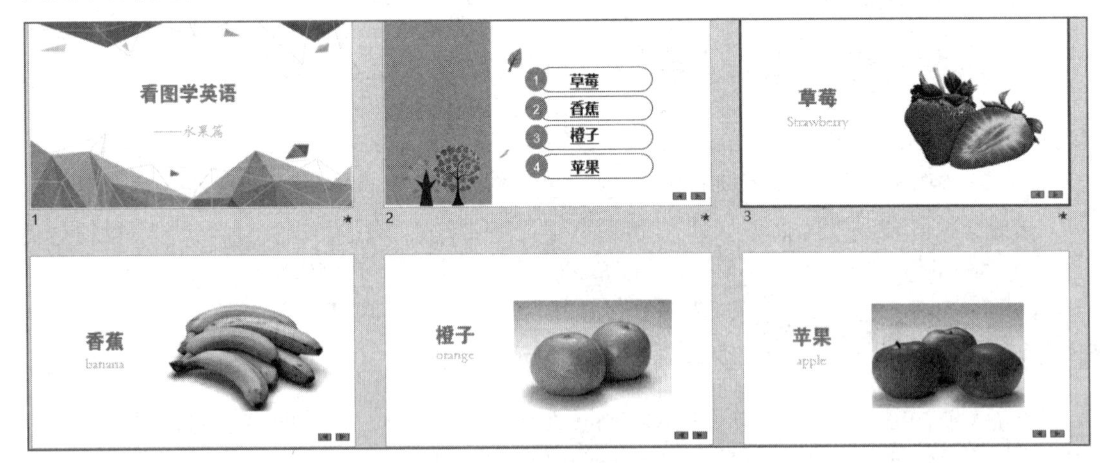

图7-35 “英文课件”演示文稿

CHAPTER 8

第8章 多媒体技术及应用

近年来，多媒体技术发展迅速，已逐渐渗透人们生活、工作的各个领域，被广泛应用在企业形象宣传、产品推广营销等多个方面。大学生需要学习多媒体技术及应用的相关知识，在丰富专业知识的同时，掌握更多的多媒体作品制作技能。本章将介绍多媒体技术知识和常见应用，包括多媒体技术的基础知识、多媒体计算机的构成、多媒体信息在计算机中的表示、常见多媒体图片和视频处理软件美图秀秀及快剪辑的应用等。

学习目标

- 了解多媒体技术的基础知识
- 熟悉多媒体计算机的构成
- 熟悉多媒体信息在计算机中的表示
- 掌握美图秀秀的基础操作
- 掌握快剪辑的基础操作

素养目标

- 培养多媒体素材采集、处理与加工的能力
- 培养审美情趣，成为既懂技术又懂艺术的人才
- 具备多媒体作品制作与发布技能
- 坚守媒体责任感，宣传正能量

课堂案例展示

用美图秀秀拼图

用快剪辑制作短视频

8.1 多媒体技术概述

计算机多媒体技术集图形、图像、动画、声音、视频、文字、情景模式等众多信息数据于一体，其本质是通过计算机进行数字化采集、获取、压缩或解压缩、编辑、存储等加工处理，为数据建立一种逻辑连接，并成为具有交互性系统的技术。

8.1.1 多媒体技术的定义和特点

多媒体译自英文的Multimedia一词。媒体在计算机领域中有两个含义：一个是指用来存储信息的实体，例如，计算机中的硬盘等；另一个是指信息的载体，例如，文字、图形、图像、动画、音频和视频等媒体信息。多媒体技术中的媒体主要是指后者，多媒体技术就是利用计算机把文字、图形、图像、动画、音频和视频等媒体信息数字化，并将其整合在一定的交互式界面，使计算机具有交互展示不同媒体形态的能力。

多媒体技术的内容丰富，具有多样性、集成性、交互性、智能性和易扩展性等特点。这些特点决定了多媒体技术适用于电子商务、教学和通信等众多领域。

- **多样性**：多样性是指多媒体技术能综合处理多种媒体信息，包括文字、图形、图像、动画和音视频等。
- **集成性**：集成性是指多媒体技术能将不同的媒体信息有机地组合在一起，使其形成一个整体，并可以与这些媒体相关的设备进行集成。
- **交互性**：交互性是指用户可以介入各种媒体加工、处理的过程中，从而使用户更有效地控制和应用各种媒体信息。与传统信息交流媒体只能单向、被动地传播信息不同，多媒体技术方便了人们对信息的主动选择和控制。
- **智能性**：智能性是指多媒体技术提供了易于操作、十分友好的界面，并使操作更直观、方便以及人性化。
- **易扩展性**：易扩展性是指计算机可以方便地与各种外部设备连接，实现数据交换、监视控制等。

8.1.2 多媒体的关键技术

在研制多媒体计算机的过程中，需要用到很多关键技术，例如，数据压缩与编码技术、数字图像技术、数字音频技术、数字视频技术等。初步了解这些技术，能够帮助大学生形象具体地理解多媒体技术，为多媒体技术在电子商务、教学、通信等方面的应用提供知识依据。

1．数据压缩与编码技术

在计算机的多媒体系统中，需要传输、处理和存储的以音频和视频为主要代表的多媒体数据具有非常巨大的数据量。例如，一幅像素（Pixel）是352×240的近似真彩色图像（15bit/pixel）在数字化后的数据量为352×240×15 =1 267 200bit。在动态视频中，采用全国电视制式委员会（National Television System Committee，NTSC）的帧率为30f/s，视频信息的传输率为1 267 200×30 =38 016 000bit/s。即便是现在的硬盘存储容量已经达到了TB级别，仍然不足以满足日益增长的多媒体数据存储需求。

所以，在计算机多媒体系统中，为了达到令人满意的图像、视频画面质量和听觉效果，必须解决视频、图像、音频信号数据的大容量存储和实时传输问题。解决的方法除了提升计算机本身的性能及增加通信信道的带宽外，更重要的就是对数据进行有效的压缩和编码。

2．数字图像技术

在图像、文字和声音这3种形式的媒体中，图像所包含的信息量是最大的。图像的特点是只能通过人的视觉感受，并且非常依赖于人的视觉器官。数字图像技术就是利用计算机对图像进行处理，使其中的信息更适合人眼或仪器的分辨和获取。

数字图像处理的过程包括输入、处理和输出。输入即图像的采集和数字化，是指对模拟图像信号进行抽样和量化处理后得到数字图像信号，并将其存储到计算机中以待进一步处理。处理是按一定的要求对数字图像进行诸如滤波、锐化、复原、重现及矫正等一系列操作，以提取图像的主要信息。输出则是将处理后的图像通过打印等方式表现出来。

3. 数字音频技术

多媒体技术中的数字音频技术包括声音采集及回放技术、声音识别技术和声音合成技术，这3种技术都是通过计算机的硬件——声卡来实现的。声卡具有将模拟的声音信号数字化的功能，而声音采集及回放、声音识别和声音合成则是通过计算机软件来实现的。

4. 数字视频技术

数字视频技术与数字音频技术相似，只是视频的带宽为6MHz，大于音频的带宽。数字视频技术一般应包括视频采集及回放技术、视频编辑技术和三维动画视频制作技术。视频采集及回放技术与声音采集及回放技术类似，需要有图像采集卡和相应软件的支持。

5. 多媒体专用芯片技术

专用芯片是多媒体计算机硬件体系结构的关键。为了实现音频和视频信号的快速压缩、解压缩和播放处理，需要大量的快速计算，只有采用专用芯片，才能取得满意的效果。多媒体计算机专用芯片包括固定功能的芯片和可编程的数字信号处理（Digital Signal Processing，DSP）芯片两种类型。

6. 多媒体输入与输出技术

多媒体输入与输出技术主要由媒体变换技术、媒体识别技术、媒体理解技术和媒体综合技术4种技术组成。

- 媒体变换技术可改变媒体的表现形式，当前广泛使用的视频卡和音频卡（声卡）都属于媒体变换设备。
- 媒体识别技术可对信息进行一对一的映像，如语音识别技术和触摸屏技术等。
- 媒体理解技术可对信息进行进一步的分析处理，使信息内容更容易被理解，如自然语言理解、图像理解和模式识别等技术。
- 媒体综合技术可把低维的信息表示形式映像成高维的模式空间。例如，语音合成器可以把语音的内部表示综合为声音输出。

7. 多媒体软件技术

多媒体软件技术主要包括多媒体操作系统、多媒体素材采集与制作技术、多媒体数据库技术、超文本和超媒体技术4个方面的内容。

- **多媒体操作系统**：多媒体操作系统是多媒体软件的核心，负责多媒体环境下的多任务调度，保证音频、视频同步控制以及信息处理的实时性，提供多媒体信息的各种基本操作和管理，具有设备的相对独立性与可扩展性。
- **多媒体素材采集与制作技术**：多媒体素材的采集与制作主要包括采集并编辑多种媒体数据。例如，声音信号的录制、编辑和播放，图像扫描及预处理， 全动态视频采集及编辑，动画生成编辑，音、视频信号的混合和同步等。
- **多媒体数据库技术**：多媒体数据库技术是一种可处理文本、图形、图像、动画、声音、视频等多种媒体信息的数据库技术。
- **超文本和超媒体技术**：超文本和超媒体技术允许以事物的自然联系来组织信息，实现多媒体信息之间的连接，从而构造出能真正表达客观世界信息的多媒体应用系统。超文本和超媒体由节点、链和网络3个要素组成，节点是表达信息的单位，链用于连接节点，网络是由节点和链构成的有向图。

8.1.3 多媒体技术的发展趋势

随着多媒体技术在各个领域的深入应用，计算机多媒体技术迅速发展，向着网络化、多元化和智能化的方向推进。

1. 网络化

网络的普及应用带动多媒体技术朝着网络化的方向发展，其中非常重要的一项技术是流媒体技术，流媒体技术促进了多媒体在网络上的应用。

流媒体是指用户通过网络或者特定数字信道边下载边播放多媒体数据的一种方式。通过流媒体，人们不需要下载整个文件就可以在向终端传输的过程中一边下载一边播放，在不同的带宽环境下都可以在线欣赏到连续不断的高品质的音频、视频节目。

2. 多元化

多媒体技术的多元化发展趋势，一方面是指多媒体技术从单机到多机的过渡，从单机系统向以网络为中心的多媒体应用过渡；另一方面是指多媒体技术应用领域的多元化，其不仅可应用在电子商务、教学、通信、医疗诊断等方面，同时更多地以消费者为中心，根据消费者的个性化需求提供专业服务。

3. 智能化

计算机软硬件的不断更新，使计算机的性能进一步提高。多媒体网络环境要求的不断提高，促使多媒体朝着智能化方向发展，提升文字、声音和图像等信息的处理能力，利用交互式处理以及云计算弥补计算机智能不足的缺点。智能多媒体技术包括文字、语音的识别和输入，图形的识别和理解以及人工智能等。例如，网络电视、智能手机等产品，实现了视频的智能控制、信息智能搜索与筛选等。

8.1.4 多媒体文件格式的转换

常见的多媒体文件格式包括图像、音频和视频3种，在学习或工作中，可能会遇到不同格式的多媒体文件之间的转换问题，此时，就需要借助专业的转换软件。例如，“格式工厂”是一款比较全能的免费媒体转换软件，其中文版支持的文件格式包括视频、音频和图像等主流媒体格式。

图8-1所示为“格式工厂”的操作界面，其中提供了音频、视频、图片、文档等不同的转换格式。若想转换视频文件，只需单击“视频”按钮，在打开的列表框中选择所需的视频文件格式后，在打开的对话框中添加要转换的文件，然后单击“确定”按钮，返回操作界面后，单击工具栏中的“开始”按钮，即可执行转换操作。

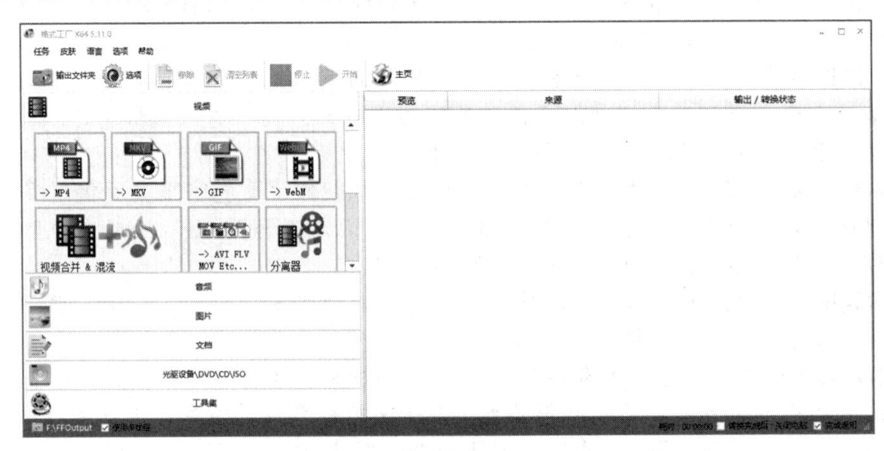

图8-1 “格式工厂”的操作界面

8.1.5 多媒体技术的应用

多媒体技术的迅速发展，使多媒体系统的应用以非常强的渗透力进入人们生活的各个领域，其中在电子商务领域的应用尤为突出，除此之外，在教育、医疗、远程监控领域也有所应用。下面主要介绍多媒体技术在电子商务中的应用。

1. 多媒体技术在电子商务中的应用形式

运用多媒体技术可以在网页中展示大量关于产品的文字、图像、视频等信息，使网页以更精美、优质的页面来展示产品，吸引用户浏览。多媒体技术在电子商务中的应用形式多样，包括视觉媒体、听觉媒体、视听媒体和交互媒体4种。

- **视觉媒体：**视觉媒体是电子商务最基本的媒体元素和应用形式，包括文字、图形和图像等。视觉媒体的数据量较小，可以简洁明了地向用户传递产品信息，使用户用极少的时间和较快的速度进行信息的阅读和理解。
- **听觉媒体：**听觉媒体具有浓厚的感情色彩和艺术魅力，容易引起人的兴趣。电子商务中常用的音频文件格式有MID、WAV、WMA和MP3等。
- **视听媒体：**视听媒体集视觉媒体和听觉媒体的功能于一体，通过有声、活动的视觉图像，形象逼真地传递企业品牌和产品信息，这种媒体常应用于电子商务产品的展示、宣传。电子商务网页中，常用的视频文件格式有AVI、MOV、ASF、RMVB、RM和MP4等格式。
- **交互媒体：**交互媒体是能实现受众与媒体或者受众与受众间互动的媒体形式。传统的展示方式往往只能单向、被动地传播信息，受空间、时间所限只能在特定范围内进行，用户不能自主地了解内容。而在交互媒体下，电子商务活动中的用户将以主动参与者的身份参与信息的加工处理和发布过程。交互媒体技术以超链接为代表，用户可以通过超链接按照自己的兴趣和需求了解和使用信息。

2. 电子商务与多媒体营销

随着移动互联网和多媒体技术的发展，多媒体营销逐渐成为企业进行网络营销的主流方式。多媒体营销能更加直观地表现产品和品牌内容，能快速吸引消费者的眼球，给消费者带来强烈的冲击力和可视化感受。

多媒体营销包括图片营销、视频营销和直播营销等主流方式。在互联网上，几乎所有媒体都可以通过图片进行分享互动。与文字相比，图片更具美感，图片传达的信息内容更加直接，使人一目了然，如图8-2所示。视频广告以“图、文、声、像”的形式传送多感官的信息，比其他单纯的文字或图片广告更能体现出差异化。一个内容价值高、观赏性强的视频，能让消费者在全面了解企业产品的同时，缩短对产品产生信任的过程。直播营销强有力的双向互动模式，可以在主播直播内容的同时，接收观众的反馈信息，如弹幕、评论等。这些反馈中不仅包含产品信息的反馈，还有直播观众的现场表现，这也为企业下一次开展直播营销提供了改进的空间。

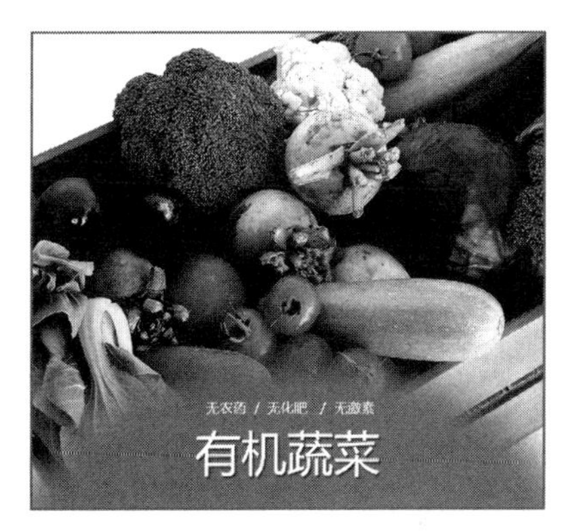

图8-2 有机蔬菜的图片营销广告

8.2 多媒体计算机的构成

多媒体计算机是指支持多媒体数据，并能使数据之间建立逻辑关联的具有交互性能的计算机。通常所说的多媒体计算机是指具有多媒体处理功能的多媒体个人计算机（Multimedia

Personal Computer，MPC），其结构和系统组成与一般的个人计算机并无太大的差别。在系统组成上，多媒体计算机也是由硬件和软件两个部分构成的。

8.2.1 多媒体计算机的硬件系统

多媒体计算机的硬件系统除了有与个人计算机相同的主机外，还由一些表示、捕获、存储、传递和处理多媒体信息所需要的硬件设备，如图8-3所示。

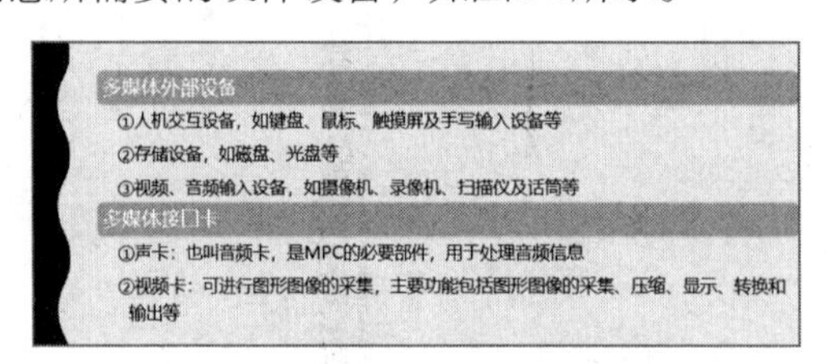

图8-3 多媒体计算机的硬件设备

8.2.2 多媒体计算机的软件系统

多媒体计算机的软件系统主要分为系统软件和应用软件两类。

1. 系统软件

多媒体计算机的系统软件如下。

- **多媒体驱动软件**：它能提供底层硬件的软件支撑环境，与计算机硬件相关，可完成设备初始化、基于硬件的压缩/解压缩等。
- **驱动器接口程序**：它是高层软件与驱动程序之间的接口软件。
- **多媒体创作工具、开发环境**：它主要用于编辑、生成特定领域的多媒体应用软件。
- **多媒体操作系统**：它可实现多媒体环境下的实时、多任务调度，保证音频、视频同步控制及信息处理的实时性，用户通过该系统可对多媒体信息进行管理。

多媒体的各种软件主要运行于多媒体操作系统（例如，红旗Linux等）上，因此，操作系统是多媒体软件的核心。

2. 应用软件

多媒体计算机的应用软件是在多媒体创作平台上设计开发的面向特定应用领域的软件系统，包括文字处理软件、绘图软件、图像处理软件、动画制作软件及视频软件等。

提示 计算机硬件的驱动程序相当于硬件的接口，操作系统只有通过这个接口，才能控制硬件设备的工作。驱动程序通常也被划分为应用软件。

8.3 多媒体信息在计算机中的表示

多媒体信息主要有文本、图形图像、声音、动画和视频等形式。在计算机中，所有信息都以二进制编码，也就是一连串的0和1进行储存。需要调用多媒体信息时，计算机通过译码程序将二进制编码转换成相应的代码和信息。

8.3.1 文本

文本是指各种文字，包括数字、字母、符号、汉字等，文本是最常见的一种多媒体信息形式，也是人和计算机进行交互的主要形式。图8-4所示为计算机处理文本的过程。

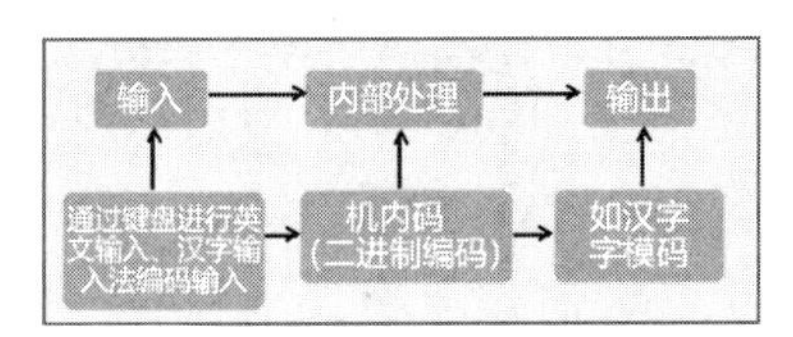

图8-4　计算机处理文本的过程

8.3.2　图形图像

计算机能接收的数据图像有两种，分别为矢量图（简称图形）和位图形（简称图像）。

1. 图形

图形是由诸如直线、曲线、圆或曲面等几何图形形成的，从点、线、面到三维空间的黑白或者彩色的几何图形。图形文件的常用格式包括COR、AI、WMF、EPS等。图形放大后不会失真。

2. 图像

图像是由像素构成的。图像分辨率越大就越清晰，而图像的量化位数越大，图像就越接近于真实。但是，图像放大后会丢失其中的细节并呈锯齿状。图像文件的常用格式有BMP、GIF、JPEG、TIFF和PNG等。

- **图像分辨率**：图像分辨率是指图像的水平方向和垂直方向的像素个数。
- **量化位数**：量化位数是指图像中每个像素点记录颜色所用二进制数的位数，它决定了彩色图像中可以出现的最多颜色数。例如，每个像素8个颜色位，可支持256种不同颜色。

8.3.3　声音

声音属于听觉类媒体，多媒体计算机中的声音文件只有经过数字化处理后才能播放。数字化处理指将连续的模拟音频信号转化为离散的数字音频信号，主要包括信号采样、量化、编码3个过程。

- **信号采样**：当把模拟音频信号转化为数字音频信号时，需要在时间轴上每隔一个固定时间对波形曲线的振幅进行一次取值，这个操作称为信号采样。信号采样频率有3种，分别为44.1kHz、22.05kHz、11.025kHz。最常用的信号采样频率为44.1kHz。
- **量化**：用数字表示音频幅度时，只能把无穷多个电压幅度用有限个数字表示，把某一幅度范围内的电压用一个数字表示，这即为量化。量化过后的样本是用二进制数表示的，此时可以理解为已经完成了模拟信号到二进制数的转换。
- **编码**：把信号采样、量化后的音频信号转换成数据编码脉冲的过程就称为编码。实质上，量化之后音频信号已经变为数字形式，但是为了方便计算机的储存和处理，需要对其进行编码，以减少数据量。

提示　在多媒体技术中，存储音频信息的文件格式主要有WAV、VOC和MP3等。

8.3.4　动画

动画是一种活动图像，多张图形或图像按一定顺序组成时间序列就是动画。动画包括帧动画和造型动画两种主要类型。

- **帧动画**：帧动画是在时间轴的每帧上逐帧绘制不同的内容，使其连续播放而形成的动画，这是产生各种动画的基本方法。

- **造型动画**：造型动画是一种矢量动画，它由计算机实时生成并演播，故也叫实时动画。分别设计每一个活动对象，并构造每一对象的特征，然后分别对这些对象进行时序状态设计，最后在演播时组成完整的画面，并实时变换，从而实时生成视觉动画。

8.3.5 视频

视频也称动态图像，由一系列位图图像组成。多媒体计算机上的数字视频主要来自录像机、摄像机等模拟视频信号源，经过数字化视频处理，最后被制作成数字的视频文件。视频文件的常用格式包括AVI、WMA、MPEG、MP4等。

视频文件格式除与单帧文件格式有关外，还和帧与帧之间的组织方式有关，而且视频文件一般都需要进行数据压缩，因此其格式与压缩的方式也有关。

8.4 图片处理软件——美图秀秀

美图秀秀是一款图片处理软件，该软件具有图片特效、美容、拼图、场景、边框、饰品等功能，且会经常更新精选素材，可以用于处理和制作各种漂亮的图片。美图秀秀还具有分享功能，通过该功能，用户能够将图片一键分享到新浪微博、QQ空间等。

8.4.1 美图秀秀的操作界面

在计算机中安装美图秀秀后，选择“开始”/“美图”/“美图秀秀”命令，启动美图秀秀，打开其主界面窗口，在其中单击功能选项卡，或者功能按钮，即可打开对应的操作界面。各操作界面基本都是由功能选项卡、功能区、效果设置区、设置窗口和工具栏等部分组成，如图8-5所示，只有其中的选项或按钮有区别。

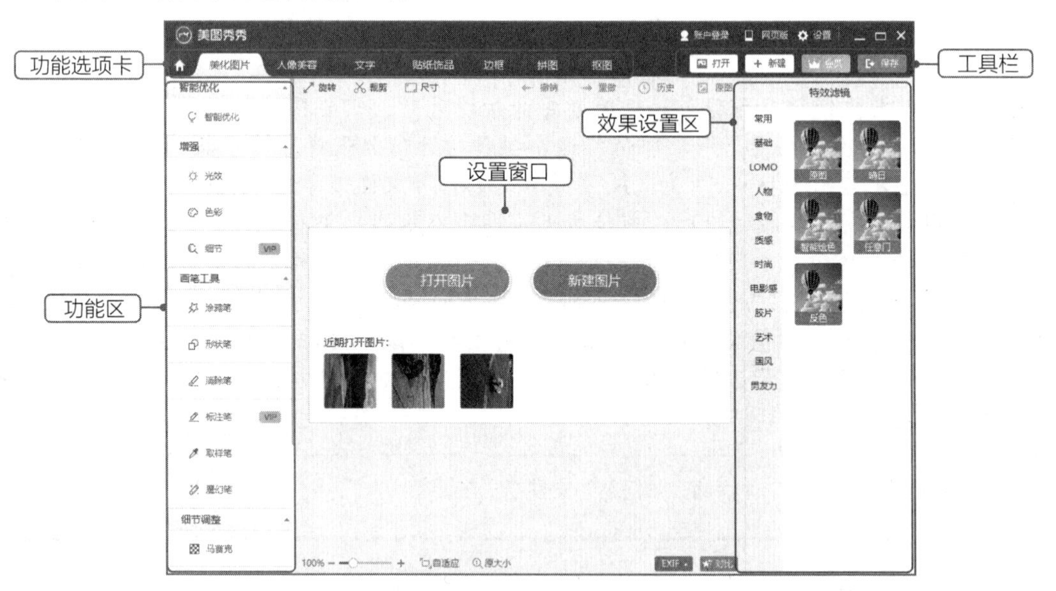

图8-5 美图秀秀操作界面

8.4.2 美图秀秀的常用功能

美图秀秀是目前流行的图片处理软件之一，可以轻松美化数码照片，其功能强大全面，且易学易用，下面简单介绍其常用的特色功能。

- **美化图片**：能够对图片进行智能优化，用户能运用各种画笔工具对图片进行美化。
- **人像美容**：有磨皮祛痘、瘦脸、瘦身、美白、眼睛放大等美容功能。
- **添加和设置文字**：为图片添加普通文字以及具有特殊效果的文字。
- **添加和设置贴纸饰品**：拥有时下热门、流行的贴纸和饰品特效，叠加使用不同特效能令图片个性十足。
- **添加和设置边框**：为图片添加和设置海报边框、简单边框、炫彩边框和文字边框。
- **拼图**：有自由拼图、模板拼图、图片拼接3种经典拼图模式，可将多张图片拼在一起。
- **抠图**：轻松几步即可制作个性GIF动态图片、搞怪QQ表情。

8.4.3 美化图片

美化图片是美图秀秀的基本功能，通过该功能可对图形进行基本调整，如旋转、裁剪等，也可调整图片色彩和设置特效等。

视频教学
美化图片

【例8-1】对“图片1.jpg”图片进行美化设置。

步骤1 启动美图秀秀，在主界面中单击“美化图片”选项卡，进入美化图片的操作界面，单击“打开图片”按钮。具体操作如图8-6所示。

步骤2 打开“打开图片”对话框，打开美图图库对应的文件夹，选择“图片1.jpg”图片，单击“打开”按钮。

步骤3 打开图片后，在右侧的效果设置区中单击“电影感”选项卡，在右侧的列表框中选择“侧耳倾听”选项。具体操作如图8-7所示。

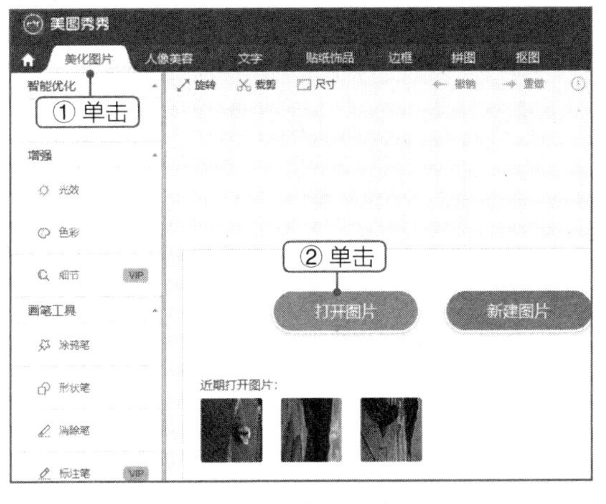

图8-6 打开图片

图8-7 应用效果

步骤4 在左侧功能区的“增强”栏中单击“光效”按钮，打开“光效”窗口，在其中可以设置图片的各种光效，包括亮度、对比度等，这里在“智能补光”数值框中输入“30”，如图8-8所示。设置完成后，单击“应用当前效果”按钮，返回美化图片的操作界面。

步骤5 在左侧功能区的“增强”栏中单击“色彩”按钮，打开“色彩”窗口，在其中可以设置图片的颜色，包括饱和度、色温、色调等。这里在“色温”数值框中输入“20”，在“高光”栏中向右拖动“绿”选项下面的滑块。具体操作如图8-9所示。设置完成后，单击“应用当前效果”按钮，返回美化图片的操作界面，可以看到设置色彩后的图片。

步骤6 完成美化后，在美化图片的操作界面下方单击“对比”按钮，将同时显示美化前和美化后的图片效果，如图8-10所示，用户可根据对比图，确定对美化效果是否满意。

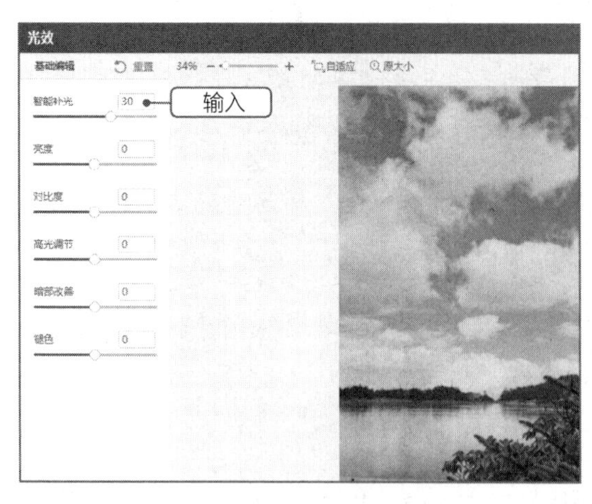

图8-8 设置图片光效

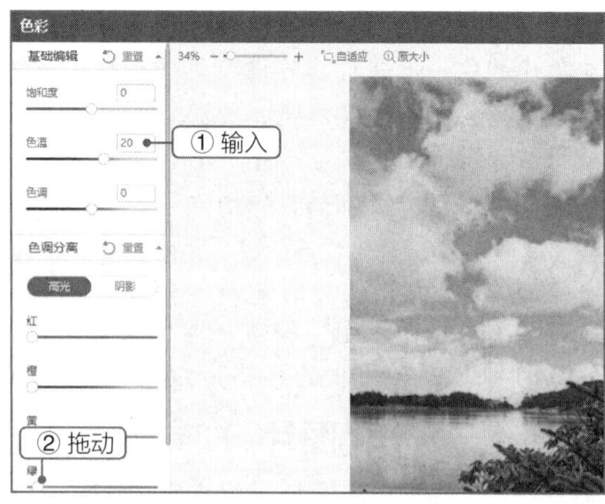

图8-9 设置图片色彩

步骤7 确认美化效果后，在工具栏中单击“保存”按钮，打开“保存”对话框，设置保存路径、图片文件的名称和保存格式，以及调整图片画质，如图8-11所示。这里保持默认设置，单击“保存”按钮，完成图片美化操作。

图8-10 对比图片

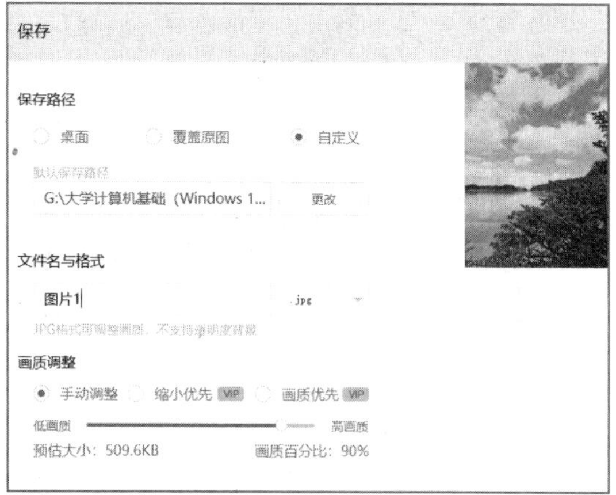

图8-11 保存图片

8.4.4 人像美容

美图秀秀的人像美容功能非常实用，用户通过简单操作便可对人像进行瘦身和调整人物脸部肤色等操作，使人物更加美丽。

【例8-2】 对“图片2.jpg”图片中的人像进行瘦脸处理，并对人像进行美白。

步骤1 启动美图秀秀，在主界面中单击“人像美容”选项卡，进入人像美容的操作界面，然后打开“图片2.jpg”图片。

步骤2 在左侧功能区中单击展开“头部调整”栏，单击“手动瘦脸瘦身”按钮，打开“手动瘦脸瘦身”窗口。

步骤3 在图片显示区域的左上角拖动滑块，放大显示图片；在右下角的缩略图中拖动显示框，在显示区域中突出显示脸部；将鼠标指针移动到人物的脸部边缘处，向内侧拖动鼠标指针，让脸部变瘦；设置完成且对效果满意后，单击“应用当前效果”按钮。具体操作如图8-12所示。

图8-12　人像瘦脸

提示 在编辑图片的过程中，如果对效果不满意，可以单击“撤销”按钮，撤销上一步的操作。单击“重做”按钮，则可以自动重做上一步的操作。

步骤4　在左侧功能区“皮肤调整”栏中单击“肤色”按钮，打开“肤色”窗口，在左侧的“肤色调整”栏下拖动“美白程度”对应的滑块，将其数值设置为“38”，如图8-13所示。设置完成后单击“应用当前效果”按钮。

图8-13　肤色美白

步骤5　在工具栏中单击“保存”按钮，打开“保存”对话框，保持默认设置，单击“保存”按钮，完成人像美容操作。

8.4.5 修饰图片

为了让图片绚丽多彩，可使用美图秀秀为图片添加饰品、文字和边框等装饰。

【例8-3】在“图片3.jpg”图片中添加装饰，以此修饰图片。

步骤1　启动美图秀秀，在主界面中单击“贴纸饰品”选项卡，进入贴纸饰品的操作界面，然后打开“图片3.jpg”图片。

步骤2　在左侧的功能区中单击“炫彩水印”选项卡；在右侧的效果设置区中选择一种贴纸效果，将该贴纸插入图片中；调整贴纸的位置、大小和角度。具体操作如图8-14所示。

图8-14 添加贴纸

步骤3 在主界面中单击“文字”选项卡，在左侧的功能区中单击“文字贴纸”选项卡，在右侧的效果设置区中单击“心情”选项卡，在右侧列表框中选择一种文字效果，将该贴纸插入图片中，调整贴纸的位置与大小。具体操作如图8-15所示。

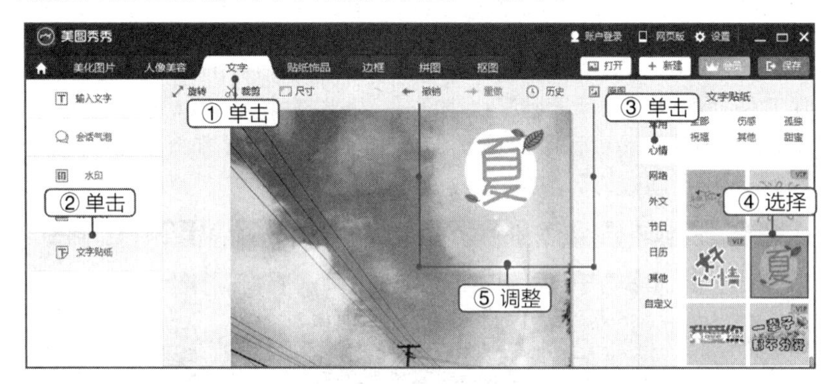

图8-15 添加文字

步骤4 在主界面中单击“边框”选项卡，在左侧的功能区中单击“炫彩边框”选项卡，打开“边框”窗口，在右侧的“炫彩边框”列表框中选择一种边框效果，如图8-16所示，单击“应用当前效果”按钮应用效果。

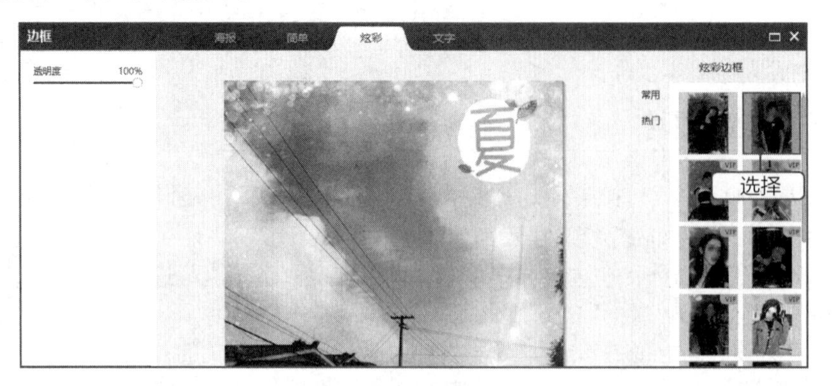

图8-16 添加边框

步骤5 在工具栏中单击“保存”按钮，打开“保存”对话框，保持默认设置，单击“保存”按钮，完成修饰图片操作。

8.4.6 拼接图片

拼接图片就是将两张以上的图片组合为一张图片。

【例8-4】将“新年1.jpeg”和“新年2.jpg”图片拼接成一张图片。

步骤1 启动美图秀秀，在主界面中单击“拼图”选项卡，进入拼图的操作界面，然后打开“新年2.jpeg”图片。

步骤2 在左侧的功能区中单击“拼图”栏中的“海报拼图”按钮，打开“拼图”窗口。在右侧的效果设置区中选择一种拼图效果，将该拼图效果应用到图片中；在左侧“图片设置”栏中单击“添加图片”按钮。具体操作如图8-17所示。

图8-17 选择拼图效果

步骤3 打开“打开多张图片”对话框，在其中选择“新年1.jpg”图片，单击“打开”按钮，将图片插入拼接图片中，效果如图8-18所示，单击“确定”按钮，返回操作界面。

图8-18 拼图

步骤4 在工具栏中单击“保存”按钮，打开“保存”对话框，保持默认设置，单击“保存”按钮，完成拼接图片操作。

提示 美图秀秀无法处理具有特殊格式的图片，例如，网络中常见的WEBP格式文件，需要转换这些图片的格式后才能用该软件处理。

8.4.7 抠图

抠图是指把图片中的某一部分从原始图片中分离出来成为单独的图片，也是图片处理中很常见的操作之一。

视频教学
抠图

【例8-5】将“水果.jpeg”图片中的部分图片分离出来。

步骤1 启动美图秀秀，在主界面中单击“抠图”选项卡，进入抠图的操作界面，然后打开“水果.jpeg”图片。

步骤2 在左侧的功能区中单击“手动抠图”选项卡，打开“抠图”窗口，先在抠图对象四周边缘处某个位置单击，确定起始点，然后通过拖动鼠标指针沿边缘移动，并在关键位置单击，添加多个抠图点，最后返回起始点并单击，所有抠图点及抠图点之间的虚线所围成的部分就是抠图区域；单击“应用效果”按钮。具体操作如图8-19所示。

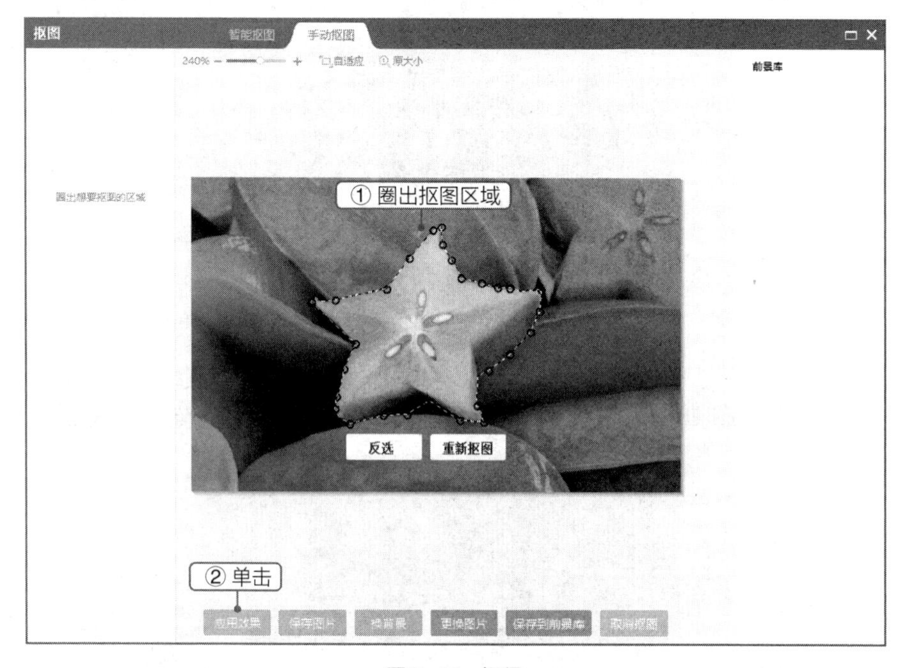

图8-19 抠图

步骤3 返回操作界面，在工具栏中单击“保存”按钮，打开“保存”对话框，保持默认设置，单击“保存”按钮，可以将抠图图片保存为PNG格式的文件。

8.5 视频处理软件——快剪辑

快剪辑是一款视频处理软件，其功能与很多专业的视频处理软件类似，具有视频剪辑、调色、美化音频、添加字幕、输出等一整套视频处理功能。快剪辑具备操作简单轻松、画质高清、运行速度快、影院级特效、风格多样、滤镜效果专业、视频切换效果炫目等特点。相比其他视频处理软件，使用快剪辑处理和剪辑视频的操作更加快速高效，且处理完成后可以直接发布视频并上传到网络。

8.5.1 快剪辑的操作界面

快剪辑的操作界面简约大气（见图8-20），每个按钮都有一目了然的功能标注，而且，在操作界面中几乎显示了所有功能，令用户能够快速上手视频剪辑，无须花费大量时间学习。

图8-20 快剪辑的操作界面

- **显示区**：显示区显示当前处理的视频，或者预览处理后的视频。
- **素材区**：素材区可以添加和显示所有素材文件，包括视频、图片、音乐、音效、字幕和转场特效等。
- **编辑区**：编辑区主要用于处理视频和音频文件，分为专业模式和快速模式两种。在专业模式下可以对视频进行分割、调速、编辑等操作，在快速模式下只能添加视频和音频。

8.5.2 视频剪辑

利用快剪辑进行视频剪辑的基本流程为添加素材、编辑视频、添加字幕和转场、添加和处理音频、导出视频。

视频教学
视频剪辑

【例8-6】使用快剪辑制作“送给努力奔跑的你”短视频。

步骤1 启动快剪辑，在其操作界面右侧素材区的“添加剪辑”选项卡中单击“本地视频”按钮，打开“打开”对话框，选择需要剪辑的视频素材，这里选择“奔跑1~3.mp4”视频文件和“无标题.mp4”视频文件，单击“打开”按钮。具体操作如图8-21所示。

步骤2 在素材区的“添加剪辑”选项卡中即可看到添加的视频素材，然后分别将其拖动到操作界面编辑区的视频编辑条中，先拖动“无标题.mp4”视频文件，然后分别拖动“奔跑1.mp4”“奔跑2.mp4”“奔跑3.mp4”视频文件；在视频编辑条中选择第3个视频素材，拖动时间指针滑块，将其定位到“00:17:80”左右的位置；在编辑区右上角单击“分割”按钮✂；选择时间指针左侧的分割片段；单击“删除”按钮🗑；打开“请确认”提示对话框，系统询问是否删除该片段，单击“确定”按钮，将选择的视频片段删除。具体操作如图8-22所示。

步骤3 在视频编辑条中选择第4个视频素材，用同样的方法将时间指针定位到“00:14”左右的位置，分割视频，并将时间指针右侧多余的视频片段删除。

图8-21 添加视频素材

图8-22 分割和删除视频片段

提示 在编辑区左上角显示了当前时间指针的位置（也就是当前视频画面的时间），双击数字可以直接输入精确的时间。

步骤4 在编辑区的视频编辑条左侧单击“音量”按钮；在弹出的音量调节栏中单击选中“静音”复选框，关闭视频素材的原有声音。具体操作如图8-23所示。

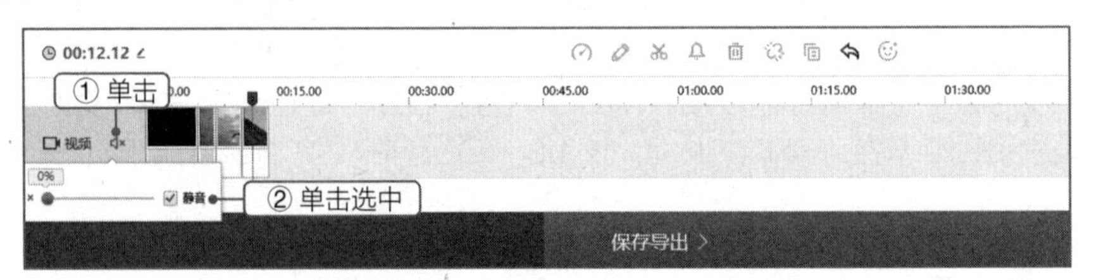

图8-23 关闭视频素材的原有声音

步骤5 在视频编辑条中选择第3个视频素材，单击“调速”按钮，在弹出的速度调节栏中拖动滑块，将视频播放速度调整为“0.50×”。具体操作如图8-24所示。

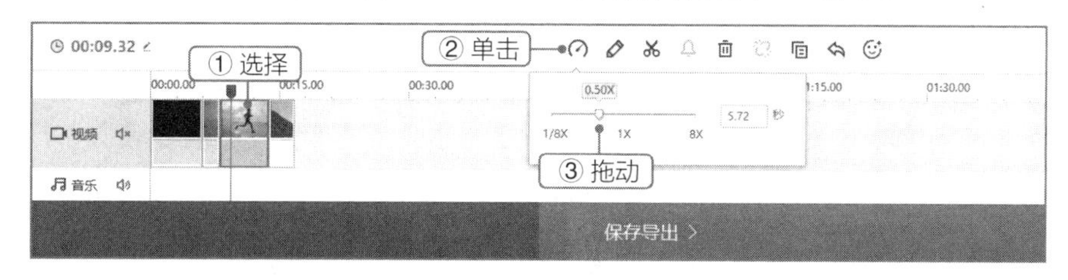

图8-24 调整视频素材的播放速度

步骤6 在视频编辑条中选择第1个视频素材；在素材区中单击“添加转场”选项卡；单击“交融”效果选项右上角的“添加”按钮，为前两个视频素材之间添加转场效果；在视频编辑条中拖动该转场效果的扩展按钮，将转场时长设置为“00.56秒”。具体操作如图8-25所示。

图8-25 添加转场效果

步骤7 用同样的方法分别为第2个和第3个视频素材添加“交融”转场效果，并将其时长分别设置为“00.28秒”和“01.00秒”。

步骤8 将时间指针定位到视频开始位置，在素材区中单击“添加字幕”选项卡；在打开的界面中单击“VLOG”选项卡；选择一种字幕样式，单击其右上角的“添加”按钮。具体操作如图8-26所示。

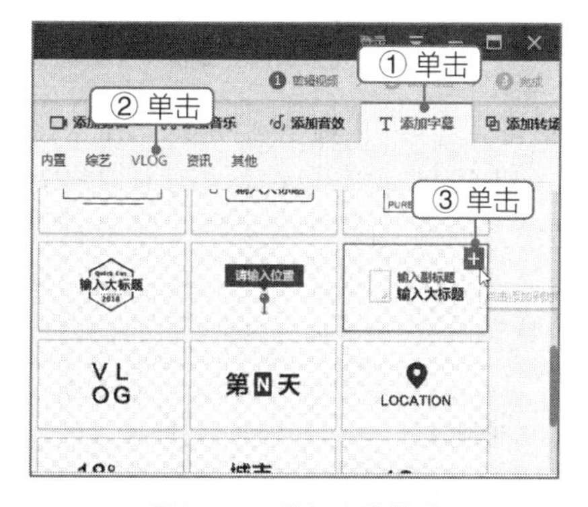

图8-26 选择字幕样式

步骤9 打开“字幕设置”对话框，先在预览栏中拖动文本框到合适的位置，在文本框中输入副标题“青春，需要努力向前，让自己在足够年轻的时候体会一次全力以赴！”，然后输入标题“送给努力奔跑的你”，并拖动文本框四周的控制点，调整文本框的大小；在下面的时间编辑条中拖动控制按钮，将文本应用到所有时间中；单击“保存”按钮。具体操作如图8-27所示。

步骤10 在素材区中单击“添加音乐”选项卡；在打开的界面中单击“欢快”选项卡；选择一首歌曲，单击其右侧的“添加”按钮；在编辑区的音乐编辑条右侧拖动滑块，将音频的时长调整到与视频相同；单击操作界面右下角的“保存导出”按钮。具体操作如图8-28所示。

图8-27 设置字幕

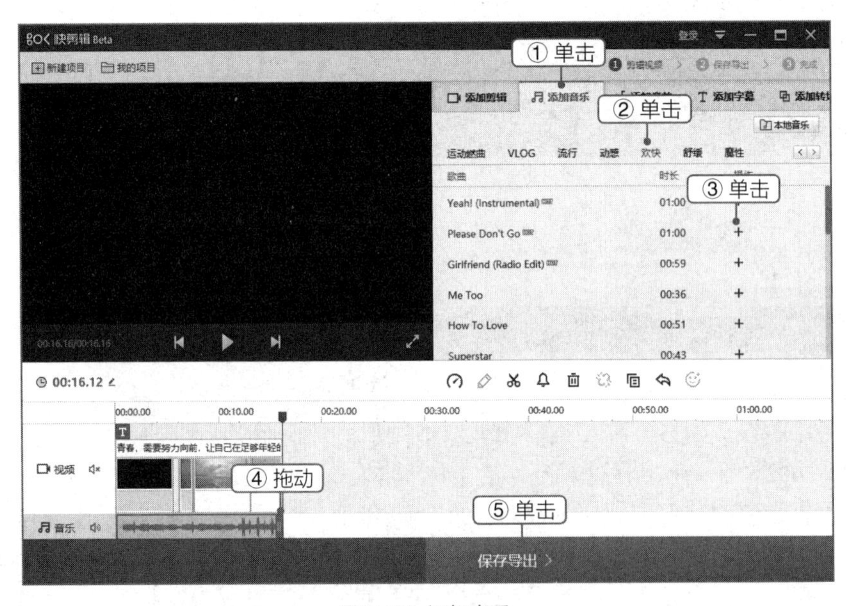

图8-28 添加音乐

步骤11 打开保存导出设置界面，在左侧的窗格中可以预览视频效果，在下面的设置栏中可设置视频的保存位置和保存方式、文件格式、导出尺寸、视频比特率、视频帧率、音频质量等，这里保持默认设置；在右侧的窗格中设置片头和片尾，这里在“特效片头”选项卡中选择“黑底白字”片头样式；在“标题”和“创作者”文本框中输入文本；取消选中“片头使用快剪辑Logo”复选框；单击“开始导出”按钮。具体操作如图8-29所示。

步骤12 打开“填写视频信息”对话框，在“标题”和“简介”文本框中输入短视频的基本信息；设置短视频的标签和分类；选择一张截图作为短视频封面；单击“下一步”按钮。具体操作如图8-30所示。

步骤13 打开“导出视频”对话框，快剪辑开始导出剪辑的短视频，并显示进度，完成后可以直接播放导出的短视频，单击“完成”按钮完成视频剪辑的操作。

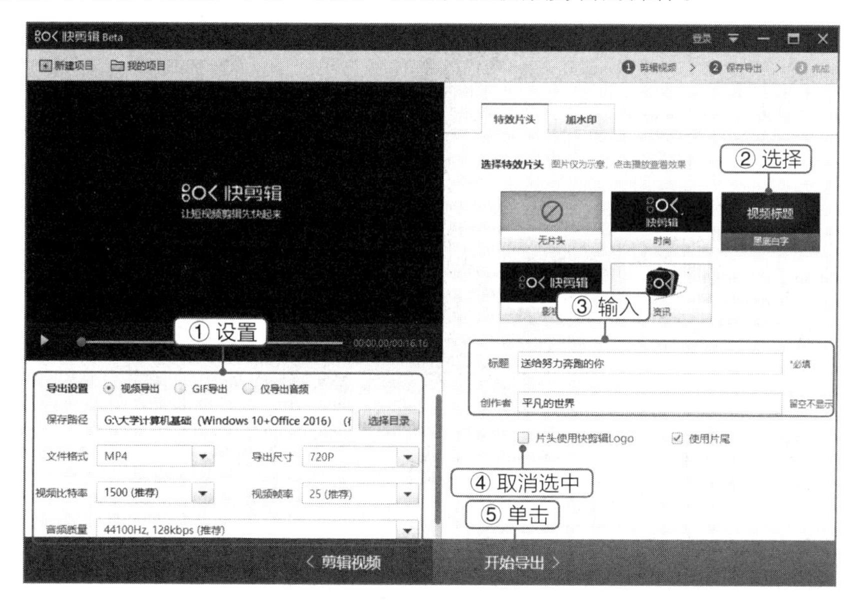

图8-29　设置导出参数

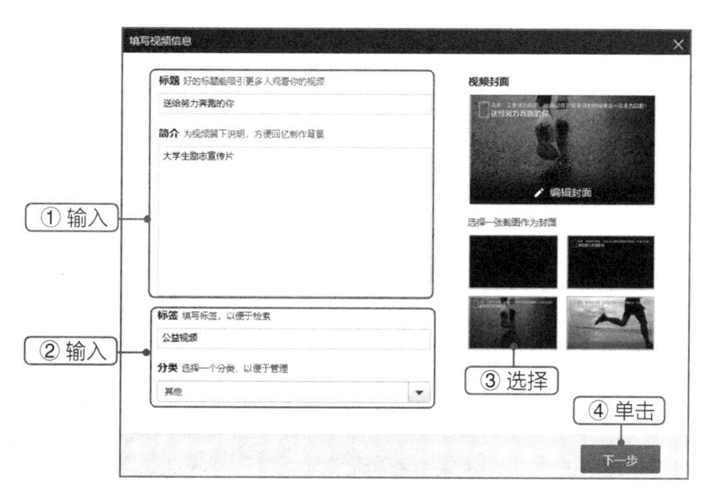

图8-30　设置视频信息

8.6 本章小结

本章主要介绍了多媒体技术和应用的相关知识，包括多媒体技术的基础、多媒体计算机的构成、多媒体信息在计算机中的表示等知识，以及常用的图片处理软件——美图秀秀，视频处理软件——快剪辑的基本操作和应用。

目前，多媒体技术已广泛应用于很多领域，包括教育培训、电子商务、信息发布、商业广告、影视娱乐、游戏、电子出版、虚拟现实、工业、科学计算、医疗影像等。例如，在文化传承和文物保护与修复方面，多媒体技术均有广泛应用。我国有着五千年的悠久历史，留传下来大量文物古迹，多媒体技术在文物保护与修复方面发挥着巨大的作用，运用该技术可以制作珍贵文物或者稀有文物的三维模型，甚至可以通过三维打印将其修复到最初的样子。另外，在非物质文化遗产保护中，借助多媒体技术可以拍摄和制作对应的多媒体影像资料，保证非物质文化遗产的长期传承，延续中华民族的民族文化、民族精神。

8.7 练习

练习
查看答案和解析

1. 选择题

（1）多媒体技术的主要特性是（　　）。

① 多样性　② 集成性　③ 交互性　④ 可扩充性

A. ①　B. ①、②
C. ①、②、③　D. 全部

（2）把一台普通的计算机变成多媒体计算机，需要用到的关键技术是（　　）。

① 视频音频信息的获取技术　② 多媒体数据压缩编码和解码技术
③ 视频音频数据的实时处理技术　④ 视频音频数据的输出技术

A. ①　B. ①、②　C. ①、②、③　D. 全部

（3）多媒体计算机的发展趋势是（　　）。

A. 使多媒体技术朝着网络化发展　B. 多媒体技术智能化
C. 多媒体技术多元化　D. 以上全对

（4）计算机存储信息的文件格式有多种，TXT格式的文件是用于存储（　　）信息的。

A. 文本　B. 图像　C. 声音　D. 视频

2. 操作题

（1）使用美图秀秀拼接"美食封面"图片，效果如图8-31所示。

（2）使用快剪辑剪辑"可爱的熊猫"短视频，效果如图8-32所示。

图8-31　封面拼图效果

图8-32　视频剪辑效果

CHAPTER 9

第 9 章 信息检索

在现代信息社会中，人们随时都可能接收到海量的信息。作为国家未来建设核心的青年大学生，需要具备信息意识，能够主动地收集和检索对学习和生活有用的信息，在检索信息的过程中，要对信息有高度的敏感性，对真假难辨、良莠不齐的信息具备足够的判断能力。本章将介绍信息检索的相关内容，包括信息检索的基础知识、常用的搜索引擎及用法、检索各类专业信息的操作等。

学习目标

- 了解信息检索的基础知识
- 掌握使用搜索引擎的操作
- 掌握检索各类专业信息的操作

素养目标

- 培养信息收集和整理的能力
- 具备分析信息的能力
- 培养信息意识和信息素养

课堂案例展示

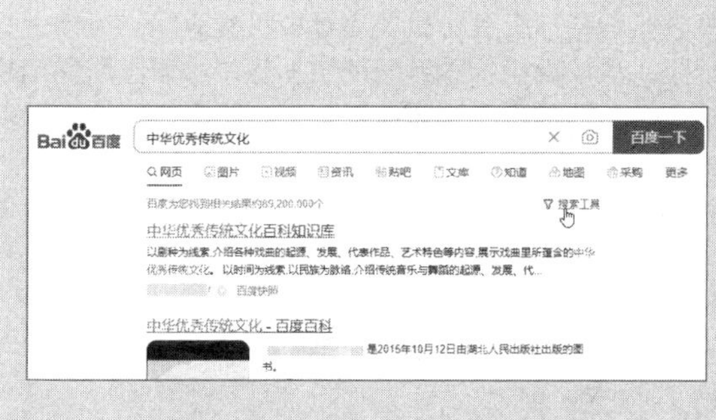

使用百度搜索“中华优秀传统文化”

检索学位论文

9.1 信息检索概述

在信息社会中，人们的日常生活、工作和学习都需要传输和利用各种信息，而信息技术也在促进整个社会的发展。人们日常接触的信息太多，内容繁杂，为了能够快速地查找信息和有序地整理信息，人们发明了信息检索技术。下面介绍信息检索的基础知识，包括信息检索的概念、类型、发展历程和流程等。

9.1.1 信息检索的概念

人们通常会使用搜索引擎搜索各种信息，像这种从一定的信息集合中找出所需要的信息的过程就是狭义的信息检索。

广义的信息检索包括信息存储和信息获取两个过程。信息存储是指通过选择、收集、著录、标引大量无序化信息后，组建成各种信息检索工具或系统，使之转化为有序化信息集合的过程。信息获取是根据特定的需求，运用已组建好的信息检索工具或系统将特定的信息查找出来的过程。

9.1.2 信息检索的类型

根据检索对象的不同，信息检索可以分为以下3种类型。

- **文献检索（Document Retrieval）**：文献检索以特定的文献（包括全文、文摘、题录等）为检索对象。文献检索是一种相关性检索，它不会直接给出用户所提出问题的答案，只会提供相关文献以供参考。
- **数据检索（Data Retrieval）**：数据检索以特定的数据（包括统计数字、工程数据、图表、计算公式、化学结构式等）为检索对象。数据检索是一种确定性检索方式，它能够返回确切的数据，直接回答用户所提出的问题。
- **事实检索（Fact Retrieval）**：事实检索以特定的事实（如有关某一事件发生的时间、地点、人物和过程等）为检索对象。事实检索也是一种确定性检索方式，一般能够直接向用户提供所需且确定的事实。

提示 根据检索手段的不同，信息检索还可以分为手工检索、机械检索和计算机检索3种类型。手工检索是一种传统的检索方法，是利用工具书（包括图书、期刊、目录卡片等），进行信息检索的一种手段。机械检索是指利用计算机检索数据库的过程，其优点是速度快；缺点是回溯性不好，且有时间限制。计算机检索是指在计算机或者计算机检索网络终端上，使用特定的检索策略、检索指令、检索词，从计算机检索系统的数据库中检索出所需信息后，再由终端设备显示、下载和打印相应信息的过程。计算机检索具有检索方便快捷、获得信息类型多、检索范围广泛等特点。

9.1.3 信息检索的发展历程

信息检索主要经历了人工检索和智能检索两大阶段。

1. 人工检索阶段

人工检索阶段是指人类通过印刷型的检索工具来检索的阶段。这一阶段主要存在书本式和卡片式两种检索工具。

- **书本式**：书本式检索工具是以图书、期刊等形式出版的各种检索工具书，如各种目录、索引、百科全书、年鉴等。

- **卡片式**：卡片式检索工具就是可以帮助检索的各类卡片，如图书馆的各种卡片目录。

2. 智能检索阶段

随着社会的进步和发展，各种信息呈爆炸式增长，人工检索已经无法满足人们日益增长的信息检索需求，同时，计算机技术、网络技术以及数据传输技术也在飞速发展，为实现智能检索提供了技术保障。智能检索主要是使用计算机等智能设备代替人工进行信息检索，智能检索经历了脱机批处理阶段、联机检索阶段、光盘检索阶段和网络化联机检索阶段4个阶段。

（1）脱机批处理阶段

脱机批处理阶段，计算机还没有连接网络，也没有远程终端，用户主要利用计算机对各种期刊中的文献进行检索。检索方式是脱机批处理，即用户不直接接触计算机，而是向计算机操作人员提出具体问题和要求，由计算机操作人员对问题进行分析后编写相应的检索式，定期对新加入的文献进行批量检索，最后再将检索结果返回给用户。

（2）联机检索阶段

计算机的软硬件、数据库管理和网络通信技术的发展拉动计算机信息检索进入联机检索阶段。在这个阶段用户可以直接进行检索操作，即使是多个用户也可以进行远程实时检索。

（3）光盘检索阶段

光盘检索阶段，光盘在信息检索中得到了广泛的应用，大量以光盘为载体的数据库和电子出版物不断涌现。同时，为了满足多用户同时检索的需求，光盘检索系统还发展出了复合式光盘驱动器、自动换盘机以及光盘网络等技术，从而实现了同一数据库多张光盘同时检索的功能。

（4）网络化联机检索阶段

随着互联网的飞速发展，智能检索进入网络化联机检索阶段，互联网集成了多种信息检索方式，主要方式有以下两大类。

- **搜索引擎**：可以从海量的网页中自动收集信息，以供用户进行检索，是目前互联网检索的核心和主要方式。
- **传统的联机检索企业提供的互联网检索服务**：联机检索企业将自己的数据库安装到互联网服务器上，使其成为互联网的组成部分，由此将自己的服务区域从原来的有限范围扩展到全世界。这些企业提供的信息通常是某个领域的专业信息，使用者往往只能检索该企业的数据库或合作企业的数据库中的信息。

9.1.4 信息检索的流程

在信息技术被广泛应用的信息社会中，信息检索是人们获取信息的主要方式之一。信息检索的流程主要分为6个步骤，如图9-1所示。

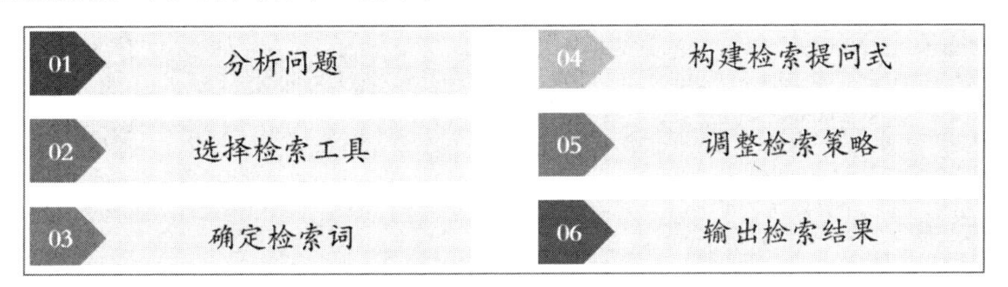

图9-1 信息检索的流程

- **分析问题**：信息检索的第一步是分析要检索内容的特点和类型，以及所涉及的学科范围、主题要求等，为后面的检索收集相关信息。
- **选择检索工具**：根据收集的关键信息，并综合考虑信息类型、时间范围、检索经费等因素，选择一种合适的检索工具。

- **确定检索词**：检索词是计算机检索系统中进行信息匹配的基本单元，选择的检索词越精确，检索结果就会越令人满意。检索词通常是专业术语、同义词或相关词等。
- **构建检索提问式**：检索提问式是在计算机信息检索中用来表达用户检索问题的逻辑表达式，由检索词和布尔逻辑算符、截词符、位置算符组成。通常，构建检索提问式的结果能直接影响信息检索的查全率和查准率。

提示 截词符是用于截断一个检索词的符号，不同的检索系统使用的截词符有所不同。截词符一般包括“*” “?” “#” “$”等符号。位置算符是用来规定符号两边的词出现在文献中的位置的逻辑运算符，主要用于表示词与词之间的相互关系和前后次序，常见的位置算符有W算符、N算符、S算符等。

- **调整检索策略**：若得到的检索结果与检索要求不一致，则可以根据检索结果对检索工具、检索词和检索提问式做出相应的修改和调整，然后再次进行检索，直至得到满意的结果为止。
- **输出检索结果**：根据检索系统提供的检索结果输出格式，用户可以选择需要的记录及相应的字段输出检索结果，包括存储到磁盘或者进行打印等。

9.2 搜索引擎

搜索引擎是在网络中常用的一种信息检索工具，其本质是在计算机中制定某种规则，运用特定的计算机程序在互联网中搜集信息，然后分析和处理信息，利用分析和处理的结果为用户提供检索服务，并将检索的相关信息展示给用户。搜索引擎可以提高人们获取、搜集信息的速度，并为人们提供更好的网络使用环境。

9.2.1 搜索引擎的类型

随着搜索引擎技术的不断发展，搜索引擎的种类也越来越多，主要包括全文搜索引擎、目录索引、元搜索引擎等，下面分别进行介绍。

1. 全文搜索引擎

全文搜索引擎（Full Text Search Engine）是目前广泛应用的搜索引擎，在国外比较有代表性的全文搜索引擎是Google，在国内则是百度和360搜索。全文搜索引擎从互联网中提取各个网站的信息（以网页文字为主），建立数据库，在用户使用这些搜索引擎进行信息检索时，其能检索出与用户查询条件相匹配的记录，并按一定的排列顺序将结果返回给用户。

根据搜索结果来源的不同，全文搜索引擎又可以分为两类。一类是拥有蜘蛛程序的搜索引擎，它能够建立网页和数据库，也能够直接从其数据库中调用搜索结果，例如，Google、百度和360搜索；另一类则是租用其他搜索引擎的数据库，然后按照自己的规则和格式来排列和显示搜索结果的搜索引擎，例如，Lycos。

2. 目录索引

目录索引（Search Index/Directory）也称为分类检索，是互联网上最早提供的网站资源查询服务。目录索引主要通过搜集和整理互联网的资源，根据搜索到的网页内容，将其网址分配到相关分类主题目录的不同层次的类目之下，形成像图书馆目录一样的分类树形结构索引。用户在目录索引中查找网站时，可以使用关键词进行查询，也可以按照相关目录逐级查询。但是需要注意的是，使用目录索引检索的时候，只能够按照网站的名称、网址、简介等内容进行查询。这也就导致目录索引的查询结果只是网站的URL，而不是具体的网站页面。国内的搜狐、hao123以及国外的DMOZ等都是目录索引。

3．元搜索引擎

元搜索引擎（Meta Search Engine）在接收用户查询请求后会同时在多个搜索引擎上搜索，并将结果返回给用户。著名的元搜索引擎有InfoSpace、Dogpile、Vivisimo等。在搜索结果排列方面，有的元搜索引擎直接按来源排列搜索结果，例如，Dogpile；有的元搜索引擎则按自定的规则重新排列组合结果，例如，Vivisimo。

9.2.2 常用的搜索引擎

常用的搜索引擎主要有百度、搜狗搜索、360搜索等。

1. 百度

百度于2000年1月创立于北京中关村，致力于向人们提供“简单，可依赖”的信息获取方式。百度搜索引擎的界面如图9-2所示。

图9-2 百度搜索引擎的界面

市场调研机构StatCounter的数据显示，在2021年国内搜索引擎市场中，百度搜索引擎的市场份额为85.48%。另外，百度的服务器分布在全国各地，能直接从最近的服务器上把搜索信息返回给当地用户，使用户享受到极快的搜索、传输速度。

2. 搜狗搜索

搜狗搜索是第三代互动式搜索引擎，支持微信公众号和文章搜索、知乎搜索、英文搜索及翻译等，其搜索引擎的核心是自主研发的人工智能算法，界面如图9-3所示。

图9-3 搜狗搜索引擎的界面

在搜狗搜索中，图片搜索具有独特的组图浏览功能，新闻搜索具有能够及时反映互联网热点事件的看热闹首页，地图搜索具有全国无缝漫游的功能。这些功能极大地满足了用户的日常需求，使用户可以更加便利地使用互联网。

3. 360 搜索

360搜索属于全文搜索引擎，是目前广泛应用的主流搜索引擎之一，其界面如图9-4所示，包含网页、新闻、影视等搜索产品，为用户带来安全、真实的搜索服务体验。

360搜索不仅具有通用搜索技术，而且独创了PeopleRank算法、拇指计划等新技术。目前，360搜索已建立由数百名工程师组成的核心搜索技术团队，拥有上万台服务器，拥有庞大的蜘蛛爬虫系统并且每日抓取网页数量高达十亿量级，收录的优质网页数量达百亿量级，网页搜索速度和质量都处于领先地位。

图9-4 360搜索引擎的界面

提示 神马搜索是全球第一款完全基于移动互联网的搜索引擎，是阿里巴巴和UC浏览器共同推出的移动搜索引擎。依托于UC浏览器巨大的用户数量，以及阿里巴巴强大的技术背景和云端资源，神马搜索成了主要的移动搜索引擎之一。

9.2.3 搜索引擎的使用方法

人们进行信息检索前，需要熟练掌握搜索引擎的使用方法，包括基本查询、高级查询和搜索引擎指令的使用。

1. 使用搜索引擎进行基本查询操作

搜索引擎的基本查询方法就是直接在搜索框中输入搜索关键词进行查询。

视频教学
使用搜索引擎进行基本查询操作

【例9-1】在百度中搜索一月之内发布的包含“中华优秀传统文化”关键词的Word文档。

步骤1 启动浏览器，在地址栏中输入百度网址后，按“Enter”键进入百度首页，然后在中间的搜索框中输入要查询的关键词“中华优秀传统文化”，最后按“Enter”键或单击“百度一下”按钮。

步骤2 打开搜索结果页面，单击搜索框下方的“搜索工具”超链接，如图9-5所示。

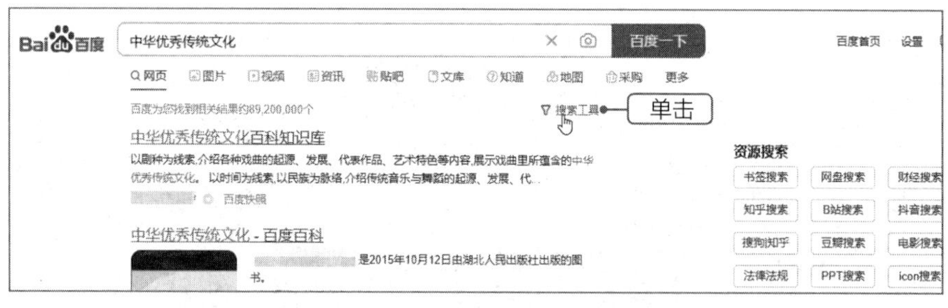

图9-5 单击“搜索工具”超链接

步骤3 显示出搜索工具，单击“站点内检索”超链接，在打开的搜索框中输入百度网址，单击“确认”按钮，搜索引擎将返回百度网站中的搜索结果页面。具体操作和结果如图9-6所示。

步骤4 在搜索工具中单击“所有网页和文件”下拉按钮，在打开的下拉列表中选择“微软Word(.doc)”选项，搜索结果页面中将只显示搜索到的Word文档。具体操作和结果如图9-7所示。

步骤5 在搜索工具中单击“时间不限”下拉按钮，在打开的下拉列表中选择“一月内”选项，最终搜索结果为百度网站中一月之内发布的包含“中华优秀传统文化”关键词的所有Word文档。具体操作和结果如图9-8所示。

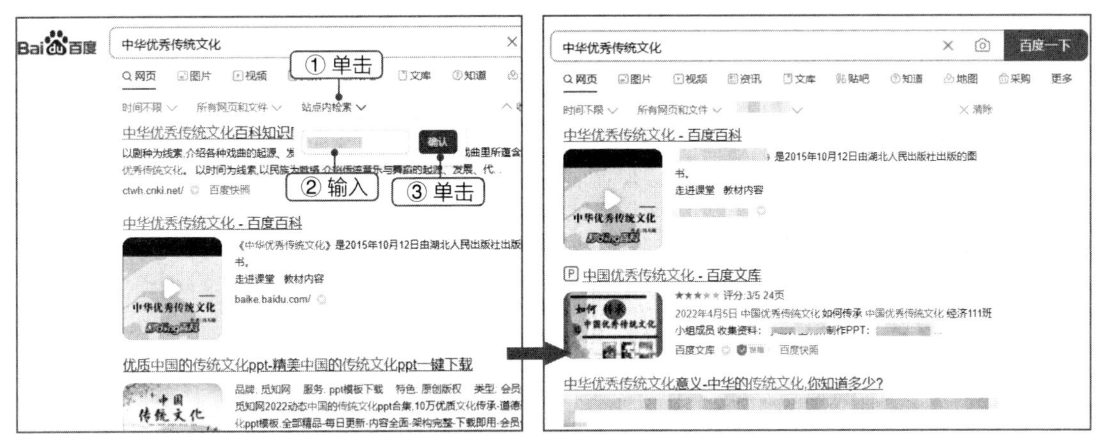

图9-6　选择检索数据库

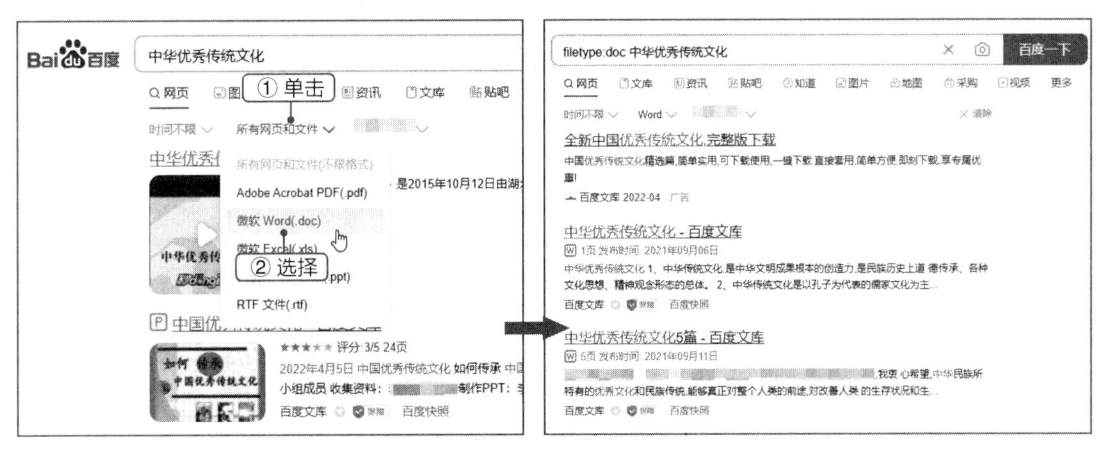

图9-7　选择检索文件的类型

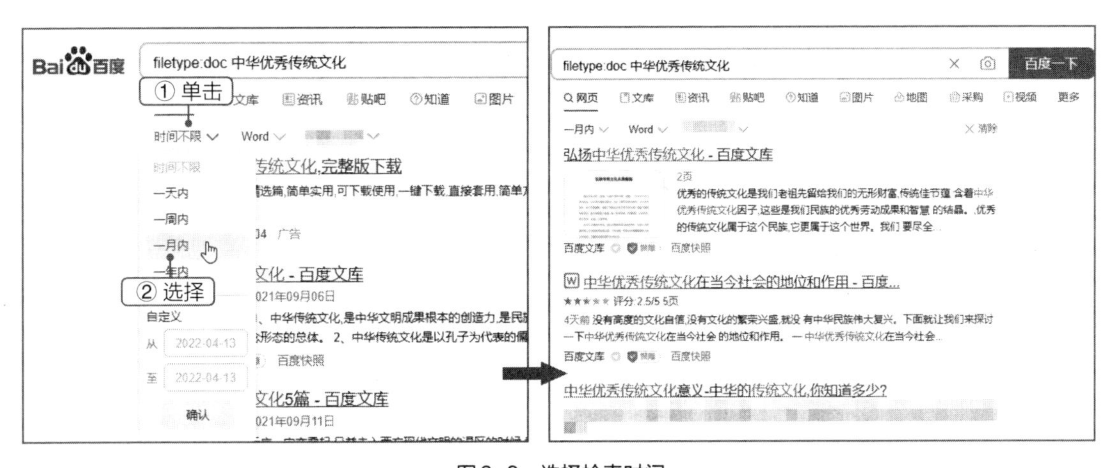

图9-8　选择检索时间

2. 搜索引擎的高级查询功能

使用搜索引擎的高级查询功能可以实现包含完整关键词、包含任意关键词或不包含某些关键词等搜索。

【例9-2】使用百度的高级查询功能搜索高职院校的大学生素质教育中立德树人的相

关知识。

视频教学
搜索引擎的高级查询功能

步骤1 打开百度首页，将鼠标指针移至右上角的“设置”超链接上，在弹出的下拉列表中选择“高级搜索”选项。

步骤2 打开对话框，在“高级搜索”选项卡的“包含全部关键词”文本框中输入“立德树人”文本，要求查询结果页面中要同时包含“立德树人”这个关键词；在“包含任意关键词”文本框中输入“大学生 高职”文本，要求查询结果页面中要包含“大学生”或者“高职”关键词；在“包含完整关键词”文本框中输入“素质教育”文本，要求查询结果页面中要包含“素质教育”完整关键词，即关键词不会被拆分；在“不包括关键词”文本框中输入“中学生 小学生 中职”文本，要求查询结果页面中不包含“中学生”“小学生”“中职”关键词；单击“高级搜索”按钮完成搜索。具体操作和结果如图9-9所示。

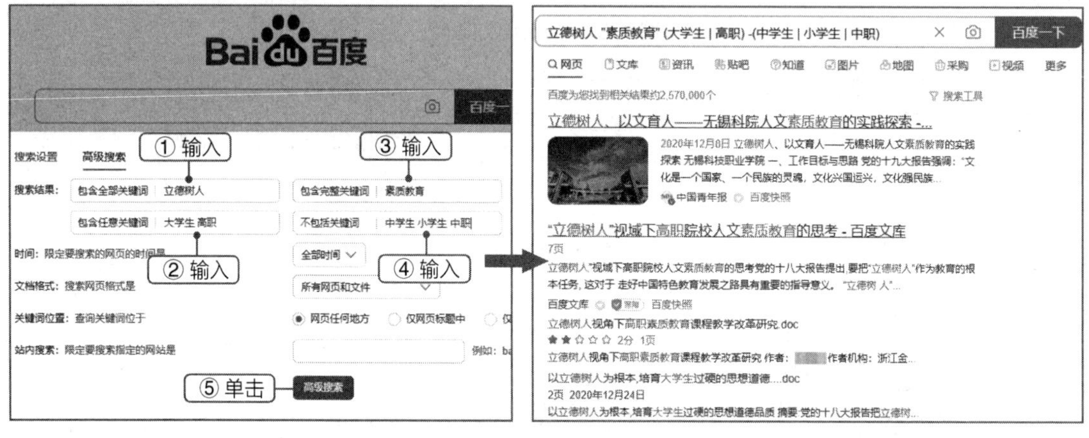

图9-9 搜索引擎的高级查询功能

3. 使用搜索引擎指令

使用搜索引擎指令可以实现较多功能，如查询某个网站被搜索引擎收录的页面数量、查找URL中包含指定文本的页面数量、查找网页标题中包含指定关键词的页面数量等。

（1）site指令

使用site指令可以查询到某个域名被该搜索引擎收录的页面数量，其格式为：

“site”+半角冒号“:”+网站域名

视频教学
site 指令

【例9-3】使用site指令在百度中查询“人民邮电出版社”网站的收录情况。

步骤1 打开百度网站，在搜索框中输入“site:ptpress.com.cn”文本，然后单击“百度一下”按钮得到查询结果，在其中可以看到该网站共有19 800个页面被收录。具体操作及结果如图9-10所示。

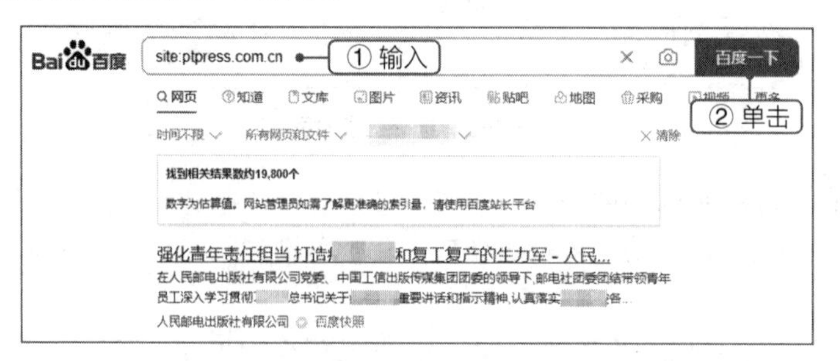

图9-10 不包含“www”的查询结果

步骤2 删除搜索框中的文本内容，输入“site:www.ptpress.com.cn”文本，单击“百度一下”按钮得到查询结果，可以看到该网站有14 700个页面被收录。具体操作及结果如图9-11所示。

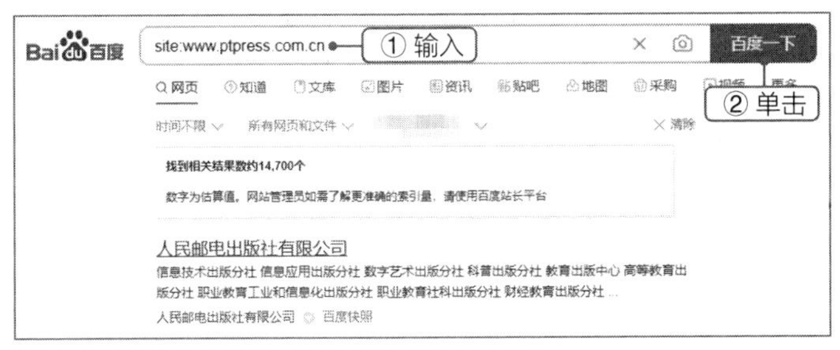

图9-11 包含“www”的查询结果

（2）inurl指令

使用inurl指令可以查询到URL中包含指定文本的页面数量，其格式为：

“inurl”+半角冒号“:”+指定文本

“inurl”+半角冒号“:”+指定文本+空格+关键词

【例9-4】 在百度中查询所有URL中包含“教育”文本的页面，以及URL中包含“教育”文本，同时关键词为“立德树人”的页面。

步骤1 打开百度网站，在搜索框中输入“inurl:教育”文本，然后按“Enter”键得到查询结果，在其中可以看到每个页面的网址中都包含“教育”文本，如图9-12所示。

图9-12 输入“inurl:教育”的搜索结果

步骤2 删除搜索框中的文本，输入“inurl:教育 立德树人”文本，单击“百度一下”按钮得到查询结果。具体操作及结果如图9-13所示。可以看到每个页面的网址中都包含“教育”文本，并且页面内容中还包含“立德树人”关键词。

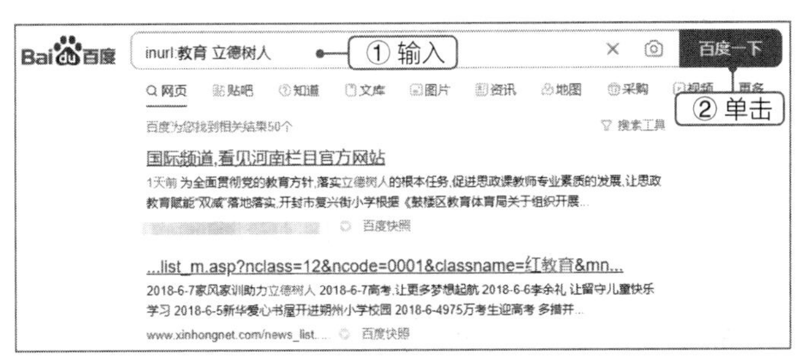

图9-13 输入“inurl:教育 立德树人”的搜索结果

提示 使用搜索引擎指令进行检索实质上就是一种限制检索方法。限制检索是指通过限制检索范围，达到优化检索结果目的的一种方法。限制检索的方式有多种，包括使用限制符、采用限制检索命令、进行字段检索等。例如，属于主题字段限制的有Title、Subject、Keywords等，属于非主题字段限制的有Image、Text等。

（3）intitle指令

使用intitle指令可以查询到在页面标题（title标签）中包含指定关键词的页面数量，其格式为：

视频教学
intitle 指令

"intitle"+半角冒号":"+关键词

【**例9-5**】在百度中查询标题中包含"女足精神"关键词的所有页面。

步骤1 在百度首页的搜索框中输入"intitle:女足精神"文本。

步骤2 按"Enter"键或单击"百度一下"按钮得到查询结果，可以看到每个页面的标题中都包含"女足精神"关键词，如图9-14所示。

图9-14 输入"intitle: 女足精神"的搜索结果

9.3 检索各类专业信息

可以利用专业网站检索学术学位论文、期刊、商标和专利，以及社交媒体上各种类型的专业信息。

9.3.1 检索学术信息

互联网中有很多用于检索学术信息的网站，在其中可以检索各种学术论文。在国内，这类网站主要有百度学术、万方数据知识服务平台（以下简称万方数据）等。

【**例9-6**】在百度学术中检索有关"信息时代的思想政治教育"的学术信息。

视频教学
检索学术信息

步骤1 打开"百度学术"网站首页，在首页的搜索框中输入要检索的关键词"信息时代的思想政治教育"，然后单击"百度一下"按钮。具体操作如图9-15所示。

步骤2 在打开的页面中可以看到检索结果，同时还可以看到论文的标题、简介、作者、被引量、来源等信息。

步骤3 单击要查看的论文的标题，即可打开该论文的网页，其中会显示更详细的信息，并展示相似的文献，如图9-16所示。

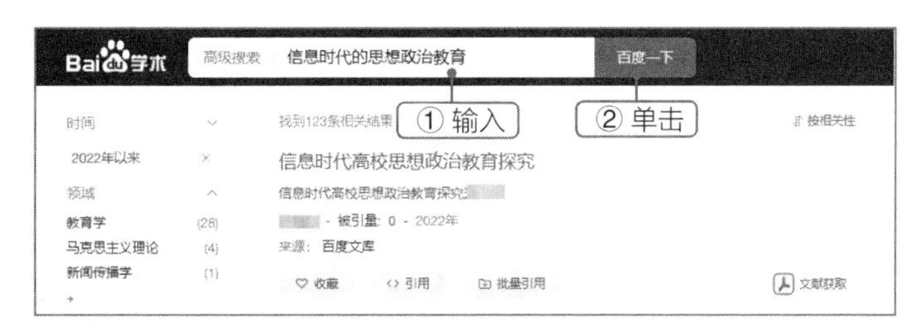

图9-15 查看在百度学术中检索的信息

图9-16 查看论文详细信息

步骤4 单击该文献的标题，即可进入该文献的来源网站，打开论文的原文件，即可查看该论文的内容。

9.3.2 检索学位论文

学位论文是作者为了获得相应的学位而撰写的论文，主要是指硕士论文和博士论文等论文。因为学位论文不像图书和期刊那样会公开出版，所以学位论文信息的检索和获取较为困难。在国内，检索学位论文的平台主要有中国高等教育文献保障系统（China Academic Library & Information System，CALIS）的学位论文中心服务系统、万方中国学位论文全文数据库等。

视频教学
检索学位论文

【例9-7】下面将在CALIS的学位论文中心服务系统中检索有关“生态优先绿色发展”的学位论文。

步骤1 打开CALIS的学位论文中心服务系统页面，在搜索框中输入关键词“生态优先绿色发展”，单击“检索”按钮。具体操作如图9-17所示。

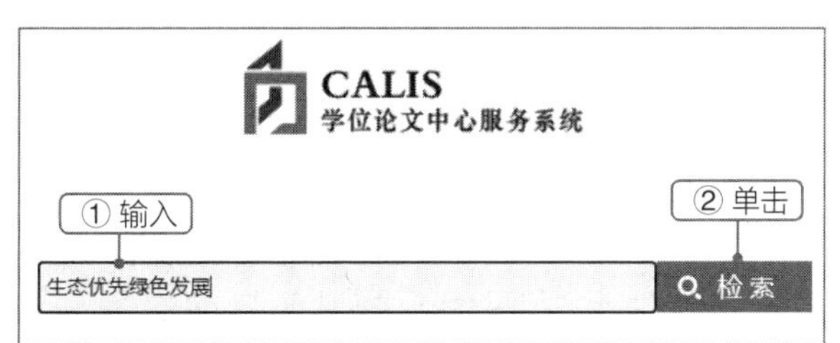

图9-17 输入关键词后单击“检索”按钮

步骤2 打开的页面中将显示查询结果，包括学术论文的名称、作者、学位年度、学位名称、主题词、摘要等信息，如图9-18所示。单击论文名称即可在打开的页面中看到该论文的详细内容。

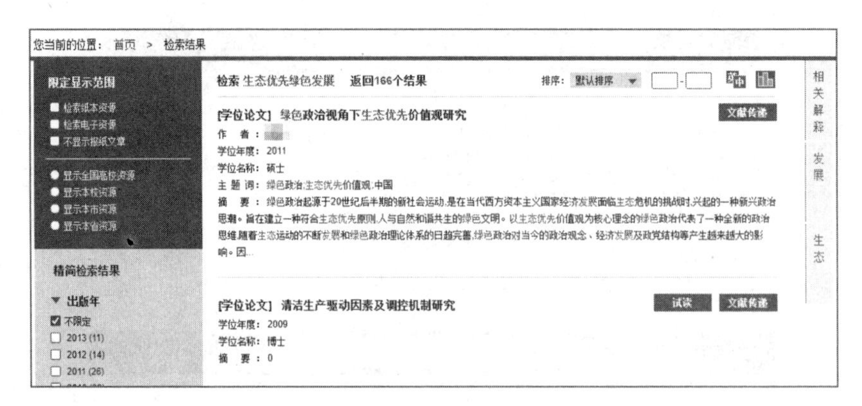

图9-18 检索结果

9.3.3 检索期刊信息

期刊是指定期出版的刊物，包括周刊、旬刊、半月刊、月刊、季刊、半年刊、年刊等。国内统一连续出版物号的简称是国内统一刊号，即“CN号”，它是我国新闻出版行政部门分配给连续出版物的代号；国际标准连续出版物号的简称是国际刊号，即“ISSN号”。

【例9-8】在国家科技图书文献中心网站中，检索有关“人民论坛”的期刊。

步骤1 打开“国家科技图书文献中心”网站首页，取消选中“会议”“学位论文”复选框，在搜索框中输入关键词“人民论坛”，单击“检索”按钮。具体操作如图9-19所示。

图9-19 输入关键词并单击“检索”按钮

步骤2 在打开的页面中可以看到查询结果，但其中有些内容不属于“人民论坛”期刊。此时单击网页左侧“期刊”栏中的“人民论坛”超链接，如图9-20所示，即可进行限定条件搜索，这样便可检索到只包含“人民论坛”期刊的内容。

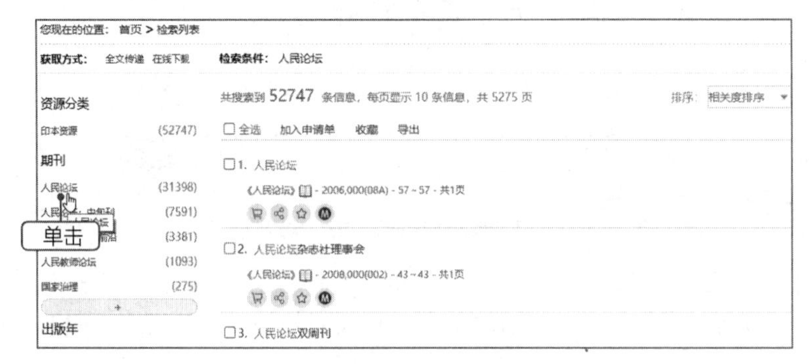

图9-20 限定条件搜索

9.3.4 检索商标信息

商标用于区分一个经营者和其他经营者的品牌或服务的不同之处。用户可以在世界知识产权组织（World Intellectual Property Organization，WIPO）的官网、各个国家的商标管理机构的网站及各种提供商标信息的商业网站中进行商标信息检索。

【例9-9】在国家知识产权局商标局中国商标网中查询与“比亚迪”相关的商标。

步骤1 打开网站首页，然后单击网页中间的“商标网上查询”超链接，如图9-21所示。

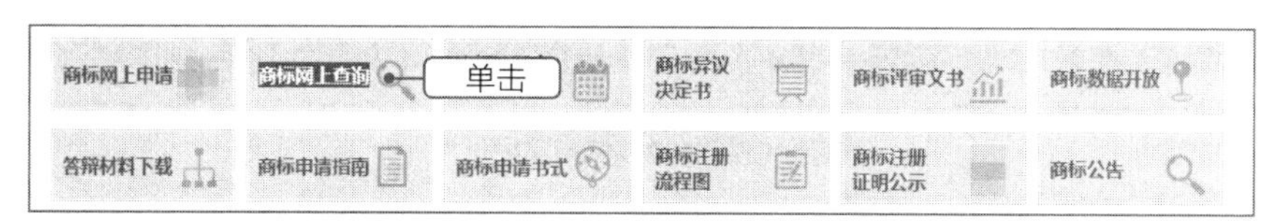

图9-21 单击“商标网上查询”超链接

步骤2 进入商标查询页面，单击“我接受”按钮，如图9-22所示。

步骤3 打开页面，然后单击“商标近似查询”按钮，如图9-23所示。

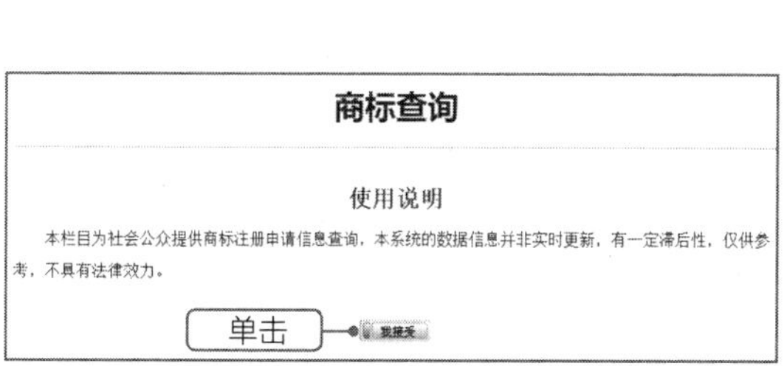

图9-22 单击“我接受”按钮

图9-23 单击“商标近似查询”按钮

步骤4 打开“商标近似查询”页面，在“自动查询”选项卡中设置要查询商标的国际分类、查询方式、商标名称信息，然后单击“查询”按钮。具体操作如图9-24所示。

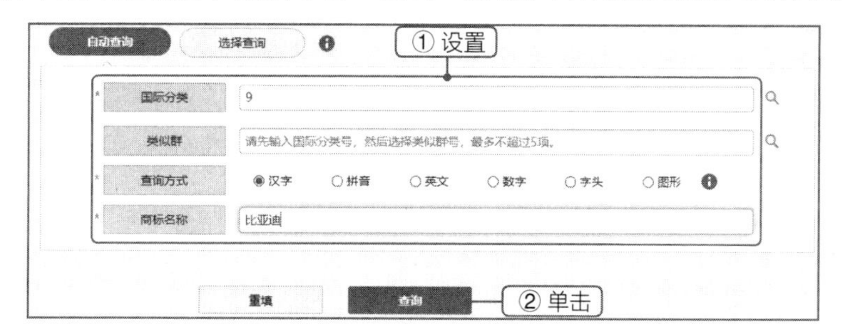

图9-24 设置查询信息

步骤5 在打开的页面中可以看到查询结果，包括每个商标的申请/注册号、申请日期、商标名称、申请人名称等信息，如图9-25所示。单击申请/注册号或者商标名称即可在打开的页面中看到该商标的详细信息。

帮助　当前数据截至：(2022年04月11日)

排序 相似度排序　打印　比对　筛选　已选中 0 件商标

检索到138件商标　仅供参考，不具有法律效力

	序号	申请/注册号	申请日期	商标名称	申请人名称
☐	1	56598003	2021年06月02日	比亚迪	比亚迪股份有限公司
☐	2	4946771	2005年10月17日	比亚迪	
☐	3	27382237	2017年11月09日	比亚迪	比亚迪股份有限公司
☐	4	7507391	2009年06月29日	比亚迪	比亚迪股份有限公司
☐	5	17787315	2015年08月31日	比亚迪	比亚迪股份有限公司
☐	6	50356382	2020年10月12日	比亚迪	山东长和新能源发展有限公司
☐	7	8846438	2010年11月15日	比亚迪	帝王国际集团有限公司
☐	8	50356382A	2020年10月12日	比亚迪	山东长和新能源发展有限公司
☐	9	5258665	2006年04月03日	比亚迪	

图9-25　检索商标信息的结果

9.3.5　检索专利信息

专利即专有的权利和利益。用户可以在世界知识产权组织的官网、各个国家的知识产权机构的官网（如我国的国家知识产权局官网、中国专利信息网）及各种提供专利信息的商业网站（如万方数据等）中进行专利信息检索。

视频教学
检索专利信息

【例9-10】在万方数据中搜索有关“5G技术”的专利信息。

步骤1　进入万方数据首页，在搜索框中输入关键词“5G技术”，单击搜索框左侧的“全部”按钮，在弹出的列表框中单击“专利”超链接，再单击“检索”按钮。具体操作如图9-26所示。

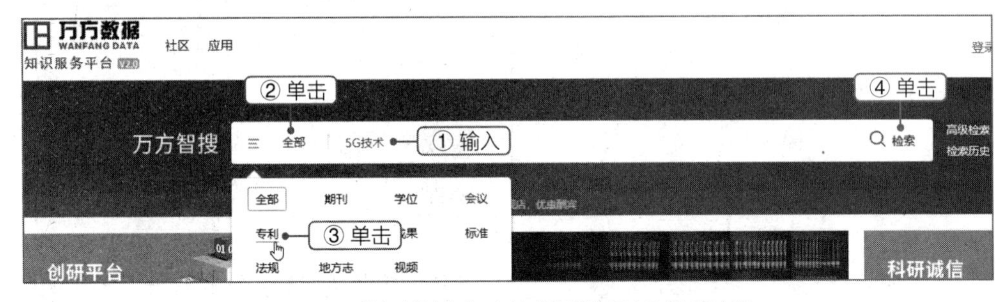

图9-26　输入关键字“5G技术”后进行专利信息检索

步骤2　在打开的页面中可以看到检索结果，包括每条专利的名称、专利人、摘要等信息，如图9-27所示。单击相应按钮还可以查看专利的详细信息，以及下载专利内容等。

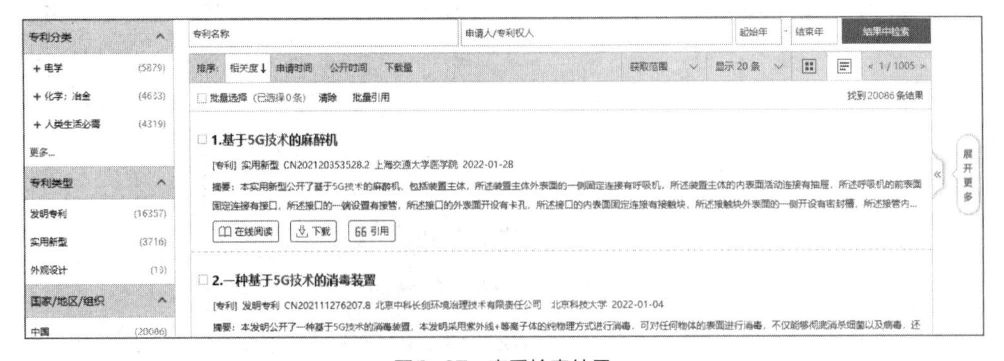

图9-27　查看检索结果

9.3.6 利用社交媒体检索

社交媒体（Social Media）是指互联网上基于用户关系的内容生产与交换平台，其传播的信息已成为人们浏览互联网的重要内容。通过社交媒体，人们可以分享意见、见解、经验等。现在，国内主流的社交媒体有抖音、微信和微博等。

【例9-11】在抖音中检索有关“新时代大学生的使命与担当”的内容。

步骤1 在智能手机中下载抖音App，然后在手机桌面上找到抖音App并点击，进入抖音界面后，点击右上角的“搜索”按钮🔍。

步骤2 进入搜索界面，在搜索框中输入“新时代大学生”，此时，搜索框下方将自动显示与之相关的词条，这里点击第一个选项。具体操作如图9-28所示。

步骤3 进入搜索结果界面，其中显示了与“新时代大学生的使命与担当”相关的所有内容，如图9-29所示。点击相应的视频画面即可查看内容。

步骤4 在搜索结果界面中点击右上角的“筛选”按钮，在打开的列表框中可以设置排序依据、发布时间、视频时长和搜索范围等筛选条件，如图9-30所示。抖音平台将会根据设置自动播放满足筛选条件的视频。

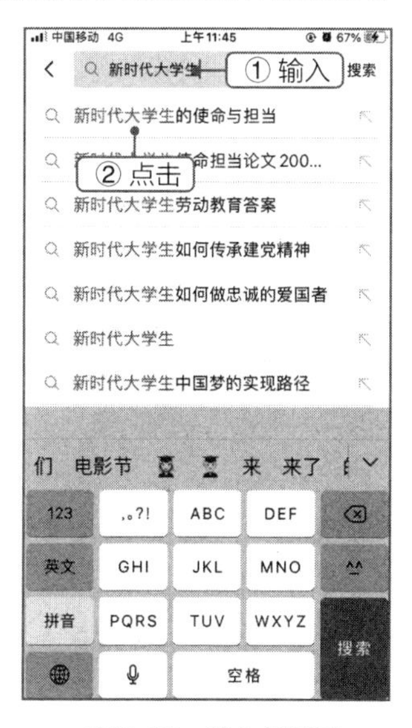

图9-28 输入关键词

图9-29 查看搜索结果

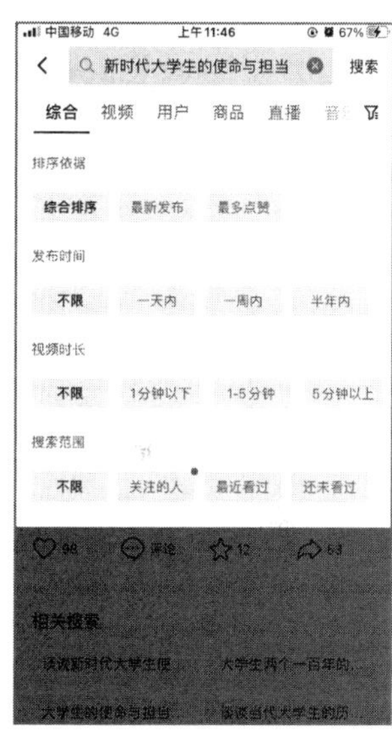

图9-30 设置筛选条件

9.4 本章小结

本章主要介绍了信息检索的相关知识，包括信息检索的概念、类型、发展历程和流程、常用的搜索引擎、搜索引擎的用法，以及检索学术信息、学位论文、期刊信息、商标信息、专利信息的方法和利用社交媒体检索的操作。

大学生正处于世界观、人生观和价值观的形成阶段，必须具有良好的信息安全保护意识及自控能力，学会正确地检索各种需要的信息。在检索信息的过程中，首先应该选择权威、健康、合法的信息源头，然后通过正规渠道合理合法地检索并获取信息，并在信息传播过程中自觉抵制虚假信息。

9.5 练习

1. 选择题

（1）[多选]根据检索对象的不同，信息检索可以分为的类型有（　　）。

A. 文献检索　　B. 数据检索

C. 事实检索　　D. 图片检索

（2）下面不是全文搜索引擎的是（　　）。

A. 百度　　B. 360搜索

C. 搜狗搜索　　D. hao123

2. 操作题

（1）利用本章所学的知识，在百度中搜索一年内与“新时代大学生的使命和担当”相关的内容，如图9-31所示。

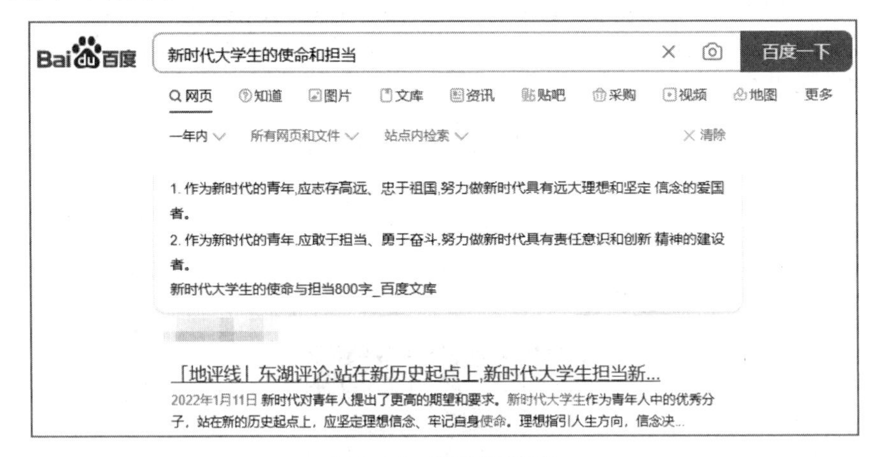

图9-31　使用百度搜索

（2）利用本章所学的知识，打开新浪微博的网页版，然后搜索人民日报的官方微博，在其中搜索“新时代的中国青年”的相关内容，如图9-32所示。

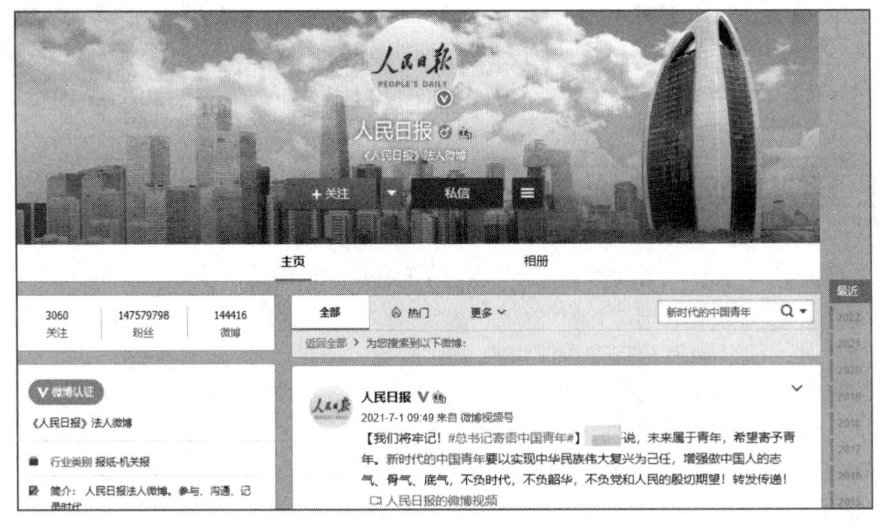

图9-32　利用社交媒体检索

CHAPTER 10

第10章 信息安全与职业道德

信息技术的发展为社会发展带来了契机，改变了人们的生活方式、工作方式和思想观念，其发展水平也成了衡量一个国家现代化程度和综合国力的重要指标。信息安全已经与政治安全、军事安全和经济安全紧密地联系在一起，加快信息安全的研究和发展，增强信息安全的保障能力，提高广大学生的职业道德水平，与我国信息化发展、国民经济水平的提高、民族生存能力的提升息息相关。本章将介绍信息安全与职业道德的相关内容，包括信息安全的基础知识、计算机中的信息安全、职业道德与相关法规等。

学习目标

- 了解信息安全的相关知识
- 熟悉计算机信息安全的相关内容
- 了解计算机信息安全方面的职业道德和相关法规

素养目标

- 培养诚实守信、遵纪守法、爱岗敬业的职业道德
- 自觉维护国家信息安全，抵制泄露国家秘密和破坏国家信息基础设施的行为

课堂案例展示

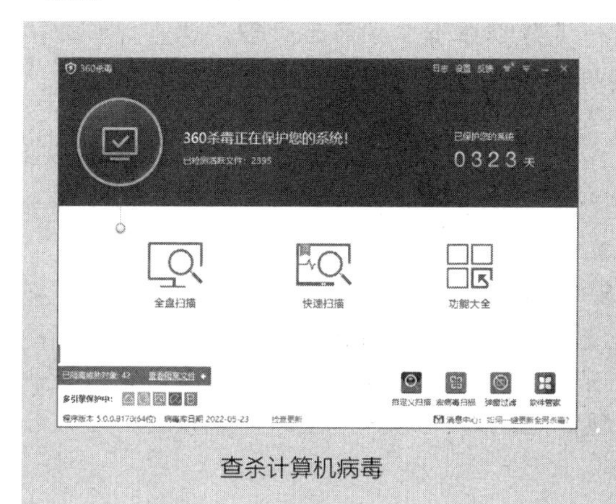

查杀计算机病毒

修复计算机系统漏洞

10.1 信息安全概述

在广义上，信息安全涉及较广泛的范围，例如，防范商业机密泄露、防范个人信息泄露等都属于信息安全的范畴。通常所指的信息安全是指保护信息和信息系统在未经授权时不被访问、使用、泄露、中断、修改与破坏的一系列行为和措施。信息安全可以为信息和信息系统的保密性、完整性、可用性、可控性和不可否认性提供保障。

10.1.1 信息安全的影响因素

信息技术的飞速发展使人们在享受网络信息带来的巨大利益时，面临着信息安全的严峻考验，政治安全、军事安全、经济安全等均以信息安全为前提。影响信息安全的因素主要有以下几种。

- **硬件及物理因素**：该因素影响系统硬件及环境的安全性，例如，机房设施、计算机主体、存储系统、辅助设备、数据通信设施以及信息存储介质的安全性等。
- **软件因素**：该因素影响系统软件及环境的安全性，软件的非法删改、复制与窃取都可能造成系统损失、信息泄密等情况，例如，计算机网络病毒即是以软件为手段侵入系统造成破坏。
- **人为因素**：该因素包括工作人员的素质、责任心，以及行政管理制度、法律法规等。防范人为因素方面的影响，即是防范人为因素直接对系统安全所造成的威胁。
- **数据因素**：该因素影响数据信息在存储和传递过程中的安全性，数据因素是信息安全的重点影响因素。
- **其他因素**：信息和数据传输通道在传输过程中产生的电磁波辐射，可能被检测或接收，造成信息泄露，同时空间电磁波也可能对系统产生电磁干扰，影响系统的正常运行。此外，一些不可抗力的自然因素，也可能对系统的安全造成威胁。

10.1.2 信息安全策略

信息安全策略是指为保证提供一定级别的安全保护所必须遵守的规则，而要保证信息安全，则需不断对技术、法律约束、管理、安全教育等方面的制度进行完善。

- **技术**：先进的信息安全技术是信息安全的根本保证，要形成全方位的安全系统需对所面临的威胁进行评估，然后对所需的安全服务种类进行确定，并通过相应的安全机制，集成先进的信息安全技术。
- **法律约束**：法律法规是信息安全的基石。计算机网络作为一种新生事物，在很多行为上可能会出现无法可依、无章可循的情况，从而使相关部门无法对网络犯罪进行合理的管制，因此必须建立与网络安全相关的法律法规，对网络犯罪行为进行打击。
- **管理**：信息安全管理是保证信息安全的有效手段，对于计算机网络使用机构、企业和单位而言，必须建立相应的网络安全管理办法和网络安全管理系统，加强对内部信息安全的管理，建立合适的安全审计和跟踪体系，提高网络安全意识。
- **安全教育**：要建立网络安全管理系统，在提高技术水平、制定法律、加强管理的基础上，还应该开展安全教育，提高用户的安全意识，使用户对网络攻击与攻击检测、网络安全防范、安全漏洞与安全对策、信息安全保密、系统内部安全防范、病毒防范、数据备份与恢复等有一定的认识和了解，及时发现潜在问题，尽早排除安全隐患。

10.1.3 信息安全技术

计算机网络具有连接形式多样性、终端分布不均匀性、网络开放性和互联性等特性，因此在单机系统、局域网或广域网中，都不可避免地存在一些自然或人为因素的威胁。为了保证网络信息的保密性、完整性和可用性，必须对影响计算机网络安全的因素进行研究，采用各种信息安全技术保障计算机网络信息的安全。

在信息安全领域中，关键的技术包括以下4种。

1. 密码技术

信息网络安全领域是一个综合和交叉的领域，涉及数学、计算机科学、电子与通信、密码等多个学科。其中，密码学作为一门古老的学科，不仅在军事、政治、外交等领域应用广泛，在日常工作中也备受不同用户的青睐。密码技术是信息加密中十分常见且有效的一种保护手段，特别是计算机与网络安全所使用的技术、认证、访问控制、电子证书等都可以通过密码技术实现。

密码技术包括加密和解密两部分内容。加密即研究和编写密码系统，将数据信息通过某种方式转换为不可识别的密文；解密即对加密系统的加密途径进行研究，对数据信息进行恢复。加密系统中未加密的信息被称为明文，经过加密后即被称为密文。在较为成熟的密码体系中，一般算法是公开的，但密钥是保密的。密钥被修改后，改密过程和加密结果都会发生更改。

密码技术通过对传输数据进行加密来保障数据的安全性，是一种主动的安全防御策略，也是信息安全的核心技术和计算机系统安全的基本技术。一个密码系统采用的基本工作方式称为密码体制，根据原理进行区分，可将密码体制分为对称密钥密码体制和非对称密钥密码体制。

（1）对称密钥密码体制

对称密钥密码体制又称为单密钥密码体制或常规密钥密码体制，是一种传统密码体制。对称密钥密码体制的加密密钥和解密密钥一般都相同，若不相同，也能由其中的任意一个推导出另一个，拥有加密能力就意味着拥有解密能力。对称密钥密码体制的特点主要表现为两点：一是加密密钥和解密密钥相同，或本质相同；二是加密速度快，但开放性差，必须对密钥严格保密。这就意味着通信双方在对信息完成加密后，可在一个不安全的信道上传输，但通信双方在传递密钥时必须通过安全可靠的信道。

（2）非对称密钥密码体制

计算机网络技术的发展以及密钥空间的增大，使大量密钥通过安全信道进行分发的问题成为对称密钥密码体制待解决的问题。1976年提出的新密钥交换协议，可以在不安全的媒体上通过通信双方交换信息，安全传送密钥，基于此，密码学家们研究出了公开密钥密码体制。

公开密钥密码体制又称非对称密钥密码体制或双密钥密码体制，是现代密码学重要的发明。公开密钥密码体制的加密和解密操作分别使用两个不同的密钥，由加密密钥不能推导出解密密钥。公开密钥密码体制的特点主要体现在两个方面：一是加密密钥和解密密钥不同，且无法互推；二是公钥公开，私钥保密，虽然密钥量增大，但却很好地解决了密钥的分发和管理问题。

2. 认证技术

认证是指对证据进行辨认、核实和鉴别，从而建立某种信任关系。对于通信认证而言，主要包括两个阶段：一是提供证据或标识；二是对证据或标识的有效性进行辨认、核实和鉴别。认证技术有以下两种。

（1）数字签名

数字签名又称公钥数字签名或电子签章，是数字世界中的一种信息认证技术。数字签名与普通的纸上签名类似，但使用了公钥加密领域的技术，是对非对称密钥加密技术与数字摘要技术的应用。数字签名可以根据某种协议来产生一个反映被签署文件的特征和签署人特征的数字串，从而保证文件的真实性和有效性，不仅可有效证明信息发送者发送信息的真实性，还可核实信息接收者是否存在伪造和篡改行为。一套数字签名通常会定义两个互补的运算，一个用于签名，另一个用于验证。

（2）身份验证

身份验证是身份识别和身份认证的统称，指用户向系统提供身份证据，系统完成对用户身份确认的过程。身份验证的方法有很多种，包括基于共享密钥的身份验证、基于生物学特征的身份验证和基于公开密钥加密算法的身份验证等。在信息系统中，身份验证决定着用户对请求资源的存储和使用权。

3. 访问控制技术

访问控制技术是按用户身份和所归属的某项定义组来限制用户对某些信息项的访问权，或某些控制功能的使用权的一种技术。访问控制主要是对信息系统资源的访问范围和方式进行限制，通过对不同访问者的访问方式和访问权限进行控制，达到防止合法用户非法操作的目的，从而保障网络安全。

访问控制通常用于系统管理员控制用户对服务器、目录、文件等网络资源的访问，涉及的技术比较多，包括入网访问控制、网络权限控制、目录级安全控制、属性安全控制和服务器安全控制等多种技术。

（1）入网访问控制

入网访问控制的主要内容包括控制哪些用户能够登录服务器并获取网络资源，控制准许用户入网的时间和准许在哪台工作站入网，为网络访问提供第一层访问控制。一般来说，用户的入网访问控制可分为用户名的识别与验证、用户口令的识别与验证、用户账号的缺省限制检查3个步骤。在这3个步骤中，如果有任何一个步骤未通过，用户都不能进入网络。

对用户名和口令进行验证是防止非法访问的第一道防线，口令不能显示在显示屏上，口令长度应不少于6个字符，且最好由数字、字母和其他字符混合组成，用户口令必须经过加密。用户还可采用一次性用户口令，或使用便携式验证器（如智能卡）来验证身份。用户每次访问网络都应该提交用户口令，且可以修改口令，但系统管理员应该对最小口令长度、强制修改口令的时间间隔、口令的唯一性、口令过期失效后允许入网的宽限次数进行限制和控制。当用户名和口令验证有效后，再执行用户账号的缺省限制检查。

网络应该控制用户登录入网的站点、限制用户入网的时间、限制用户入网的工作站数量。如果用户的网络访问“资费”不足，网络还应能对用户账号进入网络、访问网络资源进行限制。网络应该对所有用户的访问进行审计，当出现多次输入口令不正确的情况时，则判断为非法用户入侵，应给出报警信息。

（2）网络权限控制

网络权限控制的主要内容包括控制用户和用户组可以访问哪些文件、目录、设备，用户对这些文件、目录、设备能够执行哪些操作。网络权限控制是针对网络非法操作所提出的一种安全保护措施。受托者指派控制用户和用户组如何使用网络服务器的文件、目录和设备，继承权限屏蔽限制子目录从父目录继承哪些权限。

根据访问权限，可以将用户分为特殊用户、一般用户和审计用户3类。其中，特殊用户指系统管理员，一般用户由系统管理员根据实际需要分配操作权限，审计用户负责网络的安全控制与资源使用情况的审计。

（3）目录级安全控制

网络应该允许控制用户对文件、目录、设备进行访问，用户在目录一级指定的权限对所有文件和子目录有效，且可进一步指定目录下的文件和子目录的权限。网络管理员应为用户指定适当的访问权限，控制用户对服务器的访问。对文件和目录的访问权限一般可以分为系统管理员权限、读权限、写权限、创建权限、删除权限、修改权限、文件查找权限和访问控制权限8种类型，通过对这8种权限进行有效的组合，可以控制用户对服务器资源的访问，能更有效地完成工作，提升网络和服务器的安全性。

（4）属性安全控制

属性安全控制在权限安全的基础上进一步增强信息的安全性，网络系统管理员应给文件、目录等指定访问属性。为网络上的资源预先标出一组安全属性，制作出用户对网络资源访问权限的控制表，用以描述用户对网络资源的访问能力。属性安全控制权限一般包括向某个文件写数据、复制文件、删除目录或文件、查看目录和文件、执行文件、隐含文件、共享文件、系统属性等内容，属性设置可以覆盖任何受托者的指派和已指定的有效权限。

（5）服务器安全控制

用户使用控制台可以进行装载和卸载模块、安装和删除软件等操作。网络服务器安全控制可以用于设置口令锁定服务器控制台，从而防止非法用户修改、删除和破坏重要信息或数据，也可以用于设定服务器登录时间限制、非法访问者检测和关闭的时间间隔。

4. 防火墙技术

防火墙是一种位于内部网络与外部网络之间的网络安全防护系统，有助于实施比较广泛的安全性政策。防火墙可以依照特定的规则允许或限制传输的数据通过，主要用于隔离内部网络和公众访问网络，使一个网络不受另一个网络的攻击。

防火墙系统的主要用途是控制对受保护网络的往返访问，只允许符合特定规则的数据通过，最大限度地防止黑客的访问，阻止其对网络进行非法操作。防火墙技术不仅可以用于有效地监控内部网络和Internet之间的活动，保证内部网络的安全，还可以用于集中局域网的安全管理，屏蔽非法请求，防止跨权限访问。下面对防火墙的主要功能进行介绍。

（1）网络安全的屏障

防火墙由一系列的软件和硬件设备组合而成，是保护网络通信时执行的访问控制尺度，可以极大地增强内部网络的安全性，过滤不安全的服务，只有符合规则的应用协议才能通过防火墙，例如，禁止不安全的网络文件系统（Network File System，NFS）协议，防止攻击者利用脆弱的协议来攻击内部网络。同时，防火墙也可以防止未经允许的访问进入外部网络，它的屏障作用具有双向性，可进行内外网络之间的隔离，如地址数据包过滤、代理和地址转换。

（2）强化网络安全策略

管理人员通过配置以防火墙为中心的安全方案，可以将所有安全技术（例如，口令、加密、身份认证、审计等）配置在防火墙上，使得防火墙的集中安全管理更经济。

（3）监控审计网络存取和访问信息

当所有访问都经过防火墙时，防火墙可以记录这些访问并形成日志记录，同时提供网络使用情况的统计数据，利于网络需求分析和威胁分析。日志记录的数据量一般比较大，所以通常将日志挂接在内部网络的一台专门存放日志的日志服务器上，也可将日志直接存放在防火墙本身的存储器上。

管理人员通过审计可以监控通信行为和完善安全策略，检查安全漏洞和错误配置，对入侵者起到一定的威慑作用。当发现可疑动作时，报警机制可以声音、邮件、电话、手机短信等方式及时将其报告给管理人员。防火墙的审计和报警机制在防火墙体系中十分重要，可以快速向管理人员反映受攻击情况。

（4）防止内部信息泄露

管理人员通过防火墙对内部网络进行划分，可实现对内部网络重点网段的隔离，避免局部重点或敏感网络安全问题对全局网络造成影响。此外，隐私是内部网络中非常重要的问题，内部网络中一个任意的小细节都可能包含有关安全的线索，引起外部攻击者的攻击，甚至暴露内部网络的安全漏洞，而通过防火墙则可以隐蔽这些透露内部细节的漏洞。

（5）远程管理

远程管理一般完成对防火墙的配置、管理和监控，是防火墙管理功能的扩展。例如，在办公室的计算机中安装好防火墙后，用户不仅可以在办公室直接管理或托管防火墙，还可以利用防火墙的远程管理功能，在家中、室外，甚至非本地通过网络重新调整防火墙的安全规则和策略。

（6）流量控制、统计分析和流量计费

流量控制可以分为基于IP地址的流量控制和基于用户的流量控制，前者是指对通过防火墙各个网络接口的流量进行控制，后者是指通过用户登录控制每个用户的流量。防火墙通过对基于IP地址的服务、时间、协议等进行统计，与管理界面实现挂接，并输出统计结果。流量控制可以有效地防止某些用户占用过多资源，保证重要用户和重要接口的连接。

除此之外，防火墙还可以限制同时上网人数、使用时间、特定使用者发送邮件、FTP只能下载而不能上传文件、阻塞Java和ActiveX控件、MAC与IP地址绑定等，以满足不同用户的不同需求。

10.2 计算机中的信息安全

随着计算机信息技术的飞速发展，计算机信息已经成为不同领域、不同职业的重要信息交换媒介，在经济、政治、军事等领域都有着举足轻重的地位。全球信息化的逐步实现，使计算机信息安全问题渗透社会生活的各个方面，计算机用户必须了解计算机信息安全的脆弱性和潜在威胁的严重性，采取强有力的安全策略，防范计算机信息安全问题。

10.2.1 计算机病毒及其防范

计算机病毒是指能通过自身复制传播而产生破坏的一种计算机程序，它能寄生在系统的启动区、设备的驱动程序、操作系统的可执行文件中，甚至任何应用程序上，并能够利用系统资源进行自我繁殖，从而达到破坏计算机系统的目的。

1. 计算机病毒的特点

计算机病毒种类多，其共有特点如图10-1所示。

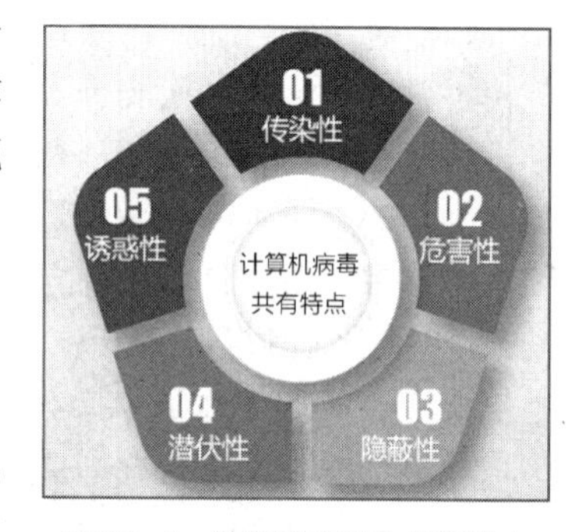

图10-1 计算机病毒的共有特点

- **传染性**：计算机病毒具有极强的传染性，病毒一旦侵入，就会不断地自我复制，占据计算机的存储空间，并寻找适合其传染的介质，向与该计算机联网的其他计算机传播，达到破坏数据的目的。
- **危害性**：计算机病毒的危害性是显而易见的，计算机一旦感染上病毒，就会影响系统的正常运行，造成运行速度减慢、存储数据被破坏，甚至系统瘫痪等。
- **隐蔽性**：计算机病毒具有很强的隐蔽性，它通常是一个没有文件名的程序，一般无法事先知道计算机是否会感染上病毒，因此只有定期对计算机进行病毒扫描和查杀才能最大限度减少病毒入侵。
- **潜伏性**：当计算机系统或数据被病毒感染后，有些病毒并不立即发作，而是达到病毒发作条件（如到达发作时间等）时才开始破坏系统。
- **诱惑性**：计算机病毒会充分利用人们的好奇心，通过网络浏览或邮件等多种方式进行传播，所以不可贸然单击一些看似免费或内容吸引人的超链接。

2. 计算机病毒的类型

计算机病毒的种类较多，常见的主要包括以下6种类型。

- **文件型病毒**：文件型病毒通常指寄生在可执行文件（文件扩展名为.exe、.com等）中的病毒。当运行这些文件时，病毒程序也将被激活。

- **"蠕虫"病毒**：这类病毒通过计算机网络传播，不改变文件和资料信息，利用网络从一台计算机的内存传播到其他计算机的内存，一般除了内存不占用其他资源。
- **开机型病毒**：开机型病毒藏匿在硬盘的第一个扇区等位置。计算机的架构设计使得病毒可以在每次开机时，在操作系统还没被加载之前就被加载到内存中。这使得病毒可以控制计算机的各种中断操作，并且拥有强大的传染与破坏能力。
- **复合型病毒**：复合型病毒兼具开机型病毒和文件型病毒的特性，可以感染可执行文件或磁盘的开机系统区，破坏力极强。
- **宏病毒**：宏病毒主要是利用软件本身所提供的宏来设计的病毒，所以凡是具有编写宏能力的软件都有存在宏病毒的可能。例如，Word和Excel就可能存在宏病毒。
- **复制型病毒**：复制型病毒会以不同的病毒码进行传播。每一个中毒的文件所包含的病毒码都不一样，对于扫描固定病毒码的杀毒软件来说，这类病毒很难清除。

3. 计算机感染病毒的表现

计算机感染病毒后，根据感染的病毒不同，其表现也不同，当计算机出现以下情况时，可以考虑对计算机进行病毒扫描。

- 计算机系统引导速度或运行速度减慢，经常无故死机。
- Windows操作系统无故频繁出现错误，计算机屏幕上出现异常显示。
- Windows操作系统异常，无故重新启动。
- 计算机的存储容量异常减少，执行命令出现错误。
- 在一些非要求输入密码的时候，要求用户输入密码。
- 不应驻留内存的程序一直驻留内存。
- 磁盘卷标发生变化，或者不能识别硬盘。
- 文件丢失或文件损坏，文件的长度发生变化。
- 文件的日期、时间、属性等发生变化，文件无法正确读取、复制或打开。

4. 计算机病毒的防范

计算机病毒的危害性很大，用户可以采取一些方法来防范计算机感染病毒。在使用计算机的过程中注意以下方面可减小计算机感染病毒的概率。

- **切断病毒的传播途径**：用户最好不要使用和打开来历不明的光盘和可移动存储设备，使用前最好先进行查毒操作以确认这些介质中无病毒。
- **具备良好的使用习惯**：网络是计算机病毒最主要的传播途径，因此上网时不要随意浏览不良网站，不要打开来历不明的电子邮件，不要下载和安装未经过安全认证的软件。
- **提高安全意识**：在使用计算机的过程中，应该有较强的安全防护意识。例如，及时更新操作系统、备份硬盘的主引导区和分区表、定时进行计算机体检、定时扫描计算机中的文件并清除威胁等。

5. 杀毒软件

杀毒软件是一种反病毒软件，主要用于对计算机中的病毒进行扫描和清除。杀毒软件通常集成了监控识别、病毒扫描清除和自动升级等多项功能，可以防止病毒入侵计算机、查杀病毒、清理计算机垃圾和冗余注册表、防止进入钓鱼网站等。有的杀毒软件还具备数据恢复、防范黑客入侵、网络流量控制、保护网购信息安全、保护用户账号、安全沙箱等功能。杀毒软件是计算机防御系统中一个重要的组成部分。现在市面上提供杀毒功能的软件非常多，例如，金山毒霸、瑞星杀毒、360杀毒等。

视频教学
查杀病毒

【例10-1】使用360杀毒软件查杀病毒。

步骤1 启动360杀毒，在其主界面中单击"快速扫描"按钮，如图10-2所示。

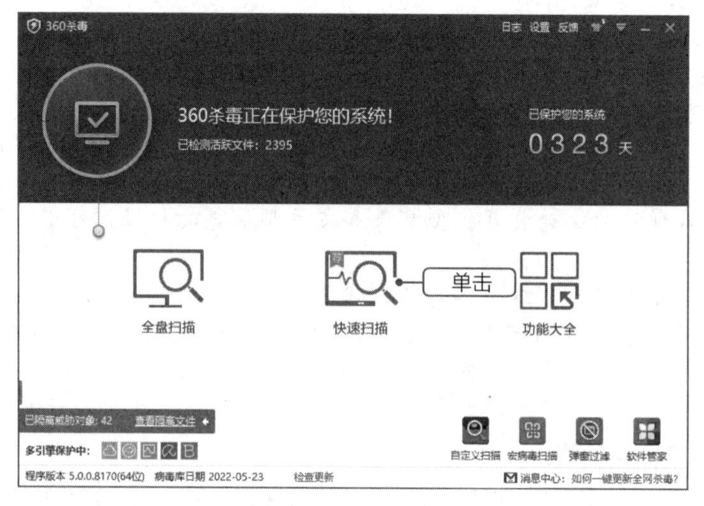

图 10-2　快速扫描

步骤2　软件开始扫描计算机，并显示扫描进度。

步骤3　扫描完成后将打开提示对话框，展示扫描到的风险项目。单击选中对应风险项目的复选框，单击“立即处理”按钮。具体操作如图10-3所示。

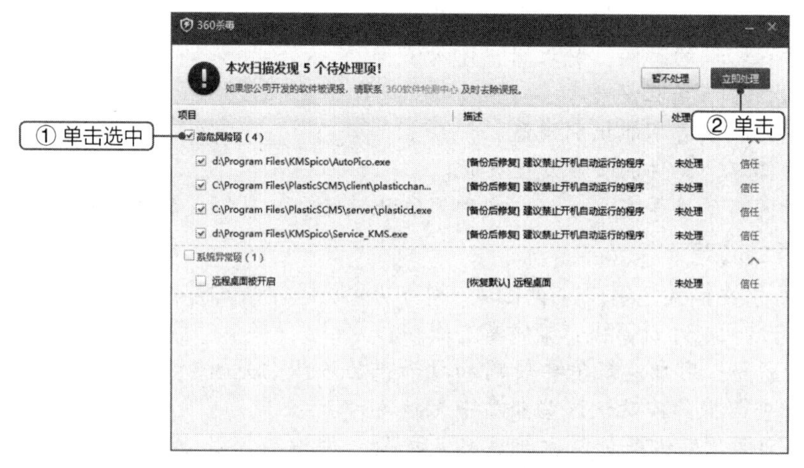

图 10-3　查杀病毒

步骤4　360杀毒将自动处理这些风险项目，完成后打开提示对话框，用户需要重新启动计算机，完成杀毒操作。

10.2.2　网络黑客及其防范

“黑客”一词源于英语Hacker，起初是对智力超群、奉公守法的“计算机迷”的统称，现在的“黑客”则一般泛指擅长IT的人群。

黑客伴随着计算机和网络的发展而成长，一般都精通各种编程语言和各类操作系统，拥有熟练的计算机技术。根据黑客的行为，行业内对黑客的类型进行了细致的划分。在未经许可的情况下，侵入对方系统的黑客一般被称为黑帽黑客，黑帽黑客对计算机安全或账户安全都具有很大的威胁；负责调试和分析计算机安全系统的技术人员则被称为白帽黑客，白帽黑客有能力破坏计算机安全但没有恶意目的，他们一般有良好的道德，其行为也以发现和消除计算机的安全弱点为主。

1. 网络黑客的攻击方式

根据黑客攻击手段的不同，可将黑客攻击分为非破坏性攻击和破坏性攻击两种类型。非破坏性攻击一般指只扰乱系统运行，不盗窃系统资料的攻击；而破坏性攻击则可能会侵入他人计算机系统盗窃系统保密信息，破坏目标系统的数据。下面对黑客主要的攻击方式进行介绍。

（1）获取口令

获取口令主要包括3种方式：通过网络监听非法得到用户口令、知道用户账号后利用一些专门软件强行破解用户口令、获得一个服务器上的用户口令文件后使用暴力破解程序破解用户口令。

通过网络监听非法得到用户口令具有一定的局限性，但对局域网安全威胁巨大，监听者通常能够获得其所在网段的所有用户账号和口令。在知道用户账号后利用一些专门软件强行破解用户口令的方法不受网段限制，比较耗时。获得一个服务器上的用户口令文件后使用暴力破解程序破解用户口令的方法危害非常大，这一方法下，黑客不需要频繁尝试登录服务器，只要获得口令的Shadow文件，在本地将加密后的口令与Shadow文件中的口令相比较就能非常轻松地破获用户密码，特别是对于账号安全系数低的用户，其破获速度非常快。

（2）放置木马程序

木马程序常被伪装成工具程序、游戏等，或可从网上直接下载，通常表现为在计算机系统中隐藏的可以跟随Windows操作系统启动而悄悄执行的程序。当用户连接到Internet时，该程序会马上通知黑客，报告用户的IP地址以及预先设定的端口，黑客利用潜伏在其中的程序，可以任意修改用户的计算机参数设定、复制文件、窥视硬盘内容等，达到控制计算机的目的。

（3）采用WWW的欺骗技术

用户在日常工作和生活中进行网络活动时，通常会浏览很多网页，而在众多网页中，暗藏着一些已经被黑客篡改过的网页，这些网页上的信息是虚假的，且布满陷阱。例如，黑客将用户要浏览的网页的URL改写为指向自己服务器的内容，当用户浏览目标网页时，就会向黑客服务器发出请求，达成黑客的非法目的。

（4）网络监听

网络监听是主机的一种工作模式，在网络监听模式下，主机可以接收到本网段同一条物理通道上传输的所有信息。如果两台主机进行通信的信息没有加密，此时只要使用某些网络监听工具，黑客就可以轻而易举地截取包括口令和账号在内的信息资料。

（5）电子邮件攻击

电子邮件攻击主要表现为电子邮件轰炸、电子邮件诈骗两种形式。电子邮件轰炸是指用伪造的IP地址和电子邮件地址向同一信箱发送数量众多、内容相同的垃圾邮件，致使受害人邮箱被“炸”，甚至可能使电子邮件服务器操作系统瘫痪。在电子邮件诈骗这类攻击中，攻击者一般佯称自己是系统管理员，且邮件地址和系统管理员完全相同，给用户发送邮件要求用户修改口令，或在看似正常的附件中加载病毒等。

（6）寻找系统漏洞

许多系统都存在一定程度的安全漏洞（Bug），有些漏洞是操作系统或应用软件本身具有的，这些漏洞在补丁未被开发出来之前一般很难防御黑客的入侵。有些漏洞是系统管理员配置错误引起的，如在网络文件系统中，将目录和文件以可写的方式调出，将未加Shadow的用户密码文件以明码方式存放在某一目录下等。

（7）利用账号攻击

有的黑客会利用操作系统提供的缺省账户和口令进行攻击，例如，许多UNIX主机都有FTP和Guest等缺省账户，有的甚至没有口令。黑客利用Unix操作系统提供的命令，例如，Finger、Ruser等收集信息，增强攻击能力。因此需要系统管理员提高警惕，将系统提供的缺省账户关闭或提醒无口令用户增加口令。

2. 网络黑客的防范

黑客攻击会造成不同程度的损失，为了避免被攻击或在被攻击后将损失降到最低限度，计算机用户一定要具备网络安全观念并了解防范措施。下面对防范网络黑客攻击的策略进行介绍。

- **数据加密**：数据加密是为了保护信息系统内的数据、文件、口令和控制信息等，提高网上传输数据的可靠性。在数据加密的情况下，即使黑客截获了网上传输的信息包，一般也无法获得正确信息。
- **身份认证**：身份认证是指通过密码或特征信息等确认用户身份的真实性，并给予通过确认的用户相应的访问权限。
- **建立完善的访问控制策略**：设置入网访问权限、网络共享资源的访问权限、目录安全等级控制、网络端口和节点安全控制、防火墙安全控制等，通过各种安全控制机制的相互配合，最大限度地保护系统。
- **安装补丁程序**：为了更好地完善系统，防止黑客利用漏洞进行攻击，可定时对系统漏洞进行检测，安装好相应的补丁程序。
- **关闭无用端口**：计算机要进行网络连接必须通过端口，黑客控制用户计算机也必须通过端口，如果是暂时无用的端口，则可将其关闭，减少黑客的攻击途径。
- **管理账号**：删除或限制Guest账号、测试账号、共享账号，也可以在一定程度上减少黑客攻击计算机的途径。
- **及时备份重要数据**：黑客攻击计算机时，可能会造成数据损坏和丢失，因此对于重要数据，需及时进行备份，避免损失。
- **养成良好的上网习惯**：不随便从Internet上下载软件、不运行来历不明的软件、不随便打开陌生邮件中的附件，以及使用反黑客软件检测、拦截和查找黑客攻击，经常检查系统注册表和系统启动文件的运行情况等，可以在一定程度上防止黑客攻击。

视频教学
修复系统漏洞

【**例10-2**】使用360安全卫士修复系统漏洞，防御网络攻击。

步骤1 启动360安全卫士，在其主界面中单击“系统修复”选项卡，然后在打开的“系统修复”界面中单击“漏洞修复”按钮。具体操作如图10-4所示。

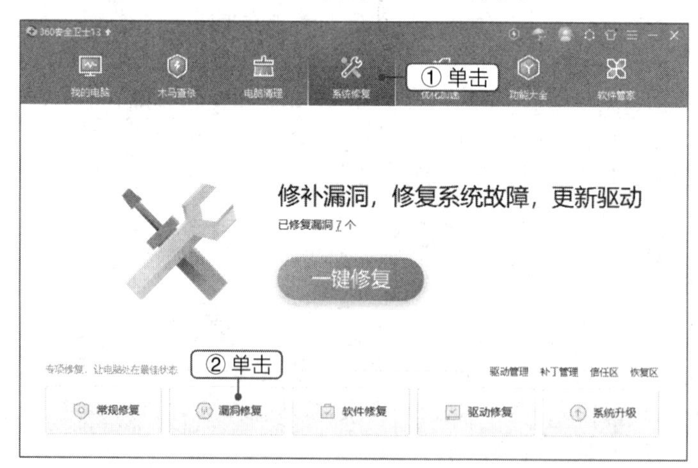

图10-4 漏洞修复

步骤2 360安全卫士将自动扫描计算机，检测其中是否存在系统漏洞，然后显示扫描结果，如果存在，将显示需要修复的选项。单击选中系统漏洞对应的复选框，单击“一键修复”按钮。具体操作如图10-5所示。

图10-5　修复系统漏洞

步骤3　360安全卫士将按顺序自动下载漏洞补丁程序，然后自动安装下载的漏洞补丁程序，并显示下载和安装的进度。

步骤4　安装完成后，360安全卫士将提示已修复漏洞问题，单击“返回”按钮，返回360安全卫士的主界面。

提示 360安全卫士在扫描到计算机系统中的漏洞时，通常会将其划分为“重要修复项”和“可选修复项”两种类型，普通用户需要修复“重要修复项”中的系统漏洞。另外，修复系统漏洞后，最好重新启动计算机，以保证系统漏洞修复成功。

10.3 职业道德与相关法规

信息安全是信息社会发展的基础和保证，人们在使用计算机的过程中，需要具备相应的职业道德，并遵循有关信息安全的规定。

10.3.1 使用计算机应遵守的原则

不以规矩，不能成方圆，网络行为和其他社会行为一样，都需具备一定的规范，以对网络参与者的行为进行约束。网络参与者应该遵循以下基本原则。

- 不应用计算机伤害别人。
- 不应用计算机干扰别人工作。
- 不应窥探别人的计算机。
- 不应用计算机进行偷窃。
- 不应用计算机作伪证。
- 不应使用或复制盗版软件。
- 在未经许可的情况下，不应使用别人的计算机资源。
- 不应盗用别人的成果。
- 慎重使用计算机技术，不做危害他人或社会的事，认真考虑所编写程序的社会影响和社会后果。

10.3.2 我国信息安全法律法规

随着Internet的发展，各项涉及网络信息安全的法律法规相继出台。我国在涉及网络信息安全方面的法律法规很多，例如，《计算机信息网络国际联网安全保护管理办法》《中华人民共和国网络安全法》《中华人民共和国计算机信息系统安全保护条例》等。这些法律法规对网络信息安全进行了约束和规范，用户也可查询和参考相关的法律资料，了解更多法律法规知识。

10.4 本章小结

本章主要介绍了信息安全与职业道德的相关知识，包括信息安全的影响因素、策略和技术，计算机病毒和网络黑客的基础知识及其防范，使用计算机应遵守的原则，我国信息安全法律法规等。

随着移动互联网、云计算、大数据和区块链等计算机新技术的发展和应用，网络信息安全问题愈发显著，维护网络信息安全已经成为每个人的义务，并上升到国家安全战略高度。自2014年起，我国定期在全国范围内开展“国家网络安全宣传周”活动，并通过各种宣传和推广活动不断提升全民的网络信息安全意识和技能。大学生作为未来建设国家的主力军，更要强化网络信息安全意识，提升网络信息安全知识技能，做网络信息安全的坚定维护者与实践者。

10.5 练习

1. 选择题

（1）[多选]在信息安全领域中，关键的技术包括（ ）。

A. 密码技术　　B. 认证技术

C. 访问控制技术　　D. 防火墙技术

练习
查看答案和解析

（2）[多选]在使用计算机的过程中注意（ ），可以减小计算机感染病毒的概率。

A. 切断病毒的传播途径

B. 具备良好的使用习惯

C. 提高安全意识

D. 直接关机

2. 操作题

（1）利用本章所学的知识，使用360杀毒软件，先升级病毒库，然后对计算机进行全盘扫描，查杀可能存在的病毒。

（2）使用360安全卫士，对计算机系统进行体检，然后按照360安全卫士的提示，对计算机中一些风险项目或存在的安全问题进行处理。

（3）将计算机中重要的数据、文件复制到U盘或移动硬盘中。

CHAPTER 11

第 11 章 计算机新技术及应用

随着信息技术的发展，计算机技术也在不断变化和创新，多种具有划时代意义的新技术被发明和应用。这些新技术不仅对计算机领域产生了重大影响，而且对人类社会的发展起到了积极的促进作用。以科技创新为精准着力点的大学计算机教育，更需要通过新技术来促进大学生提高计算机水平，推动大学生学习知识和技能，落实立德树人的教育根本。本章主要介绍云计算、大数据、人工智能、物联网、移动互联网和区块链等计算机新技术和应用的相关内容。

学习目标

- 了解云计算的相关知识
- 了解大数据的分类与应用
- 了解什么是人工智能
- 了解物联网的相关知识
- 了解移动互联网的发展
- 了解区块链的发展与实际应用

素养目标

- 提升对计算机新技术的认知
- 培养技术创新能力
- 提升认识与解决问题的能力
- 树立正确的世界观、人生观和价值观

课堂案例展示

自动驾驶汽车

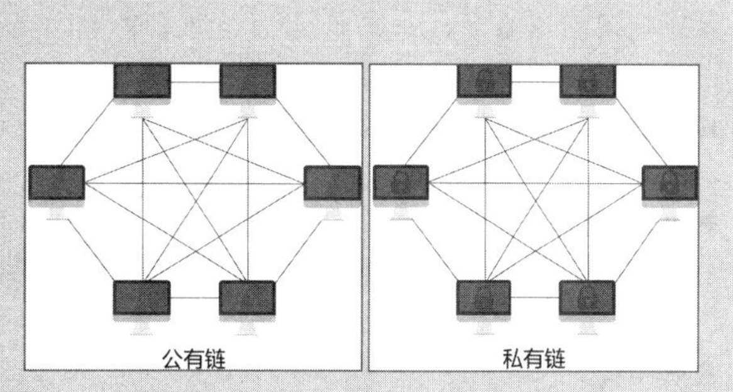

区块链

11.1 云计算

云计算技术是硬件技术和网络技术发展到一定阶段而出现的新技术模型，是实现云计算模式所需要的所有技术的总称。分布式计算技术、虚拟化技术、网络技术、服务器技术、数据中心技术、云计算平台技术、分布式存储技术等都属于云计算技术的范畴，同时新出现的Hadoop、HPCC、Storm、Spark等技术也属于云计算技术。一般来说，可用于达到资源整合输出目的的技术都可以被称为云计算技术，云计算技术意味着计算能力也可作为一种产品通过互联网进行流通。

云计算技术中包含资源的整合运营者、资源的使用者和终端客户3个重要的角色。资源的整合运营者负责资源的整合输出，资源的使用者负责将资源转变为满足客户需求的应用，而终端客户则是资源的最终消费者。

云计算技术作为一项应用范围广、对产业影响深的技术，正逐步向信息产业等各种产业渗透。产业的结构模式、技术模式和产品销售模式等都会随着云计算技术发生深刻的改变，进而影响人们的工作和生活。

11.1.1 云计算的定义

云计算模式将计算任务分布在由大量计算机构成的资源池上，使用户能够按需获取计算力、存储空间和信息服务。与传统技术相比，云计算主要具有以下特点。

- **超大规模：**“云”具有超大规模，“云”能赋予用户前所未有的计算能力。云计算为整个市场、整个网络，甚至整个国家或整个世界提供计算服务，这就需要其有足够大的规模来支撑。
- **高可扩展性：**从低效地分散使用资源过渡到高效地集约化使用资源是云计算的特征之一。分散在不同计算机上的资源，其利用率非常低，通常会造成资源的极大浪费，而将资源集中起来后，资源的利用效率会大大地提升。资源的集中化和资源需求的不断增长，也对资源池的可扩张性提出了要求，因此云计算系统必须具备很强的资源扩张能力才能方便新资源的加入，以有效地应对不断增长的资源需求。
- **按需服务：**对于用户而言，云计算系统最大的好处是可以适应用户对资源不断变化的需求，云计算系统按需向用户提供资源，用户只需为自己实际消费的资源量付费，而不必自己购买和维护大量固定的硬件资源。这不仅可为用户节约成本，还可促使应用软件的开发者创造出更多有趣和实用的应用。同时，按需服务让用户在服务选择上具有更大的空间，通过支付不同的费用来获取不同层次的服务。
- **虚拟化：**云计算技术利用软件来实现硬件资源的虚拟化管理、调度及应用，支持用户在任意位置使用各种终端获取应用服务。通过“云”这个庞大的资源池，用户可以方便地使用网络资源、计算资源、数据库资源、硬件资源、存储资源等，大大降低了维护成本，提高了资源的利用率。
- **通用性：**云计算不针对特定的应用，在“云”的支撑下可以构造出各种不同的应用，同一个“云”可以同时支撑不同的应用运行。
- **高可靠性：**在云计算技术中，用户数据存储在服务器端，应用程序在服务器端运行，计算由服务器端处理，数据被复制到多个服务器节点上，当某一个节点任务失败时，即可在该节点终止，再启动另一个节点，保证应用和计算的正常进行。
- **成本低：**“云”的自动化集中式管理使大量企业无须负担日益增加的数据中心管理成本，“云”的通用性使资源的利用率较传统技术大幅提升，因此用户可以充分享受“云”的低成本优势。

- **潜在的危险性**：云计算除了提供计算服务外，还会提供存储服务。对于选择云计算服务的政府机构、商业机构而言，存在数据（信息）被泄露的危险，因此政府机构、商业机构（特别是像银行这样持有敏感数据的商业机构）在选择云计算服务时一定要保持足够的警惕。

11.1.2 云计算的发展

21世纪10年代，云计算作为一个新的技术得到了快速的发展。云计算的崛起无疑将改变IT产业，也将深刻改变人们工作和公司经营的方式，它使数字技术渗透社会的每一个角落。云计算的发展基本可以分为4个阶段。

1. 理论完善阶段

1984年，Sun公司的联合创始人约翰 • 盖奇（John Gage）提出“网络就是计算机”的名言，用于描述分布式计算技术带来的新世界，今天的云计算正在将这一理念变成现实。1997年，美国南加州大学的教授拉姆纳特 K.切拉潘（Ramnath K.Chellappa）提出“云计算”的第一个学术定义。1999年，马克 • 安德森（Marc Andreessen）创建LoudCloud，它是第一个商业化的基础设施即服务（Infrastructure as a Service，IaaS）平台。1999年3月，Salesforce成立，成为最早出现的云服务。2005年，亚马逊公司发布Amazon Web Services云计算平台。

2. 准备阶段

准备阶段，IT企业、电信运营商、互联网企业等纷纷推出云服务，云服务逐步形成。2008年10月，Microsoft公司发布其公共云计算平台——Windows Azure Platform，由此拉开了云计算大幕。2008年12月，Gartner公司在行业报告中展示出了十种突破性的数据中心技术，其中就包括虚拟化技术和云计算。

3. 成长阶段

云服务功能日趋完善，种类日趋多样，传统企业也开始投入云服务之中。2009年4月，VMware公司推出业界首款云操作系统VMwarev Sphere4。2009年7月，我国首个企业云计算平台诞生。2009年11月，中国移动云计算平台“大云”计划启动。2010年1月，Microsoft公司正式发布Microsoft Azure云平台服务。

4. 高速发展阶段

通过深度竞争，云服务逐渐形成主流的平台产品和标准，产品功能比较健全、市场格局相对稳定，云服务进入成熟阶段。从2014年起，阿里云、华为云和腾讯云三大云服务厂商快速发展，到2021年年底，它们共同占有超过70%的国内云服务市场份额。

11.1.3 云计算的主要技术

云计算有5个关键技术，分别是虚拟化技术、编程模式技术、数据存储技术、数据管理技术、云计算平台管理技术。

1. 虚拟化技术

虚拟化技术是云计算的核心技术之一，它为云计算服务提供基础架构层面的支撑。从技术上讲，虚拟化是一种在软件中仿真计算机硬件，以虚拟资源为用户提供服务的计算形式，旨在合理调配计算机资源，使其更高效地提供服务。从表现形式上看，虚拟化又分两种应用模式：一是将一台性能强大的服务器虚拟成多个独立的小服务器，服务不同的用户；二是将多个服务器虚拟成一个强大的服务器，形成特定的功能。

2. 编程模式技术

从本质上讲，云计算是一个多用户、多任务，且支持并发处理的系统。高效、简捷、快速是云计算的核心理念，其在通过网络把强大的服务器计算资源分发到终端用户手中的同时，还能保证低成本和良好的用户体验。在这个过程中，编程模式的选择显得至关重要。

MapReduce是当前云计算主流的并行编程模式之一，该模式将任务自动分成多个子任务，通过Map（映射）和Reduce（化简）两步实现任务在大规模计算节点中的调度与分配，先通过Map程序将数据切割成不相关的区块，分配（调度）给大量计算机处理，达到分布式运算的效果，再通过Reduce程序整合输出结果。

3. 数据存储技术

为了保证数据的高可靠性，云计算通常会采用分布式存储技术，将数据存储在不同的物理设备中。这种模式不仅摆脱了硬件设备的限制，同时扩展性好，能够快速地响应用户需求的变化。分布式存储技术采用了可扩展的系统结构，利用多台存储服务器分担存储负荷，利用位置服务器定位存储信息，不但提高了系统的可靠性、可用性和存取效率，还易于扩展。

4. 数据管理技术

处理海量数据是云计算必须面对的问题，高效的海量数据管理技术也是云计算不可或缺的核心技术之一。云计算不仅要保证数据的存储和可访问，还要对海量数据进行特定的检索和分析，只有通过高效的管理技术，才能实现数据的高效利用。目前云计算中常用的数据管理技术包括Google的BT（Big Table）数据管理技术和Hadoop团队开发的开源数据管理模块HBase。

5. 云计算平台管理技术

云计算资源规模庞大，服务器数量众多并分布在不同的地点，同时运行着数百种应用。这要求云计算平台管理技术具有高效调配大量服务器资源，使其更好地协同工作的功能。对于提供者而言，云计算可以有3种部署模式，即公共云、私有云和混合云。3种模式对平台管理的要求大不相同。对于用户而言，企业所需要的云计算系统规模及可管理性能也大不相同。因此，云计算平台管理方案要更多地考虑到定制化需求，以满足在不同场景下的应用。

11.1.4 云计算的应用

随着云计算技术产品、解决方案的不断成熟，云计算技术的应用领域不断扩展，衍生出了云制造、教育云、环保云、物流云、云安全等各种功能，对医药医疗领域、制造领域、金融与能源领域、电子政务领域、教育科研领域的影响巨大，在电子邮箱、数据存储、虚拟办公等方面也提供了非常大的便利。

1. 云安全

云安全是云计算技术的重要分支，在反病毒领域获得了广泛应用。云安全技术可以通过网状的大量客户端对网络中软件的异常行为进行监测，获取互联网中木马和恶意程序的最新信息，自动分析和处理信息，并将解决方案发送到每一个客户端。

云安全融合了并行处理、网格计算、未知病毒行为判断等新兴技术和概念，理论上可以把病毒的传播范围控制在一定区域内，且整个云安全网络对病毒的上报和查杀速度非常快，在反病毒领域中意义重大。但其所涉及的安全问题也非常广泛，从最终用户的角度而言，云安全技术在用户身份安全、共享业务安全和用户数据安全等方面需要格外被关注。

2. 云存储

云存储是一种新兴的网络存储技术，可将资源放到云上供用户存取。云存储通过集群应用、网络技术或分布式文件系统等功能将网络中大量不同类型的存储设备集合起来协同工作，共同对外提供数据存储和业务访问功能。通过云存储，用户可以在任何时间、任何地方，以任何可联网的装置连接到云上存取数据。在使用云存储功能时，用户只需要为实际使用的存储容量付费，不用额外安装物理存储设备，减少了IT和托管成本。同时，存储维护工作转移至服务提供商，在人力、物力方面也降低了成本。

3. 云游戏

云游戏是一种以云计算技术为基础的在线游戏，云游戏模式中的所有游戏都在服务器端运行，再通过网络压缩渲染后的游戏画面并传送给用户。

云游戏技术主要包括云端完成游戏运行与画面渲染的云计算技术，以及玩家终端与云端间的流媒体传输技术。在云游戏中，游戏运营商只需花费升级服务器的成本，而不需要不断投入巨额的新主机研发费用；游戏用户的游戏终端拥有强大的图形运算与数据处理能力、高端处理器和显卡等，只需具备基本的视频解压功能就可以轻松实现在线游戏。

11.2 大数据

在信息社会中，人们生产数据的能力有了很大的提升，且产生的数据数量巨大，处理和利用这些海量数据的需求促进了大数据技术的产生和发展。

11.2.1 大数据的定义

大数据是指无法在一定时间范围内用常规软件工具（IT和软硬件工具）进行捕捉、管理、处理的数据集合。对大数据进行分析不仅需要采用集群的方法获取强大的数据分析能力，还需要研究面向大数据的新数据分析算法。

大数据技术是指为了传送、存储、分析和应用大数据而采用的软件和硬件技术，也可将其看作面向数据的高性能计算系统。从技术层面来看，大数据与云计算的关系密不可分，大数据必须采用分布式架构对海量数据进行分布式数据挖掘，这使它必须依托云计算的分布式处理、分布式数据库、云存储和虚拟化技术。

11.2.2 大数据的发展

大数据几乎关系到所有行业的发展，我国相继出台的一系列政策加快了大数据产业的落地。大数据发展经历了4个时期，如图11-1所示。

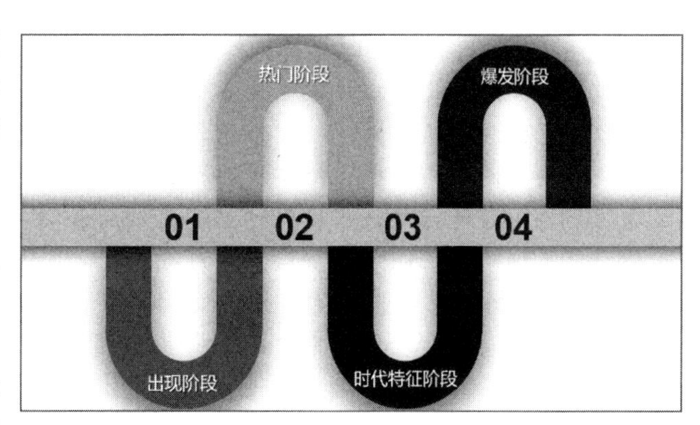

图11-1 大数据的发展阶段

1. 大数据出现阶段

1980年，阿尔文·托夫勒在《第三次浪潮》一书中，将“大数据”称为“第三次浪潮的华彩乐章”。1997年，美国研究员迈克尔·考克斯和大卫·埃尔斯沃斯首次使用“大数据”这一术语来描述20世纪90年代人们面临的挑战。

大数据在云计算出现之后才凸显其真正的价值，也就是说，大数据在2006年云计算的概念被提出之后才真正发挥其价值。2007—2008年随着社交网络平台的激增，专业人士为“大数据”概念注入新的含义。2008年9月，《自然》杂志推出了名为“大数据”的封面专栏。

2. 大数据热门阶段

2009年，欧洲一些领先的研究型图书馆和科技信息研究机构建立了伙伴关系，致力于实现通过互联网轻松获取科学数据这一目的。2010年，肯尼斯·库克尔发表大数据专题报告《数据，无所不在的数据》。2011年6月，麦肯锡发布了关于大数据的报告，正式定义了大数据的概念，后来大数据逐渐受到了各行各业的关注。2011年12月，信息处理技术作为4项关键技术创新工程之一被提出来，其中包括海量数据存储、图像视频智能分析、数据挖掘等大数据的重要组成部分。

3. 大数据时代特征阶段

2012年，维克托·迈尔-舍恩伯格和肯尼斯·库克耶合著的《大数据时代》一书，把大数据的影响分为3个不同的层面来分析，这3个层面分别是思维变革、商业变革和管理变革。"大数据"这一概念乘着互联网的发展浪潮在各行各业中占据着举足轻重的地位。

4. 大数据爆发阶段

2017年，在政策、法规、技术、应用等多重因素的推动下，基本形成了跨部门数据共享共用的格局。中华人民共和国工业和信息化部发布的《"十四五"大数据产业发展规划》中指出：到2025年大数据产业测算规模突破3万亿元，年均复合增长率保持在25%左右，创新力强、附加值高、自主可控的现代化大数据产业体系基本形成。

11.2.3 大数据的分类与运用

大数据包括结构化数据、半结构化数据和非结构化数据3种，其中非结构化数据逐渐成为大数据的主要部分。互联网数据中心的调查报告显示：企业中80%的数据都是非结构化数据，这些数据每年都按指数增长60%。

在以云计算为代表的技术创新背景下，收集和处理数据变得更加简便。大数据的运用主要体现在以下几个方面。

- **高能物理**：高能物理是一个与大数据联系十分紧密的学科，高能物理科学家往往需要从大量数据中发现一些小概率的粒子事件，如在比较典型的离线处理方式下，由探测器组负责在实验时获取数据，而最新的LHC实验每年采集的数据高达15PB（1PB=1 024TB）。高能物理中的数据量不仅十分庞大，且数据之间没有关联性，要从海量数据中提取有用的数据，可以使用并行计算技术对各个数据文件进行较为独立的分析处理。
- **推荐系统**：推荐系统可以通过电子商务网站向用户提供产品信息和建议，如产品推荐、新闻推荐、视频推荐等，而实现推荐过程需要大数据。用户在访问网站时，网站会记录和分析用户的行为并建立模型，将该模型与数据库中的产品进行匹配后，才能完成推荐过程。为了实现推荐过程，系统需要存储海量的用户访问信息，并基于大量数据进行分析，最终向用户推荐出符合其行为的内容。
- **搜索引擎系统**：搜索引擎是常见的大数据系统，为了有效地完成互联网上数量巨大的信息的收集、分类和处理工作，搜索引擎系统大多采用集群架构。搜索引擎的发展为大数据研究积累了宝贵的经验。

11.2.4 处理大数据的流程

大数据的数据源类型多种多样，在不同的场合通常需要使用不同的处理方法。在处理大数据的过程中，通常需要经过采集、导入、预处理、统计分析、数据挖掘和数据展现等步骤。处理大数据的具体步骤为，在适合工具的辅助下，对广泛异构的数据源进行抽取和集成，按照一定的标准统一存储数据，并通过合适的数据分析技术对其进行分析，最后提取信息，选择合适的方式将结果展示给终端用户。

- **数据抽取和集成**：数据的抽取和集成是处理大数据的第一步，从抽取数据中提取出关系和实体，经过关联和聚合等操作，按照统一定义的格式对数据进行存储，如基于物化或数据仓库技术的引擎、基于联邦数据库或中间件方法的引擎和基于数据流方法的引擎均是现在主流的数据抽取和集成方式。

- **数据分析**：数据分析是大数据处理的核心步骤，在决策支持、商业智能、推荐系统、预测系统中应用广泛。在从异构的数据源中获取原始数据后，将数据导入一个集中的大型分布式数据库或分布式存储集群，进行一些基本的预处理，然后根据需求对原始数据进行分析，如数据挖掘、机器学习、数据统计等。
- **数据解释和展现**：在完成数据分析后，使用合适的、便于理解的展现方式将正确的数据处理结果展现给终端用户。可视化和人机交互是数据解释和展现的主要技术。

11.2.5 大数据的实际应用

大数据的实际应用以大数据技术为基础，其常见的应用领域包括电商、交通、电信、媒体、传媒、金融、安防、医疗和社会管理等多个领域。下面介绍几个应用广泛的领域。

- **电商领域**：电商领域是大数据应用最广泛的领域之一，主要表现为精准推送广告，电商平台可以根据用户的搜索和消费数据，向用户推荐相关商品。
- **交通领域**：大数据也被广泛应用到交通领域中。例如，当道路出现拥堵，交通管理系统可以根据大数据准确判断拥堵时间和未来发展趋势，进而为所有交通参与者提供优化出行方案，甚至交通管理系统可以在出现拥堵前，根据大数据分析结果提前疏散多余车辆，以避免拥堵或降低拥堵程度。
- **电信领域**：电信领域大数据的应用主要是在基站选址优化和用户画像等方面。
- **媒体领域**：媒体、特别是新媒体的飞速发展得益于大数据的应用，媒体行业借助大数据可以做到精准营销，直达目标用户群体。例如，短视频这些新媒体在交互推荐上，就是借助大数据的应用，而对用户的定位更加准确，从而向用户推荐其喜欢的内容。

11.3 人工智能

人工智能是计算机新技术的一种，也是计算机科学的一个分支，其本质是了解智能的实质，并生产出一种新的能以与人类智能相似的方式做出反应的智能机器。人工智能研究的领域比较广泛，包括机器人、语言识别、图像识别以及自然语言处理等。

11.3.1 人工智能的定义

人工智能（Artificial Intelligence，AI）是指由人工制造的计算系统所表现出来的智能，可以概括为研究智能程序的一门科学。其主要目标在于研究如何用机器来模仿和执行人脑的某些智力功能，探究相关理论、研发相应技术，如判断、推理、识别、感知、理解、思考、规划、学习等思维活动。

人工智能技术已经渗透人们日常生活的各个方面，涉及的行业也很多，包括游戏、新闻媒体、金融，并运用于各种领先的研究领域，例如量子科学。

提示 人工智能并不是触不可及的，以华为的小艺等为代表的人工智能助理都属于人工智能的范畴，甚至一些简单的、带有固定模式的资讯类新闻的发布，也是由人工智能来完成的。

11.3.2 人工智能的分类

人工智能通常根据智能程度分为弱人工智能、强人工智能、超人工智能3种类型。

- **弱人工智能**：弱人工智能通常可以代替人处理某单一领域的工作，其应用非常广泛，例如，手机的自动拦截骚扰电话功能、邮箱的自动过滤功能等都属于弱人工智能。
- **强人工智能**：强人工智能有自己的思考方式，能够进行推理，然后制定并执行计划，拥有一定的学习能力，能够在实践中不断进步，基本可以代替一般人完成生活中的大部分工作。
- **超人工智能**：超人工智能的智能水平完全超越人类，能够像人类一样进行学习，并且自身能够在一定时间范围内进行多次升级迭代。

11.3.3　人工智能的发展

1956年夏季，以麦卡赛、明斯基、罗切斯特和申农等为首的一批年轻科学家共同研究和探讨了用机器模拟智能的一系列问题，并首次提出了“人工智能”这一术语，它标志着“人工智能”这门新兴学科的正式诞生。

从1956年正式出现人工智能学科算起，60多年来人工智能取得长足发展，成为一门应用广泛的交叉和前沿学科。总的说来，人工智能的目的就是让计算机这台机器能够像人一样思考。当计算机出现后，人类才开始真正有了一个可以模拟人类思维的工具。

如今，全世界几乎所有大学的计算机专业都在研究人工智能这门学科。在很多领域，计算机能帮助完成原本只属于人类的工作，计算机以它高速和准确的特点为人类发展发挥着巨大作用。人工智能始终是计算机科学的前沿学科，计算机的编程语言和其他计算机软件都因人工智能的发展而得以存在。

11.3.4　人工智能的实际应用

伴随着科学的不断发展，人工智能已经得到不同程度的应用，例如，在线客服、自动驾驶、智慧生活、智慧医疗等。

1. 在线客服

在线客服是一种以网站为媒介进行即时沟通的通信技术。聊天机器人必须擅于理解自然语言，当然，与人沟通的方式和与计算机沟通的方式是截然不同的，因此这项技术十分依赖自然语言处理技术。一旦这些机器人能够理解不同的语言表达方式、语言所表达的实际含义，其在很大程度上就可以代替人工服务。

2. 自动驾驶

图11-2　自动驾驶汽车

自动驾驶是现在逐渐发展成熟的一项智能应用，图11-2所示为我国企业自主研发的自动驾驶汽车，现在已经在很多地方上市并使用。自动驾驶的实现，将会带来以下改变。

- **汽车本身的形态会发生变化**：一辆不需要方向盘、不需要司机的汽车，可以被设计成前所未有的样子。
- **未来的道路将发生改变**：未来道路也会按照自动驾驶汽车的要求来重新进行设计，专用于自动驾驶汽车的车道可以变得更窄，交通信号可以更容易被自动驾驶汽车识别。
- **完全意义上的共享汽车将成为现实**：大多数汽车可以用共享经济的模式，随叫随到。因为不需要司机，这些车辆可以保证24小时待命，可以在任何地点提供高质量的租用服务。

3. 智慧生活

目前的机器翻译已经可以做到基本表达原文语意，不影响理解与沟通。但假以时日，翻译准确度不断提高的人工智能系统，很有可能像下围棋的Alpha Go那样悄然越过业余译员和职业译员之间的技术鸿沟，一跃成为专业翻译人员。不只是手机会和人进行智能对话，家庭里的每一件家用电器，都可能拥有足够强大的对话功能，为人们提供更加方便的服务。

4. 智慧医疗

智慧医疗通过打造健康档案区域医疗信息平台，利用先进的物联网技术，实现患者与医务人员、医疗机构、医疗设备之间的互动。大数据和基于大数据的人工智能，为医生辅助诊断疾病提供了很好的支持。将来医疗行业将融入更多人工智能、传感技术等高科技，使医疗服务走向真正意义的智能化。在人工智能的帮助下，可能不会有医生失业，而是同样数量的医生可以服务更多人。

11.4 物联网

随着我国经济和信息技术的飞速发展，物联网技术已经应用到日常生活的很多领域。

11.4.1 物联网的定义

物联网是可以让所有具备独立功能的普通物体实现互联互通的网络。简单地说，物联网就是把所有能实现独立功能的物品，通过信息传感设备与互联网连接起来，进行信息交换，以实现智能化识别和管理的网络。

在物联网上，每个人都可以应用电子标签连接真实的物体。通过物联网，用户可以用中心计算机对机器、设备、人员进行集中管理和控制，也可以对家庭设备、汽车进行遥控，以及搜索位置、防止物品被盗等。

11.4.2 物联网的关键技术

物联网目前的发展情况非常好，特别是在智慧城市、工业、交通以及安防等领域，都取得了不错的成就。物联网的关键技术包括以下几项。

1. RFID 技术

射频识别（Radio Frequency Identification，RFID）技术是一种通信技术，它可通过无线电信号识别特定目标并读写相关数据。它相当于物联网的“嘴巴”，负责让物体“说话”。

RFID技术主要的表现形式是RFID标签，它具有抗干扰性强、数据容量大、安全性高、识别速度快等优点，主要工作频率有低频、高频和超高频。目前，RFID技术已应用于许多方面，如仓库物资/物流信息的追踪、医疗信息追踪等。

2. 传感器技术

传感器技术能用于感受规定的被测量，比如电压、电流等，并按照一定的规律将其转换成可用的输出信号。它相当于物联网的“耳朵”，负责接收物体“说话”的内容，例如将其应用于空调制冷剂液位的精确控制等。

3. 云计算技术

云计算可以为物联网提供动态的、可伸缩的虚拟化资源计算模式，具有十分强大的计算能力，同时还具有超强的存储能力。它相当于物联网的“大脑”，具有计算和存储能力。

4. 无线网络技术

当物体与物体“交流”的时候，就需要能支持高速数据传输的无线网络，无线网络的速度决定了设备连接的速度和稳定性。

目前大部分网络都在使用4G，但是5G时代已经来临，5G将把移动市场推到一个全新的高度，而物联网的发展也将因此得到更大的突破。

5. 人工智能技术

人工智能与物联网密不可分，物联网负责将物体连接起来，而人工智能负责让连接起来的物体进行学习，进而实现智能化。

11.4.3 物联网的实际应用

物联网蓝图逐步变成现实，物联网应用于很多场合。下面将对物联网的应用领域进行简单的介绍，包括物流、交通、安防、医疗、建筑、家居、能源环保、零售等领域。

1. 智慧物流

智慧物流指的是以物联网、人工智能、大数据等信息技术为支撑，在物流的运输、仓储、配送等各个环节实现系统感知、全面分析和处理等功能的物流模式。物联网在物流领域的应用主要体现在3个方面，包括仓储、运输监测和快递终端管理。物联网技术可用于实现对货物的监测以及运输车辆的监测，包括对货物车辆位置、状态和货物温湿度以及车辆油耗、速度等的监测。

2. 智能交通

智能交通是物联网的一个重要应用，它利用信息技术将人、车和路紧密结合起来，以改善交通运输环境、保障交通安全并提高资源利用率。物联网技术在交通领域的应用，包括智能公交车、智慧停车、共享单车、车联网、充电桩监测以及智能红绿灯等。

3. 智能安防

传统安防对人员的依赖性比较强，非常耗费人力，而智能安防能够通过设备实现智能判断。目前，智能安防核心的部分是智能安防系统，该系统负责对拍摄的图像进行传输与存储，并对其进行分析与处理。

4. 智能医疗

在智能医疗领域，物联网技术主要用于获取数据，能有效地帮助医院实现对人和物的智能化管理。对人的智能化管理指的是通过传感器对人的生理状态（如心率、血压等）进行监测，将获取的数据记录到电子健康文件中，方便个人或医生查阅。对物的智能化管理则是指通过RFID技术对医疗设备、物品进行监控与管理，实现医疗设备、用品可视化。

5. 智慧建筑

建筑是城市的基石，技术的进步促进了建筑的智能化发展，以物联网等新技术为基础的智慧建筑越来越受到人们的关注。当前智慧建筑的优点主要体现在节能方面，其设备之间的感知和信息传输可帮助人类实现远程监控，在节约能源的同时还可减少楼宇维护人员的工作。

6. 智能家居

智能家居指的是使用不同的方法和设备来提高人们的生活质量，使家庭生活变得更舒适和高效的系统。物联网应用于智能家居领域，能够对家居类产品的位置、状态、变化进行监测，分析其变化特征。智能家居如图11-3所示。

智能家居行业发展主要分为单品连接、物物联动和平台集成3个阶段。其发展的方向首先是连接智能家居单品，随后走向不同单品之间的联动，最后走向智能家居系统平台。当前，各个智能家居类企业正处于从单品连接向物物联动过渡的阶段。

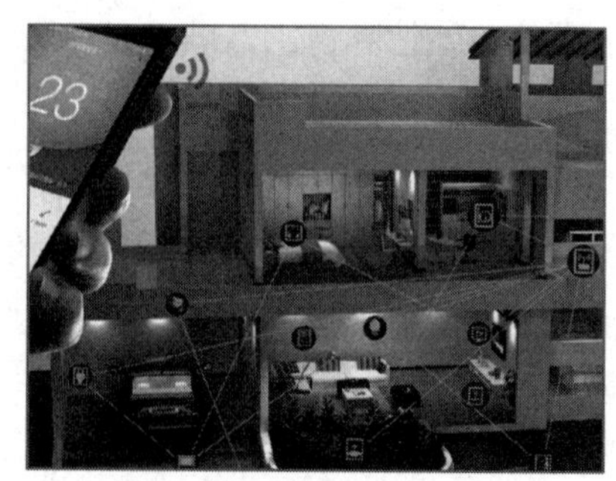

图11-3 智能家居

7. 智慧能源环保

智慧能源环保属于智慧城市的一个部分，物联网在能源环保领域的应用主要集中在水能、电能、燃气、路灯等能源领域，如智能水电表实现远程抄表。将物联网技术应用于传统的水、电、光能等设备，并进行联网，可监测能源使用情况，这不仅能提升能源的利用效率，而且能降低能源的损耗。

8. 智能零售

行业内将零售按照距离分为远场零售、中场零售、近场零售3种，分别以电商、超市和自动售货机为代表。物联网技术可以用于近场和中场零售，且主要应用于近场零售，即无人便利店和自动（无人）售货机。

智能零售通过对传统的售货机和便利店进行数字化升级和改造，打造无人零售模式。通过数据分析，智能零售系统可充分运用门店内的客流和活动数据，为用户提供更好的服务。

11.5 移动互联网

移动互联网是互联网与移动通信在各自独立发展的基础上相互融合的新兴领域，涉及无线蜂窝通信、无线局域网以及互联网、物联网、云计算等诸多领域，广泛应用于个人即时通信、现代物流、智慧城市等多个场景。

11.5.1 移动互联网的定义

移动互联网（Mobile Internet，MI）是一种通过智能移动终端，采用移动无线通信方式获取业务和服务的新兴业务，包含终端、软件和应用3个层面。

- **终端层：**终端层包括智能手机、平板电脑、电子书阅读器等。
- **软件层：**软件层包括操作系统、数据库和安全软件等。
- **应用层：**应用层包括休闲娱乐类、工具媒体类、商务财经类等不同应用与服务。

移动互联网具备以下几个特点。

- **便携性：**移动互联网的基础网络是一张立体的网络，是通用分组无线服务、3G、4G、5G WLAN或无线（局域）网（Wireless Fidelity，Wi-Fi）等构成的无缝覆盖网络，使得移动终端具有通过上述任何形式方便联通网络的特性。这些移动终端不限于智能手机、平板电脑，还有智能眼镜、手表等随身物品，它们都可以随时随地被使用。
- **即时性：**即时性使得人们可以充分利用生活、工作中的碎片化时间，接收和处理互联网的各类信息，不用担心错过任何重要信息、时效信息。
- **感触性和定向性：**感触性和定向性不仅体现在移动终端屏幕的感触层面，还体现在拍照、二维码扫描，以及移动感应、温度和湿度感应等方面。基于位置的服务不仅能够定位移动终端所在的位置，还可以根据移动终端的趋向性，确定用户下一步可能前往的位置。
- **隐私性：**移动设备用户对隐私性的要求远高于计算机端用户。高隐私性决定了移动互联网终端应用的特点，进行数据共享时既要保障认证用户的有效性，又要保证信息的安全性。

11.5.2 移动互联网的发展

作为互联网的重要组成部分，移动互联网还处在发展阶段，但根据传统互联网的发展经验，其快速发展的临界点已经出现。在互联网基础设施不断完善和移动寻址技术日趋成熟等条件的推动下，移动互联网将迎来发展高潮。

- 移动互联网超越传统互联网，引领发展新潮流。计算机只是互联网的终端之一，智能手机、平板电脑已成为重要终端，电视机、车载设备正在成为网络应用的终端。
- 移动互联网和传统行业融合，催生新的应用模式。在云计算、物联网等新技术的推动下，传统行业与移动互联网的融合呈现出新的特点，平台和模式都发生了改变。

- 终端的支持是业务推广的生命线，随着移动互联网业务逐渐升温，移动终端问题的解决方案也不断增多。
- 移动互联网业务的新特点为商业模式创新提供了空间。随着移动互联网发展进入快车道，移动互联网也已经融入主流生活与商业社会，如移动游戏、移动广告、移动电子商务等业务模式流量变现能力快速提升。
- 目前的移动互联网领域，仍然以位置的精准营销为主，但随着大数据相关技术的发展和人们对数据挖掘的不断深入，针对用户个性化定制的应用服务和营销方式将成为发展的趋势，它将会是移动互联网的另一个重要的未知市场空间。

11.5.3 移动互联网的5G时代

移动互联网的演进历程是移动通信和互联网等技术汇聚、融合的过程，其中不断演进的移动通信技术是移动互联网持续且快速发展的主要推手。目前，移动通信技术经历了从1G时代发展到5G万物互联的时代。

- 1G：1986年，第一代移动通信系统采用模拟信号传输，即将电磁波进行频率调制后，将语音信号转换到载波电磁波上，载有信息的电磁波成功发布到空间后，由接收设备接收，并从载波电磁波上还原语音信息，完成一次通话。
- 2G：2G采用的是数字调制技术。随着系统容量的增加，2G时代的手机可以上网了，虽然数据传输的速度很慢，但文字信息的传输由此开始。
- 3G：3G依然采用数字数据传输，但通过开辟新的电磁波频谱、制定新的通信标准，3G的传输速度可达384kbit/s。由于采用更宽的频带，传输的稳定性也大大提高。
- 4G：4G是在3G基础上发展起来的，采用更加先进的通信协议。4G网络作为新一代通信技术，在传输速度上有非常大的提升，理论上网速度是3G的50倍，因此在4G网络中，用户可观看高清电影，数据传输等速度也都非常快。
- 5G：随着移动通信系统带宽的增加和移动通信能力的增强，移动网络的速率也从2G时代的10kbit/s，发展到4G时代的1Gbit/s。而5G将不同于传统的几代移动通信系统，它不仅是拥有更高速率、更大带宽、更强能力的技术，而且是一个多业务、多技术融合的网络，更是面向业务应用和用户体验的智能网络，最终打造以用户为中心的信息生态系统。

11.6 区块链

互联网中传输的信息主要有文本、图像、音频和视频等，随着数字货币的流通和交易、数字资产的转让，互联网需要具备价值传输的能力，区块链由此而生。

11.6.1 区块链的概念

对区块链最早的描述来自《比特币：一种点对点的电子现金系统》白皮书中，但其并没有明确提出与区块链相关的术语。后来，区块链才慢慢地脱离比特币成为重要的研究对象。

区块链（Blockchain）是分布式数据存储、加密算法、点对点传输、共识机制等计算机技术的全新应用方式，它具有数据块链式、不可伪造和防篡改、高可靠性等关键特征。区块链本质上是一个分布式记账本或分布式数据库，任何人在任何时候都可以采用相同的技术标准生成信息并进行延伸。区块链可以看成是一个遍布全球的公共账本，任何连接的节点都能够拥有这个账本的所有记录，可以追根溯源。

区块是区块链的数据存储结构，一个区块由区块头和区块体两部分组成，区块头保存着区块之间的连接信息，区块体保存着交易数据信息，一个区块头中保存着上一个区块的哈希值

（数据的唯一且极其紧凑的二进制值），通过某个区块就可以找到整个区块链的第一个区块。

11.6.2 区块链的分类

依据节点的分布情况，区块链被划分为公有链、联盟链和私有链3种类型，如图11-4所示。

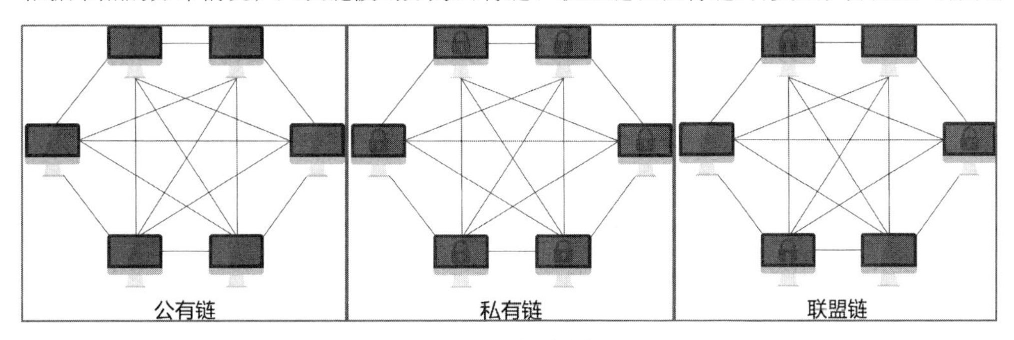

图11-4 区块链的类型

1. 公有链

公有链是一种任何人都可读取、发送交易，且交易能获得有效确认的区块链。在公有链中，任何人都可以随时地发送交易信息，任一节点只需要遵守一个共同的协议便可获得区块链上的所有数据，且不需要任何身份验证。公有链具有保护用户免受开发者的影响、网络规模足够大等优点，也具有达成共识较难、交易速度较慢等缺点。

2. 私有链

私有链是一种写入权限仅在一个组织手里的区块链。在私有链中，读取权限可能对外开放，也可能被限制。私有链通常只在企业组织的内部应用，只在内部环境运行而不对外开放，且只有少数用户可以使用。私有链具有交易效率高、交易费用低、隐私保护好、验证者公开透明和节点连接好等优点，也具有规模较小、安全性容易受到威胁等缺点。

3. 联盟链

联盟链是一种共识过程受到预选节点控制的区块链。联盟链主要面向某些特定的组织机构，因为这种特定性，联盟链的运行只允许一些特定的节点与区块链系统连接。

11.6.3 区块链的发展

区块链技术发展至今，对世界经济和技术进步的影响非常大。目前，掌握区块链技术的国家和企业并不是很多，我国也在深入地研究区块链技术。

1. 区块链的起源

通常将区块链发展史的起点定义为2008年，当年的《比特币：一种点对点的电子现金系统》白皮书中提到了“创世区块”，也就是区块链的概念，书中的“区块”和“链”是分开的，到2016年才变成一个词“区块链”。最原始的区块链被当成是一种通过一张列表来记录各种数据的数据库，在这个数据库中，每一个区块都和前一个区块链接在一起，而且，区块链中的数据一旦被记录，就不能进行再次编辑，无法更改。

2. 区块链 1.0 阶段

比特币通常被认为是区块链的第一种应用，所以，通常也将比特币看成是区块链技术的技术根源。人们将以比特币为首的数字货币和支付行为组成的区块链技术阶段，称作区块链1.0阶段。区块链技术解决了数字货币中有关双重支付的问题，以及无第三方情况下的交易信任问题。而比特币则是由区块链技术作为基础，由非法定货币企业模仿黄金的形式发行的一种可以和法定货币进行买卖或者兑换的虚拟货币。在这一阶段中，基于区块链技术的“数字货币”生态系统被创建出来，数字货币市场也呈现出百花齐放的状态。

3. 区块链2.0阶段

随着区块链技术的不断升级，需要将区块链技术与经济、市场和金融等领域的现实产业相结合，这需要突破数字货币的限制，此时进入区块链2.0阶段。在这一阶段中，以股票、私募股权、众筹、债券等为代表的金融交易都应用了区块链技术，主要是将这些资产使用区块链进行编码，并通过智能合约形成数字资产，而这些数字资产则通过区块链来控制所有权，并通过智能合约来符合各种法律的规定。例如，很多银行推出的企业级区块链平台，这种平台向用户提供了“智能合约+共享账本”一体化机制，能够给予跨行业和行业内合作提供机器级信任机制，被广泛应用于供应链金融、资产交易、存证溯源和监管审计等领域。

4. 区块链3.0阶段

现在，区块链技术与无线网络技术相结合，通过智能手机等移动终端，改变了人们的日常生活，重塑了货币市场、支付系统、金融服务及经济形态等各个方面。区块链向人们提供了一种通用技术和全球化的解决方案，实现了人类过去无法触及的、数量庞大的参与方的共同协作，并将技术应用到了分布式计算、网络模型、区块链账本等多个领域。虽然计算机技术日新月异，但从现在到未来，区块链3.0阶段还会持续较长时间。

11.6.4 区块链的实际应用

区块链可以有效解决信任问题，实现价值的自由传递，在金融服务、智能制造、政企服务和公共服务等领域都具有实际的应用价值。

- **金融服务**：区块链在金融服务领域的应用包括支付、交易、清结算流程等银行业务，防假防伪、知识产权保护、资产授权和控制等资产管理服务，贷前调查、贷中审核、贷后管理等贸易融资流程，查询理赔记录、验证理赔信息、智能合约自动赔付等各种保险业务，完善监管信息、移送可疑线索、通报可疑交易，获取洗钱案件信息等反洗钱业务。
- **智能制造**：区块链在智能制造领域的应用包括交易信息管理、数据管理、人力资源管理等供应链管理项目，质检协作效率优化、产品质量控制和降低故障率等质量管理项目。
- **政企服务**：区块链在政企服务领域的应用包括财务数据的审计和政府财务管理，公民财产、数字版权相关的所有权证明存储，通过身份证、护照、驾照、出生证明等进行身份验证，知识产权保护，选举投票，电子票据，数字身份等方面。
- **公共服务**：区块链在公共服务领域的应用包括记录和查询社会公益事业的信息，建立政务数据开放共享信息系统，通过区块链将各种智能设备连接起来的区块链+物联网的智慧物联系统，存储医疗信息数据和搭建医疗信息平台的智慧医疗系统，搭建分布式公民信息平台和管理公民生活资源的智慧民生系统。

11.7 其他新技术

除了前面介绍的新技术外，还有三维打印技术和虚拟现实技术等计算机新技术。

11.7.1 三维打印

三维打印是一种快速成型技术，以数字模型文件为基础，运用特殊蜡材、粉末状金属或塑料等可黏合材料，通过逐层打印的方式来构造三维物体。

三维打印需借助3D打印机来实现，3D打印机的工作原理是把数据和原料放进3D打印机中，机器按照程序一层一层地打印产品。可用于三维打印的介质种类非常多，如塑料、金属、陶瓷、橡胶类物质等。3D打印机还能结合不同介质，打印出不同质感和硬度的物品。

三维打印技术作为一种新兴技术，在模具制造、工业设计等领域应用广泛，在产品制造的过程中人们可以直接使用三维打印技术打印出零部件。同时，三维打印技术在珠宝、工业设计、建筑、工程施工、汽车、航空航天、医疗、地理信息系统、土木工程等领域都有所应用。

11.7.2 虚拟现实技术

虚拟现实技术是一种结合了仿真技术、计算机图形学、人机接口技术、图像处理与模式识别、多传感技术、人工智能等多项技术的交叉技术，虚拟现实技术的研究和开发萌生于20世纪60年代，进一步完善和应用于20世纪90年代到21世纪初。

1. VR

虚拟现实（Virtual Reality，VR）技术可以创建和体验虚拟世界，它运用计算机生成一种模拟环境，通过多源信息融合的交互式三维动态视景和实体行为的系统仿真，带给用户身临其境的体验。VR技术主要包括模拟环境、感知、自然技能和传感设备等方面，其中模拟环境是指由计算机生成的实时动态的三维图像；感知是指一切人所具有的感知，包括视觉、听觉、触觉、力觉、运动感知，甚至嗅觉和味觉等；自然技能是指计算机对人体行为动作数据进行处理，并对用户输入信息做出实时响应的能力；传感设备是指三维交互设备。

通过VR技术，人们可以全角度观看电影、比赛、风景、新闻等，VR游戏技术甚至可以追踪用户的工作行为，对用户的移动、步态等进行追踪和交互。

2. AR

增强现实（Augmented Reality，AR）技术可以实时计算摄影机影像的位置及角度，并赋予其相应图像、视频、3D模型。VR技术可以创建百分之百的虚拟世界，而AR技术则是以现实世界的实体为主体，借助数字技术让用户可以探索现实世界并与之交互。用户通过VR技术看到的场景、人物都是虚拟的，而通过AR技术看到的场景、人物半真半假。现实场景和虚拟场景的结合需借助摄像头进行拍摄，在拍摄画面的基础上结合虚拟画面进行展示和互动。

AR技术包含多媒体、三维建模、实时视频显示及控制、多传感器融合、实时跟踪及注册、场景融合等多项新技术。AR技术与VR技术的应用领域类似，如尖端武器、飞行器的研制与开发等，但AR技术对真实环境进行增强显示输出的特性，使其在医疗、军事、古迹复原、网络视频通信、电视转播、旅游展览、建设规划等领域的表现十分出色。

3. MR

混合现实（Mixed Reality，MR）技术可以看作VR技术和AR技术的结合，VR技术可以展现纯虚拟数字画面，AR技术可以展现虚拟数字画面上增加裸眼现实的画面，MR技术则可以展现数字化现实加上虚拟数字画面，它结合了VR技术与AR技术的优势。利用MR技术，用户不仅可以看到真实世界，还可以看到虚拟物体，将虚拟物体置于真实世界中，用户可以与虚拟物体进行互动。

11.8 本章小结

本章主要介绍了计算机的新技术及应用的相关知识，包括云计算的定义、发展、主要技术及应用，大数据的定义、发展、分类与运用、处理流程和实际应用，人工智能的定义、分类、发展和实际应用，物联网的定义、关键技术和实际应用，移动互联网的定义、发展和5G时代，区块链的概念、分类、发展和实际应用，以及三维打印技术和虚拟现实技术。

中华人民共和国科学技术部高技术研究发展中心（基础研究管理中心）曾公布2021年度中国科学十大进展。具体包括：火星探测任务天问一号探测器成功着陆火星；中国空间站天和核心舱成功发射，神舟十二号、十三号载人飞船成功发射并与天和核心舱成功完成对接；从二氧化碳到淀粉的人工合成；嫦娥五号月球样品揭示月球演化奥秘；揭示SARS-CoV-2逃逸抗病毒药物机制；FAST捕获世界最大快速射电暴样本；实现高性能纤维锂离子电池规模化制备；可编程二维 62 比特超导处理器“祖冲之号”的量子行走；自供电软机器人成功挑战马里亚纳海沟；揭示鸟类迁徙路线成因和长距离迁徙关键基因。这些面向世界科技前沿、面向经济主战场、面向国家重大需求、面向人民生命健康的重大科学技术创新成果代表了我国科学技术创新能力持续提升。当代大学生需要具有创新动力，牢记科技自立自强是时代使命，应努力奋斗，报效祖国。

11.9 练习

1. 选择题

（1）下列不属于云计算特点的有（　　）。

A. 高可扩展性　　B. 按需服务

C. 高可靠性　　D. 非网络化

（2）（　　）是指无法在一定时间范围内用常规软件工具（IT和软硬件工具）进行捕捉、管理、处理的数据集合。

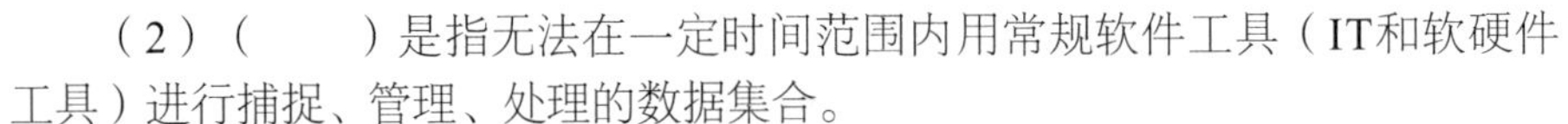

A. 大数据　　B. 云计算　　C. 移动互联网　　D. 人工智能

（3）依据节点的分布情况，可将区块链划分为私有链、联盟链和（　　）。

A. 共有链　　B. 全球链　　C. 地区链　　D. 公有链

2. 操作题

（1）在网上访问中国国家博物馆官方网站，观看由VR技术和AR技术制作的云展览，如图11-5所示。

图11-5 运用VR技术和AR技术网上看展

（2）使用手机App和手机自带的定位服务来查询个人行程。

（3）使用百度地图规划一条从市中心到学校的交通路线，并查看目的地的VR全景画面。